Dr. Rainer Schunk

Selbstbehandlung preiswert!

Gesund ohne Nebenwirkungen

Gondrom

Layout und Satz: Q-media GmbH, Carl-Zeiss-Straße 10, 97424 Schweinfurt

ISBN 3-8112-1708-9

Dank des Verfassers

Das Urmanuskript der ersten Auflage wurde von Apothekerin Stephanie Müller/Ottweiler sehr sachkundig durchgesehen und durch wichtige Eigenbeiträge ergänzt.

Ihren Part übernahm in der erweiterten zweiten Ausgabe nicht minder engagiert und kompetent Apothekerin Martina Wolz/Estenfeld-Würzburg. Außerdem oblag ihr, unterstützt von Doris Kuhn MA/Gondrom Verlag, erneut das anspruchsvolle Lektorat.

Mehrere der aufgenommenen Beiträge gehen auf Vorschläge des Allgemeinarztes Dr. med. Theo Diem/Hofheim (Ufr.) zurück. Zur Kinderheilkunde beriet die Würzburger Kinderärztin Dr. medic. M. Blauditschek und in HNO-Fragen der Würzburger Arzt für Hals-Nasen-Ohrenheilkunde Bernhard Ganse.

Die „medizinische Oberaufsicht" lag in den Händen von Ltd. Medizinaldirektor Dr. med. Gottfried H. Wehner/ Würzburg.
Als „Biologie-Supervisor" war Studiendirektor Rudolf Frimmel/Senden ein geschätzter Berater.
Zu tiermedizinischen Fragen gab Dr. Doris Lohse/Würzburg Auskünfte.

Den Buchteil II „Ernährung und Gesundheit" überarbeitete und ergänzte die Ernährungsmedizinische Beraterin Marianne Rudischer/Wuppertal.

Die Prüfung der Texte auf gute Verständlichkeit für Laien war ein weiteres Mal Aufgabe meiner Frau Ingeborg. Ihr widme ich dieses Buch auch deshalb, weil sie verständnisvoll auf viele gemeinsame Wochenenden verzichtete, die für die Texterstellung gebraucht wurden.

Ihnen allen wird für ihre durchweg kostenlosen Dienste aufrichtig gedankt!

Inhalt

Teil I
Selbstbehandlung

Teil II
Ernährung und Gesundheit

Kapitel-Alphabet

Giftig

Keine Panik vor etwas Botanik

Da ein wesentlicher Teil dieses Buches von Heil-, Würz- und Nahrungsmittelpflanzen handelt, ist die kurze Erläuterung des Aufbaus einer „modernen" Pflanze gewiß lehrreich. Dies um so mehr, als sie – für manchen Leser überraschend – durch eine Zeichnung aus der Hand unseres auch naturwissenschaftlich begabten Dichterfürsten Goethe illustriert wird.

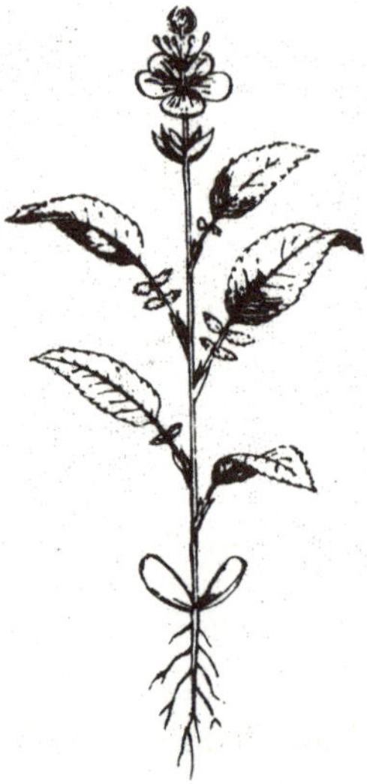

„Urpflanze" nach Goethe

Die ersten gegliederten Pflanzen sahen zwar einfacher – wie primitive Farne – aus, aber die Darstellung eignet sich durch die zeichnerische Auseinanderziehung des Blütenbereiches gut, dem Laien den Aufbau einer typischen zweikeimblättrigen Pflanze zu veranschaulichen.

Von unten nach oben erkennt man: Wurzel, Keimblätter (man denke an einen gequollenen Bohnensamen), Laubblätter, Kelchblätter, Blumenblätter, Staubblätter und ganz oben die Fruchtblätter (Samenanlage). Man beachte, daß auch die einzelnen Blütenteile in ihrer Urform Blätter sind, was beispielsweise durch gefüllte Blüten bewiesen wird, bei denen die Staubblätter blumenblattartig erscheinen.

Die auf der nächsten Seite folgende Übersicht der langen Heilpflanzengeschichte zeigt, auf welchen zum Teil sehr weit zurückliegenden Erkenntnissen (und Irrtümern) unsere heutige Sicherheit bei der Selbstbehandlung mit Heilpflanzen gründet.

Geschichte der Pflanzenheilkunde im Zeitraffer

China: Kräuterbuch des Kaisers **Sheng-Nung** um 3000 (?) vor Christus (Beispiel Medizinalrhabarber)

Ägypten: **Papyrus Ebers** um 1550 vor Chr. Fußt auf noch älteren Quellen (Beispiel Rizinus). Enthält über 700 Rezeptvorschriften.

Indien: Ayurveda-Medizin ab ca. 1000 v. Chr. Heilpflanzen-Therapie bei Disharmonie (= Krankheit) der fünf angenommenen Körperelemente Feuer, Wasser, Himmel, Erde, Luft.

Griechenland: **Hippokrates:** geb. um 470 v. Chr. Diätetische und pflanzliche Therapie.

Aristoteles: geb. 384 v. Chr. Beschäftigt sich wissenschaftlich mit der Pflanzenwelt. Hauptwerk: „Theorie der Pflanzen".

Theophrast: geb. 372 v. Chr. Botanisches Werk: „Geschichte der Pflanzen". Erster wissenschaftlicher Botaniker.

Dioskurides: Arzt in Neros Heer. Beschrieb um 77 nach Christus ca. 600 Heilpflanzen. Auswirkung bis ins Mittelalter.

Plinius der Ältere: Beim Vesuvausbruch 79 n. Chr. in Pompeji umgekommen. Naturgeschichte in 36 Büchern.

Galenos: geb. 131 n. Chr. Leibarzt von Kaiser Marc Aurel. Faßte die gesamte antike Medizin zusammen. „Vater der Pharmazie" (Galenik).

Mitteleuropa: **Karl der Große:** Landgüterordnung „Capitulare de villis". Ordnet den Anbau von 89 Heil- und Nutzpflanzen für das Frankenreich an. Originaltext mit Übersetzung am Ende des Kapitels.

Arabien: Vom 8.–13. Jahrhundert Hochblüte der arabischen Medizin: Synthese der persischen, indischen und abendländischen Heilkunde mit wichtigen eigenen Beiträgen. Bekannteste Ärzte: Rhazes und Avicenna. Großer Einfluß auf Europa.

Deutschland: **Äbtissin Hildegard von Bingen:** geb. um 1100. In ihrem Buch „Physika" erstmals deutsche Pflanzennamen (z.B. Huflattich).

Kaiser Friedrich II.: Schaffung des Apothekerberufes durch seine Medizinalverordnung zu Melfi/Apulien im Herbst 1231 (Liber Augustalis).

16. Jahrhundert: Zeit der ersten bebilderten Kräuterbücher **(Brunfels, Fuchs, Bock).**

Valerius Cordus: geb. 1515, besonders an heimischen Pflanzen interessiert. Schrieb das 1. amtliche Arzneibuch nördlich der Alpen, gültig für Nürnberg.

Paracelsus: 1. Hälfte des 16. Jahrhunderts. War ein großer Naturforscher und Arzt, entgegen anderen Berichten. Sah einerseits in experimenteller Naturbeobachtung die Grundlagen der Heilkunde, trat andererseits aber noch für die Signaturenlehre ein. Beispiel: Walnuß wegen ihrer hirnförmigen Samen heilsam bei Kopfleiden (signum lateinisch = Zeichen). Zeitlose Gültigkeit hat sein Ausspruch: *„Alle ding sind gift und nichts ist on gift; allein die dosis macht, daß ein ding kein gift ist."*

Sertürner: Der Apotheker gewinnt 1806 aus Opium Morphin und damit das erste Alkaloid.

England: Der Mediziner **A. Fleming** entdeckt 1928 das Penicillin.

Auszug der heute noch gebräuchlichen Heil- und Würzpflanzen aus der Verordnung Karls des Großen

Capitulare de villis

über die königlichen Güter (Landgüterordnung)

Volumus quod in horto omnes herbas habeat: id est

(sinngemäß): Wir ordnen den Anbau folgender Pflanzen an:

fenigrecum (Bockshorn), **salviam** (Salbei), **ros marinum** (Rosmarin), **careium** (Kümmel), **squillam** (Meerzwiebel), **anesum** (Anis), **eruca alba** (weißer Senf), **petresilinum** (Petersilie), **levisticum** (Liebstöckel), **anetum** (Dill), **fenicolum** (Fenchel), **sinape** (schwarzer Senf), **mentam** (Gartenminze), **febrefugiam** (Tausendgüldenkraut), **papaver** (Schlafmohn), **mismalvas** (Eibisch), **alia** (Knoblauch), **coriandrum** (Koriander), **lauros** (Lorbeer), **saturejam** (Bohnenkraut), **pastenacas** (Pastinak), **britlas** (Schnittlauch), **porros** (Lauch, Porree), **radices** (Rettich), **ascalonicas** (Schalotten), **cepas** (Zwiebel), **cerfolium** (Kerbel).

Vorwort und Gebrauchsanleitung

Zum Thema Selbstbehandlung gibt es in bunter Aufmachung und zu oft gehobenen Preisen inzwischen viele Bücher. Warum dann mit **„Selbstbehandlung preiswert"** noch ein weiteres? **Weil es auf FREIVERKÄUFLICHE Arzneimittel wegen deren großer therapeutischer Breite besonderen Wert legt.** Bei diesen auch außerhalb der Apotheken erhältlichen Mitteln ist nämlich der Sicherheitsspielraum beträchtlich. **Sie sind deshalb erste Wahl in der Selbstbehandlung.**

Für apothekenpflichtige Arzneimittel gilt dies dagegen nicht immer. Trotzdem wird auch dieser Bereich durch Nennung häufig gebrauchter Fertigarzneien berücksichtigt.

Ein weiteres Hauptanliegen dieses Buches ist die ehrliche Mitteilung kostengünstiger Alternativen, sofern damit keine Qualitätseinbußen verbunden sind. So ist beispielsweise der preiswerte *klein*samige Leinsamen infolge seines höheren Ballaststoffanteils dem oft teureren *groß*samigen mindestens ebenbürtig.

Eine Reihe von Heilpflanzen – Spezialgebiet der Selbstbehandlung – sind in anderer Dosierung und Verwendung zugleich auch Gewürze und damit Lebensmittel. Deshalb und wegen weiterer Beziehungen zwischen Selbstmedikation und Ernährung (z. B. Wechselwirkungen zwischen Arznei- und Lebensmitteln, Nahrungsergänzungs- und Diätmittel) wurde als **Buchteil II** ein großes Sammelkapitel **„Ernährung und Gesundheit"** aufgenommen. Es wird ergänzt durch den Anhang **„Giftpflanzen, Giftpilze"**.

Zur leichteren Orientierung beim Blättern sind die Seiten des jeweiligen Abschnitts oben durch unterschiedliche Bildsymbole gekennzeichnet:

Ab Seite 15  für Selbstbehandlung,

ab Seite 153  für Ernährung und Gesundheit,

ab Seite 204 

für Giftpflanzen und Giftpilze.

Zwecks Stoffauflockerung wurden mitunter „flotte" Überschriften und „lockere" Formulierungen gewagt. Sie ändern nichts am Bemühen um korrekte Vermittlung der beachtlichen Fülle an Zahlen und Fakten. Diese wurden zur Erläuterung und Ergänzung der Kapitel öfter auch in kleingedruckten Fußnoten komprimiert.

Manche Dinge sind – aus teilweise anderer Sicht – an mehreren Stellen erwähnt. Solche absichtlichen Wiederholungen ermöglichen pro Einzelbeitrag eine in sich geschlossene Information. Beim Lesen des Buches „in einem Stück" mögen diese Mehrfachnennungen den Merkeffekt fördern.

Durch die alphabetische Kapitelanordnung folgen recht unterschiedliche Themen aufeinander. Wer Antwort auf eine bestimmte Frage sucht, gelangt anhand des großen Stichwortverzeichnisses ab Seite 209 dennoch rasch ans Ziel.

Trotz gründlicher Auswertung zahlreicher wissenschaftlicher Arbeiten etc. sind angesichts der vielen Zahlen und Tatsachen Irrtümer leider nicht auszuschließen. Zwecks Optimierung der nächsten Auflage sind deshalb Kritik und Anregungen erwünscht.

Rainer Schunk

Teil I

Selbstbehandlung

Einleitung und Hinweise

Selbstbehandlung umfaßt neben physikalischen Maßnahmen wie z. B. Massagen und Wärmeanwendung hauptsächlich den Bereich der Selbst**medikation**, das heißt den Gebrauch rezeptfreier Arzneimittel. Es wäre ein Irrtum, solche Präparate von vornherein als nebenwirkungsfrei anzusehen. Mit Einschränkungen gilt das auch für Naturheilmittel. Man denke nur an den Sennesblättermißbrauch bei Verstopfung. Ebenso riskant kann die Überschätzung der Laienfähigkeit zur Erkennung von Krankheiten sein.

In diesem Spannungsfeld versteht sich das Buch „Selbstbehandlung preiswert" als Moderator: Einerseits will es zur Eigeninitiative in Fragen der Gesundheit ermutigen, andererseits vor falscher Selbsteinschätzung warnen. Zuwachs an Wissen möge diese Grenzen behutsam erweitern. Den Gesundheitsminister und die Krankenkassen wird solches Bemühen freuen, erhoffen sich beide hieraus doch spürbare Kosteneinsparungen im Gesundheitswesen. Vorrang in jeder Hinsicht gebührt aber dem lateinischen Hauptgebot der Medizin und Pharmazie:

Primum nil nocere – vor allem nicht schaden

Der Schadensabwendung dient auch der einschränkende Hinweis, daß mit Selbstbehandlung insbesondere die Eigentherapie von *Erwachsenen* gemeint ist. Kleinkinder und vor allem Säuglinge können sich naturgemäß nicht selbst kurieren. Da bei ihnen außerdem meist mit rascher Verschlimmerung einer banal beginnenden Erkrankung gerechnet werden muß, sollte hier der alsbaldige Arztbesuch die Regel sein.

Die häufige Empfehlung von Heilpflanzen und natürlichen Heilmitteln möge nicht zu der irrigen Annahme verleiten, hier würde *keine* „Chemie" angewendet. Dabei handelt es sich aber oft um Bestandteile im natürlichen Verbund von Haupt- und Nebenwirkstoffen samt Begleitsubstanzen, an die der Mensch seit Jahrtausenden angepaßt ist. Kamillengesamtauszüge sind ein Beispiel für deren vorteilhaftes Zusammenwirken. Gegen die Überbewertung von Naturstoffen spricht allerdings die Tatsache, daß zum Beispiel synthetisches und natürliches Vitamin C in reiner Kristallform voneinander nicht unterscheidbar sind. Und trotzdem kann die Naturherkunft vorteilhafter sein, weil sie dem Körper eben nicht pur, sondern „in Begleitung" angeboten wird.

Des öfteren werden in den Kapiteln industriell hergestellte Fertigarzneimittel genannt. Hierbei handelt es sich lediglich um Beispiele.

Auch bei Anwendung mildwirkender Arzneien gilt: Einnahme nicht im Liegen (außer bei Rollkuren), nicht mit alkoholischen Getränken, aber mit reichlich Flüssigkeit und – bei mehreren Mitteln – nicht zusammen.

Da sich Medizin und Pharmazie weiter entwickeln, sind Änderungen des Wissensstandes nach Fertigstellung des Buches wahrscheinlich. BEI ARZNEIMITTELN IST DESHALB IMMER DER BEIPACKZETTEL MASSGEBLICH. Er muß vom Hersteller fortlaufend aktuell gehalten werden. Selbstverständlich sollen Neuerungen in künftige Auflagen eingearbeitet werden.

Leser-Fernberatungen sind nicht möglich.

Der häufiger benutzte Begriff „Droge" wird in „Selbstbehandlung preiswert" ausschließlich in seinem geschichtlich überlieferten Sinn „trocken" (=getrocknete Heilpflanzen) gebraucht. Erst in jüngerer Zeit versteht vor allem der Laie unter Droge vorrangig Rausch- und Suchtmittel.

Heilpflanzen erhielten im Buch zwar hinreichend Platz, aber wegen Berücksichtigung anderer Bereiche der Selbstbehandlung dennoch nicht im erstrebenswerten Umfang. Wer hier seine Kenntnisse vertiefen will, der sei auf das vom selben Autor verfaßte 100seitige preiswerte Taschenbuch **„Heilkraft aus Heilpflanzen"** verwiesen. Es ist im Kräuterfachhandel, in Verbrauchermärkten mit Arzneiabteilung, im Versandhandel und in Drogeriemärkten erhältlich.

Die Bucheinleitung soll beendet werden mit dem mahnenden Verweis auf Ihren Hausarzt. Er sollte wissen, was Sie neben *seiner* Behandlung sonst noch alles für Ihre Gesundheit tun. (Siehe auch „Die *Zehn Gebote* der Selbstbehandlung" auf der Buchrückseite).

Voraussetzungen zur Selbstbehandlung

Wer sich selbst helfen will, braucht verläßliche Beurteilungsmaßstäbe zu folgenden Fragen:

Was ist kerngesund – noch normal – schon krankhaft – bereits bedenklich?

Die nachstehenden **MEDIZINISCHEN KENNWERTE FÜR ERWACHSENE** nennen – ohne Berücksichtigung von Schwangerschaft oder höherem Alter etc. – die Durchschnittsnormen. Für den Laien können sie oft nur Orientierungshilfen sein. Die kompetente Erläuterung obliegt vorrangig dem Arzt.

Gewicht

Normalgewicht: Körpergröße in cm abzüglich 100. Beispiel: 175 cm - 100 = 75 kg. Idealgewicht: Normalgewicht minus 10% (Mann), 15% (Frau). Bei leichtem Körperbau 10% abziehen, bei schwerem 10% hinzurechnen. Das halboffizielle „Wohlfühlgewicht" läßt jeweils ein paar Prozent mehr zu.

Blutdruck (Oberwert = Systole, Unterwert = Diastole)

a) Niederdruck (Hypotonie): unter 125/80 mm Hg (=Quecksilbersäule)

b) Normaldruck (Normotonie): bis 140/90 mm Hg

c) Hochdruck (Hypertonie): über 160/95 mm Hg

Bereits **ein** erhöhter Wert bedeutet Bluthochdruck. Zwischen b) und c) liegen die sog. **Grenzwerte**. Für zuverlässige Aussagen sind mehrere Messungen **in Ruhe** und unter **gleichen** Bedingungen nötig. Das heißt: Stets am gleichen Arm zur etwa gleichen Zeit messen. Unterarm leicht angewinkelt in Herzhöhe auflegen, offene Innenhand nach oben. Zwischen zwei Messungen fünf Minuten Pause. Die Werte beim Arzt sind oft etwas höher (sogenannter „Sprechstunden-Hochdruck").

Achtung: Ständiger Hochdruck wird oft nicht bemerkt. Wegen Infarktrisiko vor allem ab dem 50. Lebensjahr den Blutdruck mehrmals im Jahr messen lassen.

Blut und seine Hauptbestandteile

Die durchschnittliche Blutmenge beträgt sechs Liter.

Blutzucker (Glukose) nüchtern, in 100 ml Blut: *Normalwert* unter 100 mg, Grenzwert bis 130 mg, *krankhaft* über 130 mg.

Hämoglobin (=Hb, roter Blutfarbstoff) Frauen 12–16 g in 100 ml Blut, Männer 14–18 g.

Blutplättchen (Thrombozyten; Blutgerinnung): 150 000 bis 350 000 in 1/1000 Milliliter (=1µl) Blut.

Rote Blutkörperchen (Erythrozyten; Sauerstofftransport): ca. 4 bis 5,5 Millionen in 1/1000 Milliliter Blut.

Weiße Blutkörperchen* (Leukozyten; Vernichtung von Bakterien etc., Immunabwehr): ca. 4000 bis 10 000 in 1/1000 Milliliter Blut.

* Es gibt drei Sorten: Lymphozyten (22–50%), Monozyten (1–10%) und Granulozyten, letztere mit den Untertypen basophile (unter 2%), eosinophile (1–6%) und neutrophile (40–70%). Prozentzahlen gemäß Differential–Blutbild beim gesunden Erwachsenen.

Blutsenkung: Nach einer Stunde 3–8 mm beim Mann normal, bei der Frau 6–11 mm. Beschleunigung bei Entzündungen, Tumoren etc.

Blutserum: Elektrolyte und Spurenelemente in 100 ml

Natrium 310–345 mg, Kalium 14–21 mg, Kalzium 8–11 mg, Magnesium 1,9–2,5 mg, Eisen und Kupfer ca. 0,06–0,16 mg

Bilirubin (Gallenfarbstoff im Blutserum; Abbauprodukt aus Roten Blutkörperchen): unter 1 mg in 100 ml. Erhöhung: Gelbsuchtverdacht.

Cholesterin, Blutfette: Gesamtcholesterin und Triglyzeride (=Neutralfette) jeweils unter 200 mg in 100 ml Blutserum.

Erhöhtes Arterioskleroserisiko (ab Lebensmitte), wenn Gesamtcholesterin über 260 mg, LDL* – Cholesterin über 155 mg, HDL – Cholesterin unter 35 mg (Mann) bzw. unter 45 mg (Frau)** *LDL = Lipoproteine mit niedriger Dichte bis 1,06 Gramm je ml **HDL = Lipoproteine mit hoher Dichte von 1,06 bis 1,21 Gramm je ml.

Über 60 mg HDL besteht kein Arterioskleroserisiko.

γ – GT (Gamma-GT) unter 28 (Mann), unter 18 (Frau). Erhöht: Lebererkrankung (Alkohol ist oft die Ursache).

Harnsäure im Blutserum: Normal bis 7 mg in 100 ml (Mann), bis 6 mg (Frau). Bei höheren Werten Gichtgefahr (siehe auch unter Harnsäure im Urin).

Kreatinin: Unter 1,2 mg = normale Nierenfunktion

PSA-Wert und **Saure Phosphatase** (prostatisch) über 4: Hinweis u. a. auf Prostata-Krebs.

Quickwert (Blutgerinnungszeit): Normbereich 70 – 100%

Urin: pH-Wert zwischen 5 und 6, also schwach sauer, Glukose bis 15mg in 100 ml, Eiweiß (Protein) bis 150 mg pro Tag, Harnstoff bis 34 g pro Tag, Harnsäure bis 750 mg pro Tag. Für ihre Bewertung ist zusätzlich die Konzentration im Blutserum zu beachten (siehe oben). Kalium 1 bis 6 g pro Tag, Kalzium 100 bis 250 mg pro Tag, Natrium 1 bis 5 g pro Tag.

Anwendung der Heilpflanzen im Überblick

Die auf Seite 20 folgende Liste wurde dem vom selben Autor verfaßten Taschenbuch „Heilkraft aus Heilpflanzen" entnommen. Sie vermittelt einen Eindruck über die nach wie vor beachtlichen Möglichkeiten der Selbstbehandlung mit Heilpflanzen. Trotz der oft großen Auswahl sollten Sie – auch aus Kostengründen – zunächst versuchen, Ihre Beschwerden mit nur einer Droge anzugehen (*Mono*drogentherapie). Die Qual der Wahl wird vermindert, wenn Sie sich vorrangig einer durch „Standardzulassung" in der Wirksamkeit amtlich bestätigten Monodroge bedienen. Solche Standardzulassungen erkennt auch der Laie sofort an der offiziellen, mehrstelligen Zulassungs-Nummer, die abgekürzt als „Zul.–Nr...." auf der Verpackung anzugeben ist. Beispiel: Salbeiblätter: Zul.–Nr. 1229.99.99.

Monodrogen-Standardzulassungen gibt es unter anderem für:

Arnikablüten
Bärentraubenblätter
Baldrianwurzel
Birkenblätter
Brennesselkraut
Eibischwurzel
Eichenrinde
Enzianwurzel
Eukalyptusblätter
Faulbaumrinde
Fenchel
Flohsamen
Gartenbohnenhülsen (=Bohnenschalen)
Goldrutenkraut
Hamamelisrinde
Hauhechelwurzel
Heidelbeeren
Holunderblüten
Hopfenzapfen
Huflattichblätter
Isländisches Moos
Johanniskraut
Kamillenblüten
Kümmel
Leinsamen
Lindenblüten
Löwenzahn
Mädesüßblüten
Mariendistelfrüchte
Melissenblätter
Orthosiphonblätter
Passionsblumen–kraut
Pfefferminzblätter
Rhabarberwurzel
Ringelblumenblüten
Rosmarinblätter
Salbeiblätter
Schachtelhalmkraut (=Zinnkraut)
Schafgarbenkraut
Schlüsselblumen–blüten
Sennesblätter
Sennesfrüchte
Spitzwegerichkraut
Süßholzwurzel
Tausendgüldenkraut
Thymian
Wacholderbeeren
Weißdornblätter mit Blüten
Wermutkraut

Die vielen Heilpflanzen *ohne* Zulassungs-Nummer müssen den gleichen Qualitätsansprüchen genügen. Ihre Bewertung steht im erwähnten Taschenbuch „Heilkraft aus Heilpflanzen".

Nun also der angekündigte Überblick:

Heilanzeigen und geeignete Heilpflanzen

mit Angabe des verwendeten Pflanzenteils

Abstillung: Salbeiblätter

Akne: Hamamelisblätter und -rinde, Klettenwurzel, Stiefmütterchenkraut, Walnußblätter

Altersbeschwerden: Ginsengwurzel, Johanniskraut, Weißdorn

Angina: Salbeiblätter, Ysopkraut (siehe auch „Gurgelmittel")

Angstzustände: Baldrianwurzel, Johanniskraut, Kava-Kava-Wurzelstock

Appetitmangel: Andornkraut, Angelikawurzel, Bitterkleeblätter, Enzianwurzel, Isländisches Moos, Rosmarinblätter, Schafgarbenkraut, Tausendgüldenkraut, Teufelskrallenwurzel, Wermutkraut

Arteriosklerose: Knoblauchzwiebeln, Weißdornblätter, -blüten, -früchte

Arthritis: Mutterkrautblätter, Teufelskrallenwurzel

Asthma: Pestwurz, Sonnentaukraut, Thymiankraut (siehe auch bei „Husten")

Augenlidrandentzündung (Gerstenkorn): Augentrostkraut, Fenchelfrüchte, Kamillenblüten, Walnußblätter

Ausfluß: Kamillenblüten, Taubnesselblüten

Ausschlag: siehe „Hauterkrankungen"

Beruhigungsmittel: Baldrianwurzel, Hopfenzapfen, Lavendelblüten, Passionsblumenkraut

Blähungen: Angelikawurzel, Anisfrüchte, Basilikumkraut, Fenchelfrüchte, Knoblauchzwiebeln, Korianderfrüchte, Kreuzkümmelfrüchte, Kümmelfrüchte, Lavendelblüten, Liebstöckelwurzel, Majorankraut, Schafgarbenkraut, Wermutkraut, Ysopkraut

Blasenbeschwerden: Bärentraubenblätter, Bruchkraut, Buccoblätter, Preiselbeerblätter

Blutdruck, niedriger: Besenginsterkraut, Rosmarinblätter

Blutdruck, hoher: Knoblauchzwiebel, (Mistelkraut), Weißdornblätter, -blüten, -früchte

Bluterguß: Arnikablüten, Beinwellwurzel

„Blutreinigungsmittel": Bittersüßstengel, Brennesselblätter, Stiefmütterchenkraut (siehe auch bei „Darmträgheit" und „harnfördernd")

Brechreiz: Kamillenblüten, Krauseminzblätter, Pfefferminzblätter

Bronchitis: siehe „Husten"

Darmkrämpfe: Kamillenblüten, Kümmelfrüchte, Petersilienfrüchte, Schafgarbenkraut

Darmträgheit: Faulbaumrinde, Flohsamen, Leinsamen, Rhabarberwurzel, Sennesblätter, Sennesschoten, Weizenkleie

Depressionen: Ginsengwurzel, Johanniskraut

Durchblutungsstörungen: Ginkgoblattauszüge, Weißdornblätter, -blüten, -früchte

Durchfall: getrocknete Heidelbeeren, Odermennigkraut, Schwarzer Tee, Tormentillwurzel

Ekzem: Bittersüßstengel, Eichenrinde, Hamamelisblätter, Stiefmütterchenkraut, Walnußblätter (siehe auch „Hauterkrankungen")

Entzündungen: siehe „Wunden"

Erbrechen: siehe „Brechreiz"

Erfrierungen: siehe „Frostbeulen"

Erkältung: Holunderblüten, Kamillenblüten, Lindenblüten, Meerrettichwurzel, Weidenrinde

Erregungszustände: siehe „Nervosität"

Erschöpfung: Ginsengwurzel, Johanniskraut

Fieber: Weidenrinde

Frostbeulen: Eichenrinde, Tormentillwurzel, Walnußblätter

Furunkel: Bockshornkleesamen, Kamillenblüten, Meerrettichwurzel

Fußpilz: Knoblauch (Preßsaft zum Betupfen)

Fußschweiß: Eichenrinde, Walnußblätter

Gallebeschwerden: Andornkraut, Curcumawurzelstock, Kümmelfrüchte, Löwenzahnwurzel mit Kraut, Pestwurzblätter, Pfefferminzblätter, Ruhrkrautblüten, Schöllkraut, Wermutkraut

Gerstenkorn: siehe „Augenlidrandentzündung"

Gicht: Brennesselblätter, Meerrettichwurzel, Wacholderbeeren

Grippe: siehe „Erkältung"

Gurgelmittel: Eibischwurzel, Eichenrinde, Kamillenblüten, Odermennigkraut, Salbeiblätter, Sanikelkraut, Tormentillwurzel, Ysopkraut

Hämorrhoiden: Eichenrinde, Flohsamen, Kamillenblüten, (Sennesblätter)

Halsentzündung: Salbeiblätter, Ysopkraut (siehe auch „Gurgelmittel")

harnfördernd: Angelikawurzel, Birkenblätter, Bohnenschalen, Eberwurzwurzel, Erdrauchkraut, Goldrutenkraut, Hauhechelwurzel, Liebstöckelwurzel, Löwenzahnwurzel, Maisgriffel, Petersiliensamen und -wurzel, Queckenwurzel, Spargelwurzel, Stiefmütterchenkraut, Verbenakraut, Wacholderbeeren, Zinnkraut

Harnwegsinfekte: Bärentraubenblätter, Bruchkraut, Buccoblätter, Meerrettichwurzel

Hauterkrankungen: Bittersüßstengel, Kamillenblüten, Klettenwurzel, Stiefmütterchenkraut, Walnußblätter

Herzbeschwerden: (v. a. „nervöse" und sog. Altersherz): Baldrianwurzel, Ginkgoblattauszüge, Herzgespannkraut, Weißdornblätter mit Blüten, Weißdornfrüchte

Husten:

a) **Verschleimung:** Alantwurzel, Bibernellwurzel, Eukalyptusblätter, Fenchelfrüchte, Königskerzenblüten, Liebstöckelwurzel, Meerrettichwurzel, Schlüsselblumenwurzel und -blüten, Seifenkrautwurzel, Spitzwegerichkraut, Stiefmütterchenkraut, Süßholzwurzel, Thymiankraut

b) **Reiz- und Krampfhusten:** Alantwurzel, Andornkraut, Anisfrüchte, Dostkraut, Eibischwurzel, Huflattichblätter, Isländisches Moos, Sonnentaukraut, Thymiankraut

c) **Keuchhusten:** Sonnentaukraut, Thymiankraut

Kopfschmerzen: Pfefferminze (ätherisches Öl), Pestwurz-Wurzelauszüge

Krampfadern: Arnikablüten, Beinwellwurzel, Buchweizenkraut, Roßkastanien-, Besenginster- und Ginkgoblattpräparate

krampflösend: Kamillenblüten, Kümmelfrüchte, Pfefferminzblätter

Leberbeschwerden: Artischockenblätter, Mariendistelfrüchte

Lidrandentzündung: siehe „Augenlidrandentzündung"

Lippenbläschen (Herpes): Melissenkraut (Lomaherpan)

Magenbeschwerden: Andornkraut, Basilikumkraut, Bitterkleeblätter, Enzianwurzel, Isländisches Moos, Kamillenblüten, Kümmelfrüchte, Leinsamen, Liebstöckelwurzel, Pestwurzblätter, Pfefferminzblätter, Schafgarbenkraut, Wermutkraut

Magengeschwür: Kamillenblüten, Leinsamen, Süßholzwurzel

Menstruationsbeschwerden: Pestwurzblätter, Schafgarbenkraut

menstruationsfördernd: Liebstöckelwurzel, Schafgarbenkraut, Verbenakraut

Migräne: Mutterkrautblätter, Pestwurz-Wurzelauszüge

milchbildend: Anisfrüchte, Basilikumkraut, Brennesselblätter, Fenchelfrüchte, Kümmelfrüchte, Petersilienfrüchte und -wurzel, Verbenakraut

Milchschorf: Stiefmütterchenkraut

Mundschleimhautentzündung: Kamillenblüten, Malvenblüten, siehe auch „Gurgelmittel"

Muskelzerrung: Arnikablüten, Beinwellwurzel

Nachtschweiß: Salbeiblätter, Ysopkraut

Nagelumlauf: Bockshornkleesamen

Nervosität: Baldrianwurzel, Hopfenzapfen, Johanniskraut, Kava-Kava-Wurzelstock, Lavendelblüten, Passionsblumenkraut

Nierenerkrankungen: Bärentrauben-, Birken-, Bucco-, Orthosiphon-, Preiselbeerblätter

„offenes Bein": Beinwellwurzel, Eichenrinde

Prellung: siehe „Quetschungen"

Prostataleiden: Brennesselwurzel, Kürbissamen, Sonnenhutwurzel, Weidenröschenkraut

Quetschungen: Arnikablüten, Beinwellwurzel

Rachenschleimhautentzündung: Kamillenblüten, Malvenblüten, siehe auch „Gurgelmittel"

Raucherbein: Ginkgoblattpräparate

Reizhusten: siehe „Husten"

rheumatische Beschwerden: Bittersüßstengel, Brennesselblätter, Löwenzahnwurzel mit Kraut, Meerrettichwurzel, Petersilienwurzel, Teufelskrallenwurzel, Wacholderbeeren, Weidenrinde

Schilddrüsenüberfunktion: Herzgespannkraut, Wolfstrappkraut

Schlafstörungen: Baldrianwurzel, Hopfenzapfen, Johanniskraut, Passionsblumenkraut

Schnarchen: Huflattichblätter mit Thymiankraut

Schnupfen: Kamillenblüten

Schuppenflechte (Psoriasis): Mahonienrinde

Schweißfüße: siehe „Fußschweiß"

schweißhemmend: Salbeiblätter, Ysopkraut (innerlich); Eichenrinde, Walnußblätter (äußerlich)

schweißtreibend: Birkenblätter, Eberwurzwurzel, Holunderblüten, Lindenblüten, Weidenrinde

Schwindelzustände: Ginkgoblattauszüge

Sodbrennen: Leinsamen, Rotbuschtee

Sonnenbrand: Aloe-vera-Blattsaft

Speichelhemmung: Salbeiblätter

Übelkeit: siehe „Brechreiz"

unreine Haut: siehe „Hauterkrankungen"

Unterschenkelgeschwür: siehe „offenes Bein"

vegetative Dystonie (Unruhe, Beklemmung etc.): Baldrianwurzel, Johanniskraut, Kava-Kava-Wurzelstock

Venenentzündung: siehe „Krampfadern"

Verbrennungen (leichte): Kamillenblüten

Verdauungsschwäche: Benediktenkraut, Curcumawurzelstock, Enzianwurzel, Tausendgüldenkraut

Verdauungsstörungen: Fenchelfrüchte, Isländisches Moos, Knoblauchzwiebel, Pfefferminzblätter, Teufelskrallenwurzel, Wacholderbeeren

Verletzungen: siehe „Wunden"

Verschleimung: siehe „Husten"

Verstauchung: siehe „Bluterguß"

Verstopfung: siehe „Darmträgheit"

Vitamin-C-Mangel: Hagebuttenschalen, Sanddornbeeren (Saft)

Völlegefühl: siehe „Darmträgheit" und „Magenbeschwerden"

Warzen: Löwenzahn-Milchsaft, Schöllkraut-Milchsaft

Wasserstauung: siehe „harnfördernd"

Wechseljahrbeschwerden: Johanniskraut, Salbeiblätter (Schweißausbrüche)

Wolf (Intertrigo): siehe „Wunden"

Wunden (äußerlich): Andornkraut, Arnikablüten, Eichenrinde, Johanniskraut, -blüten (Öl), Kamillenblüten, Odermennigkraut, Ringelblumenblüten, Sanikelkraut, Schafgarbenkraut, Thymiankraut, Tormentillwurzel

Zahnfleischentzündung: Kamillenblüten, Rhabarberwurzel, Salbeiblätter, Tormentillwurzel (*stark* zubereitete Siedendwasserauszüge zum Mundspülen)

Abführmittel, freiverkäufliche*

Hauptursachen für Verstopfung sind: ballaststoffarme Nahrung in Verbindung mit zu geringer Flüssigkeitsaufnahme, Streß, Bewegungsmangel, Schilddrüsenunterfunktion und die Einnahme stark beruhigender Mittel sowie starker Schmerzarzneien.

Vier arzneiliche und drei diätetische Mittel sind verfügbar

Als „direkt" abführende **Arzneistoffe** (Fachbegriff Laxanzien) sind außerhalb der Apotheken nur noch **Rizinusöl**, **Glaubersalz** und **Bittersalz** erhältlich. Rizinusöl (Dosis ein Eßlöffel voll, Wirkungseintritt nach ca. zwei Stunden) zeigt praktisch keine Nebenerscheinungen. Ein Bissen Brot gleich nach der Einnahme erleichtert die Anwendung. Empfindliche können auch mit Rizinusöl gefüllte *Kapseln* schlucken. Sie sind allerdings teurer.

Glauber- und Bittersalz sind salinische Laxanzien (sal lateinisch = Salz). Dosis bei beiden: 20 Gramm in einem Glas Wasser gelöst. Die Wirkung tritt nach etwa vier Stunden ein. Keiner der drei Naturstoffe ist zur Daueranwendung geeignet.

Anders bei **Flohsamen** (Name durch das flohähnliche Aussehen). Sie sind – bei reichlicher Flüssigkeitszufuhr – ein *stark* quellendes erstklassiges Darmgleitmittel zum Dauergebrauch.

Leinsamen, **Weizenkleie** und **Milchzucker** sind vorrangig **Lebensmittel** mit darmregulierenden Eigenschaften. Durch Quellung und als Ballaststoffe (viel trinken!) bzw. beim Milchzucker infolge Anregung der Milchsäurebildung normalisieren sie die Darmtätigkeit. Sie sind durchweg preisgünstig und langfristig anwendbar. Alle drei sind im Buchteil II besprochen (siehe Stichwortverzeichnis). Im Kapitel „Ballaststoffe in der Nahrung" auf Seite 160 finden Sie Empfehlungen weiterer geeigneter Lebensmittel.

Zum Schluß drei Spartips:

1. Wer Stuhlgang nur jeden zweiten (bis längstens dritten) Tag hat, kann auf Abführmittel ganz verzichten, weil auch dieser Rhythmus völlig normal ist.
2. Öfter helfen morgens vor dem Aufstehen nüchtern zwei Gläser (Mineral-) Wasser oder ein großes Glas Wasser nach Zumischung von zwei bis drei Eßlöffeln **Obstessig** (= Apfelessig).

3. Trinken Sie bitte täglich mindestens zwei Liter Flüssigkeit. Suppe zählt mit dazu und erleichtert das gar nicht so geringe Tagespensum. Selbst saftreiches Obst darf zur Hälfte mit einbezogen werden.

Rezeptfreie Abführmittel aus der Apotheke
– pflanzlich: Sennesblätter und -schoten sowie Zubereitungen hieraus (z.B. Bekunis-Dragees und Kneipp Wörisetten)
– synthetisch: Dulcolax, Laxoberal, Lactulose etc.

* Wer freiverkäufliche Arzneimittel anbietet, muß eine Sachkundeprüfung ablegen. Die hierdurch nachgewiesenen Kenntnisse sind jedoch nicht annähernd mit dem vom Apotheker an der Universität geforderten Wissen vergleichbar.
Bei der Preisgestaltung herrscht dagegen zwischen dem Einzelhandel und den Apotheken freier Wettbewerb. Trotzdem: „Billig" muß nicht gleich „preiswert" sein. Ein Blick auf die Inhaltsstoffe eines Mittels bezüglich Art, Anzahl und Dosis kann bei der Preis-/Leistungsabschätzung nützen.

Abführmittel: Teufelskreis, aber nicht bei allen

Sennesblätter und -schoten, Faulbaumrinde, Medizinal-Rhabarber und Aloe sind nicht allein schon deshalb gute Abführmittel, weil sie aus der Natur kommen. Bei Langzeitanwendung ganz im Gegenteil! Denn dann kann der Körper zuviel Kalium verlieren. Dessen zunehmender Mangel lähmt die Darmtätigkeit zusätzlich. Die Verstopfung verschlimmert sich also. Der Patient bereitet sich deshalb einen stärkeren Sennesblättertee oder nimmt mehr Tabletten ein und schwemmt noch mehr Kalium aus. Und so dreht sich die Spirale weiter: der gefürchtete **Abführmittel-Teufelskreis**.

Ausweg: Neben Joghurt viel mehr Ballaststoffe zusammen mit viel mehr Flüssigkeit zuführen und viel mehr Bewegung.

Und wenn's, wie anfangs oft zu beobachten, trotzdem nicht „klappt"? Dann stets zuerst einen Versuch mit Quellgleitmitteln wie Flohsamen oder Leinsamenschrot unternehmen. Alternativ Milchzucker oder die verwandte naturnahe Lactulose einsetzen. Sie alle schonen den Kaliumhaushalt. Weitere Informationen siehe vorhergehendes Kapitel.

Ätherische Öle: Arznei für den Körper, Duft für die Seele

Zum Verständnis der Vielseitigkeit ätherischer Öle sollen eingangs ein paar Kenntnisse über deren Herkunft, Gewinnung und Bezeichnung vermittelt werden.

Woher kommen die ätherischen Öle?

Aus Pflanzen. Das wissen bereits viele Leser. Aber bei weitem nicht alle Pflanzen enthalten Ätherischöl. Diese „Erfindung" ist erst den entwicklungsgeschichtlich moderneren höheren Pflanzen gelungen, während die viel älteren niederen Pflanzen (zum Beispiel Algen) im allgemeinen jeglichen Wohlgeruch vermissen lassen.

Bestimmte botanische Familien fallen auf durch besonders viele Ätherischölpflanzen. Bei uns sind dies vor allem die Nadelhölzer (Wacholder, Latschenkiefer etc.), die Lippenblütler (Pfefferminze, Thymian, Melisse) und die Doldengewächse (Fenchel, Kümmel und viele mehr). Aus warmen und heißen Regionen kommen unter anderem hinzu die Lorbeer-, Myrten- (Eukalyptus) und Rautengewächse (Zitrone, Orange, Diptam*).

Nicht alle Pflanzen*teile* enthalten gleich viel Ätherischöl. In Stengeln und Zweigen verbirgt sich meist verhältnismäßig wenig. Aber auch in Blüten und Blättern findet man nicht sonderlich viel. Raten Sie einmal, wieviel Prozent des flüchtigen Stoffes beispielsweise in Pfefferminzblättern sind. Falsch! Es ist nur gerade mal gut *ein* Prozent. Aber diese Winzigkeit hat es in sich: Noch in einer Verdünnung von eins zu vier Millionen ist das Öl zu riechen.

---

*Diptam wurde früher bei Frauenleiden gebraucht. Die geschützte, stattliche Pflanze wächst auch in Deutschland. Sie enthält auffallend viel Ätherischöl. Dieses verdunstet an heißen, windstillen Tagen in solcher Menge, daß es schadlos direkt über der Pflanze entzündet werden kann. Ein echtes Naturwunder! Diptam wurde deshalb mit dem biblischen brennenden Busch in Verbindung gebracht (2. Buch Mose, 3. Kapitel 2).

Wie werden ätherische Öle gewonnen?

Diese Frage haben sich vor 4000 Jahren unter anderem auch schon die alten Ägypter gestellt. Und gelöst, denn bereits zur Pharaonenzeit hatte man bemerkt, daß Schweineschmalz und Rinderfett Duftstoffe aus Blüten aufnehmen, wenn sie auf die dünn ausgestrichenen Fette gestreut werden. So wird es vereinzelt in Südfrankreich noch heute gemacht.

Größere Bedeutung haben jetzt allerdings drei andere Methoden, nämlich

- ❑ Lösungsmittelextraktion
- ❑ Auspressung (Zitronenschalen) und
- ❑ Wasserdampfdestillation (Technik siehe Abbildung)

Destillierapparat mit unmittelbarem Wasserdampf

Funktionsweise: Der im Kessel (1) erzeugte Wasserdampf strömt von unten direkt in den Behälter (2) mit den Ätherischölpflanzen und entzieht diesen nach und nach ihre flüchtigen Bestandteile. Der ölbeladene Dampf sinkt nun in den außen mit Kaltwasser gekühlten Kondensator (3). Durch die Kühlung wird der Dampf zu Wasser, auf dem das leichtere Ätherischöl schwimmt. Beide fließen links unten ab und werden im Auffanggefäß (4) voneinander getrennt.

Da mit Lösungsmitteln gewonnene Ätherischöle hiervon trotz Reinigung noch geringe Reste enthalten können, sind sie für medizinische Zwecke nicht so gut geeignet wie Ausbeuten nach den beiden anderen Verfahren. Seriöse Markenerzeugnisse garantieren nicht nur rückstandsfreie Naturreinheit, sondern zugleich hundertprozentige, das heißt *unverdünnte* Konzentrate.

Warum heißen die Öle „ätherisch" und woraus bestehen sie?

Gemeinsamkeiten: Alle Ätherischöle sind flüchtige (Name), stark riechende, brennbare Gemische aus einigen bis vielen Naturstoffen. Sie sind meist flüssig sowie wasserklar und bestehen aus bis zu neunzig Prozent sogenannten Terpenverbindungen.

Unterschiede: Der Oberbegriff „Terpene" vereint sieben verschiedene Stoffgruppen, deren Erläuterung rasch zu einer ermüdend umfangreichen Auflistung führen würde. Dies um so mehr als neben den Terpenen noch ein paar weitere gewichtige Substanzklassen im wahrsten Wortsinn „mitmischen". Aus diesem großen Reservoir kombiniert Mutter Natur hunderte unterschiedlicher Öle.

Mit den *fetten* Ölen wie Olivenöl besteht keine Verwandschaft.

Was können ätherische Öle bewirken?

Infolge ihrer verschiedenen Inhaltsstoffe mehr als Sie vermutlich annehmen. Dabei kommt es darauf an, ob die Öle innerlich oder äußerlich gebraucht werden und in welcher Konzentration. Die folgende, knapp gehaltene Tabelle gilt für

Innerliche Anwendungen

Anwendungsgebiete	geeignete ätherische Öle
Appetitanregung	Kümmelöl
Arteriosklerose (Bluthochdruck)	Knoblauchöl
Blähungen	Fenchel-, Kümmelöl
Entzündungen	Kamillenöl
Gallenbeschwerden	Fenchel-, Koriander-, Senföl
harnfördernd	Wacholderöl
Husten	Anis-, Eukalyptus-, Fenchel-, Thymianöl
Krämpfe (Verdauungsorgane)	Fenchel-, Kamillen-, Kümmel-, Pfefferminz-, Zimtöl
Kreislaufanregung	Rosmarinöl
menstruationsfördernd	Lorbeer-, Wacholderöl
Nervosität	Baldrian-, Lavendel-, ind. Melissenöl
verdauungsfördernd	Ingwer-, Kümmelöl

Äußerliche Anwendungen

Äußerlich in **konzentrierter Form** auf der Haut angewendet wirken manche ätherische Öle mehr oder weniger stark antiseptisch (keimtötend), beispielsweise Thymian- oder Teebaumöl (siehe Extrakapitel).Einige andere besitzen zusätzlich durchblutungsfördernde Eigenschaften, nämlich Terpentin- , Rosmarin- , Wacholder- , Wintergrün- und besonders Senföl. Nelkenöl wirkt bei Zahnschmerzen durch Betupfen.

Bei Überdosierung beziehungsweise Überempfindlichkeit können alle Öle auch unerwünschte Wirkungen hervorrufen. Bekannte Beispiele: Nierenreizung durch zu viel eingenommenes Wacholderöl und Lichtallergie der Haut durch Citrus- und Doldenblütleröle.

Niedrig dosiert und nach Verdunstung eingeatmet bewirken viele Öle ganz andere, nämlich psychische (seelische) Effekte. Dies ist die uralte und zugleich moderne Domäne der

Aromatherapie mit und ohne Duftlampe

Zu Lebzeiten des französischen Dichters Viktor Hugo (1802–1885) waren Parfüms – im Gegensatz zu heute – nichts anderes als natürliche Ätherischöle und deren

Mischungen. Der große Poet der Franzosen schrieb damals: „Das Parfüm ist ein Hauch des Himmels". Damit erfaßte er feinsinnig die psychischen Potenzen dieser Riechstoffe.

Düfte beeinflussen das Seelenleben

Wohlgerüche scheinen über die sogenannte Riechbahn zum Limbischen System des Stammhirns leichter vorzudringen, wenn sie gefühlsbetont dargereicht werden. Hier, im entwicklungsgeschichtlich alten Teil des Gehirns, befindet sich unsere auch von Dufterinnerungen beeinflußbare Gefühlswelt. An dieser Stelle wird entschieden über Antipathie/Sympathie (bis hin zur Erotik), werden Motivation, Affekte und Kreativität gesteuert. JEMANDEN-NICHT-RIECHEN-KÖNNEN zählt dazu.

Duftlampe

Das geeignete Gerät zur Auslösung solcher animalisch-seelischer Impulse ist die Duftlampe, eine Art Stövchen aus Porzellan etc. mit einer Verdampfungsschale. In einer feierabendlichen Atmosphäre des Sichwohlfühlens dürfen auch günstige Einflüsse auf die Erholung des gestreßten Immunsystems erwartet werden.

Aromaentfaltung auch ohne Duftlampe

Nüchtern betrachtet dient die Duftlampenkerze nur als Wärmequelle für die Ölverdunstung. Das können Sie, freilich weniger sentimental, im Winter auch billiger und umweltfreundlicher mit dem Ofen, Herd oder Heizkörper erreichen. Ein Suppenteller oder ein anderes Gefäß mit großer Verdunstungsoberfläche ist ebenfalls überall zur Hand. Mit Wasser füllen, etwa zehn bis zwanzig Tropfen Öl aufträufeln und in die Wärme stellen. Das tut es auch und befeuchtet obendrein noch die Luft.

Alles in allem ist die Verdampfung weniger Tropfen Ätherischöl mit oder ohne Duftlampe sicherlich keine Therapie nach Art der Schulmedizin, weshalb man statt „Aromatherapie" besser „Aromatologie" schreiben sollte. Aber dem Bereich *Gesunderhaltung* sind die Aromawirkungen durchaus zuzuordnen. Den Chinesen gilt diese mehr als das Kurieren einer Krankheit.

Die bewährtesten Duftöle im Überblick

Gemeinsam ist allen nachfolgend kurz charakterisierten Ölen die gute Eignung speziell für die Duftlampe (Andere Einsatzgebiete werden vorab teilweise mit angegeben.) Die Wirkungsaussagen können nicht unbedingt objektiv sein, weil der gleiche Duftstoff bei verschiedenen Menschen unterschiedliche Gemütsregungen auslöst, je nachdem, an was sich der Einzelne bei dem Geruch erinnert oder was er von diesem zu wissen glaubt. Der Verstand riecht also mit.

Bezeichnung	**Duft**	**Wirkung, Anwendung** (unter anderem)
Bergamottöl	citrusartig, süß	stimmungsaufhellend
Citronenöl	typisch, frisch	fördert Konzentration, Süßspeisen
Edeltannenzapfenöl	koniferig weich	Sauna, Luftverbesserung, Badeöle
Eukalyptusöl	typisch (wie Emeukal)	Sauna, Inhalationen, Husteneinreibung
Geraniumöl	wie Rosenblüten	erotisierend, Kosmetika
Grapefruitöl	citrusartig, herb	belebend, erfrischend
Indisches Melissenöl	zitronenartig, schwer	beruhigend, Badezusätze
Lavendelöl	lieblich, blumig	Nervosität, Badezusätze
Lemongrasöl	zitronenartig, frisch	konzentrationsfördernd
Mandarinenöl	typisch fruchtig	entspannend, harmonisierend
Orangenöl	bekannt	erfrischend, anregend
Patchouliöl	herb, holzig	erotisierend, Mottenschutz
Petit-Grainöl	blumig, frisch	stimmungshebend
Rosenholzöl	würzig rosig	Körper-, Badeöle
Ylang-Ylangöl	betörend, tropisch	erotisierend, gegen Verstimmung
Zedernholzöl	weich, süßlich	kräftigend, Insektenabwehr
Zimtrindenöl	würzig-süß	ausgleichend, Süß- u. andere Speisen

Weitere Verwendungsmöglichkeiten der ätherischen Öle

Saunaaufgüsse, Inhalationen: Besonders mit letzteren erreicht man echte Arzneiwirkungen. Eukalyptusöl hat sich bei Husten bewährt: Eine große Tasse Wasser wird in einem Topf erhitzt. Nach Zugabe mehrerer Tropfen Öl wird ein Frotteetuch über den Kopf gelegt und mehrmals täglich je fünf Minuten lang inhaliert. Der allgemein bekannte Kamillenkopfdampf ist ebenfalls eine reine Ätherischölanwendung, auch wenn das Öl zuvor nicht aus den Blüten destilliert wurde.

Badezusätze: In zwar nur geringer aber ausreichender Menge können praktisch alle Öle im warmen Badewasser durch kräftiges Rühren verteilt werden. Herrlicher, entspannender oder anregender Duft wird die kurze Mühe reichlich lohnen. Es gibt sogar noch eine Steigerung: Mischen Sie 10 ml Duftöl mit 100 ml **Jojobaöl** (siehe Extrakapitel) und arbeiten Sie hiervon einen Eßlöffel voll in das Wasser ein. Nicht nur ein „duftes Aha-Erlebnis", sondern ein nachhaltiges Gefühl geschmeidig-junger Haut wird garantiert.

Wäsche/Mottenschutz: Die nach dem Bad angelegte Kleidung läßt den Duftzauber noch länger fortwirken, wenn wenige Tropfen Ihres Lieblingsöls in den letzten Spülgang der Waschmaschine gegeben wurden. Willkommener Nebeneffekt: Motten mögen keine duftenden Kleiderschränke.

Luftverbesserung im WC: Besonders gut eignet sich das preiswerte Orangenöl als Luftverbesserer. Zum langsamen Verdunsten muß lediglich ein Teelöffel voll auf eine Untertasse gegossen werden.

Im Kühlschrank am besten aufgehoben

Sie machen keinen Fehler, wenn Sie ätherische Öle wie temperaturempfindliche Arzneimittel aufbewahren. Richtige Lagerung also: kalt, dunkel und verschlossen, höchstens zwei Jahre lang und vor Kindern geschützt.

Abschließend eine **Kostenbewertung**: Ätherischöle können als hochkonzentrierte Naturstoffe nicht billig sein. Infolge ihrer Ergiebigkeit sind sie aber allemal ihren Preis wert. Voraussetzung ist allerdings, daß sie **garantiert rein pflanzlich**, das heißt durch Wasserdampfdestillation oder Kaltpressung gewonnen sind. Ein entsprechender Hinweis sollte auf den Flaschenetiketten stehen.

Akne sparsam behandeln – mit Salicylspiritus

Wer seine Aknehaut mit Salicyl"spiritus"* betupft, tut dies unauffällig, denn die nach dem Abdunsten des Lösungsmittels verbleibenden Säurekriställchen sind unsichtbar und geruchlos. Gut fürs ohnedies beeinträchtigte Selbstwertgefühl nicht nur Jugendlicher!

Unauffällig ist auch der Preis des Mittels, weil es aus nur wenigen und obendrein billigen Komponenten besteht. Noch kostengünstiger wird es, wenn

- ❑ statt des früher üblichen 70%igen Isopropylalkohols völlig ausreichende 50% genommen werden,
- ❑ wenigstens jeweils 500 Milliliter auf einmal angefertigt werden und
- ❑ das leere Arzneiglas stets in die Apotheke mitgenommen wird.

Die Sparrezeptur lautet:

Salicylsäure	15 g
Isopropylalkohol	200 g
entmineralisiertes (oder destilliertes) Wasser auffüllen auf	500 ml

Selbstherstellung: Wer eine Küchenwaage mit Fünf-Gramm-Einteilung hat, kann bei etwas Geschick noch günstiger abschneiden: Die drei Bestandteile werden nacheinander in ein 500 ml-Arzneiglas (keine Getränkeflasche!) gegeben und gut umgeschüttelt. Dann Etikett mit Inhaltsangabe und Datum der Herstellung aufkleben und schon ist die praktisch unbegrenzt haltbare Lösung fertig. Vor Kindern geschützt aufbewahren. Achtung: Isopropylalkohol ist brennbar, auch nach der Verdünnung.

Das eingangs erwähnte **Selbstwertgefühl** wird übrigens durch allerlei **Fehleinschätzungen** zusätzlich beschädigt. Damit soll nachstehend aufgeräumt werden:

- ❑ **Akne ist weder Folge körperlicher noch seelischer Unsauberkeit.** Zu häufiges Waschen verschlimmert sogar meist das Aussehen. Allein der Haut- oder Hausarzt entscheidet, was zur Reinigung genommen werden darf. Und was die Seele betrifft: Die in den Entwicklungsjahren vermehrt ausgeschütteten Sexualhormone begünstigen zwar rein *biochemisch* das Aufblühen der Akne, mit „schmutzigen" Gedanken, Selbstbefriedigung und Sex haben Pickel und Mitesser jedoch nichts zu tun.
- ❑ **Akne ist nicht ansteckend.** Auch auf gesunder Haut sind stets Eitererreger angesiedelt.
- ❑ **„Unreines" Blut löst keine Akne aus.** Sogenannte „Blutreinigungstees" sind also sinnlos.
- ❑ **Durch falsche Ernährung tritt Akne ebenfalls nicht auf**, wie man früher annahm. Trotzdem ist eine ballaststoff- und vitaminreiche Kost ganz allgemein und lebenslang viel gesünder.

Doch Achtung:

- ❑ **Rauchen sollten Sie nicht**, weil durch Nikotingenuß infolge Verengung der Blutgefäße die Haut unter anderem mit weniger Sauerstoff versorgt wird.
- ❑ **Vorsicht ist auch bei (fetten) Kosmetika angeraten.** Es gibt indes genügend brauchbare abdeckende Mittel. Man halte sich an führende Markenhersteller in Verbindung mit sachkundiger Beratung.
- ❑ **Schließlich sollten Sie übermäßigen Streß vermeiden** (vermehrte Cortisol-Ausschüttung).

---

*Die allgemein geläufige Bezeichnung trifft insofern nicht mehr zu, als statt des hoch besteuerten Weingeists jetzt meist der viel billigere, hier mindestens gleichwertige Isopropylalkohol (= Isopropanol) eingesetzt wird. (Spiritus ist aus Laiensicht *vergällter* Weingeist.)

Rezeptfreie Aknemittel: Aknefug oxid mild, Brasivil, Dermowas etc.

Arzneibestandteile: Zusammensetzung *einfach*

Früher beeindruckten unsere Arzneimittel durch mehrere bis viele Bestandteile; und noch heute kommen aus Fernost „Schrotschußmittel" mit bis zu 30 Komponenten zu uns. Auch beim Kampf gegen Krankheiten gilt:

Wer mit der Kugel gut trifft, braucht keinen Schrot.

Will heißen: Was mit bereits *einem* Wirkstoff gezielt erreichbar ist, muß man nicht mit mehreren versuchen. Denn schon bei zwei Komponenten sind unerwünschte Wechsel- und Nebenwirkungen möglich. Bei Einnahme eines zusätzlichen Medikamentes (oder gar weiterer), wie es bei älteren Menschen nicht selten ist, sind unerwartete Begleiteffekte nur noch schwer überschaubar. Sogenannte Einstoff-Präparate sind also im Prinzip vorzuziehen, vor allem, wenn es sich um starke chemisch-synthetische Wirkstoffe handelt. Das Bundesinstitut für Arzneimittel und Medizinprodukte (BfArM, ehemals Bundesgesundheitsamt) verlangt insbesondere bei Mischungen solcher Substanzen, daß *jede* der Komponenten einen *eigenen* Beitrag zu den ausgelobten Heilaussagen liefert. Bestandteile von Mischrezepturen, die allein schon wegen des geringen prozentualen Anteils nicht wirken können, müssen entfernt werden.

Grundsätzlich gelten diese Aspekte auch für Naturheilmittel, beispielsweise für Arzneitees. Gemische mit mehr als sieben Bestandteilen sind aus rein mathematischen Erwägungen nicht so günstig zu beurteilen. Weniger ist mehr! Oft sind mit einzelnen Heilpflanzen, sogenannten Monodrogen, für weniger Geld die gleichen Wirkungen zu erzielen. Beispiele: Goldrutenkraut bei Harnwegsinfekten, Thymian bei Husten. Dabei muß bedacht werden, daß bereits Monodrogen dem Körper nicht selten Wirkstoff*gemische* anbieten. Paradebeispiel: Kamillenblüten. Sie enthalten (Pro-)Azulen, Bisabolol, Dicycloäther und fast 20 Flavonoide.

Trotzdem behalten Arzneiteemischungen auch künftig ihre Daseinsberechtigung – schon wegen des gegenüber Monodrogen meist angenehmeren Geschmacks und Geruchs sowie der oft besseren Verträglichkeit. Auch das Aussehen ist gefälliger.

Arzneitees eigenhändig mischen?

Die maschinelle Teefabrikation (siehe Abbildung) in größeren Stückzahlen bringt bezüglich Sicherheit, Qualität, Hygiene, Verpackung und Preis gegenüber dem Selbermischen deutliche Vorteile.

Teemischanlage mit EDV-gesteuerter Heilpflanzenzufuhr aus Großcontainern
(Werkfoto Martin Bauer, Vestenbergsgreuth)

Trotzdem stellt eine kleine Schar naturheilkundlich engagierter Mitmenschen nach wie vor ihre Arzneitees lieber selber her.

An Kräuterbüchern mit Rezepturvorschlägen herrscht kein Mangel. Diese Teerezepte sind aber des öfteren recht lang und damit unnötig teuer. Außerdem entsprechen alte Rezepte oft nicht mehr dem heutigen Wissensstand und sind eventuell sogar schädlich (z. B. Blasentang in Schlankheitstee).

Daß es auch einfacher, preiswerter und moderner geht, zeigt die nachstehende 23 Arzneitees umfassende Liste.

Für die einzelnen Formulierungen galten fünf Bedingungen:

❑ je Teemischung nur vier Bestandteile

- ❑ keiner davon unter 20%, damit jeder rein mengenmäßig seinen Teil zur Gesamtwirkung beitragen kann
- ❑ keine oder nur wenige Blütendrogen, weil teurer und öfter durch gleichwertige preiswertere Blatt- oder Krautdrogen ersetzbar
- ❑ akzeptabler Geschmack, auch ohne verfeinernde Zusätze
- ❑ nur *eine* Schmuckdroge, wenn überhaupt (siehe Fußnote am Kapitelende)

Arzneitees zum Selbermischen

Heilanzeigen	Zusammensetzung (jeweils 100 Gramm, Zahlen = g)
Abführtee	Faulbaumrinde 25, Hibiskusblüten 20, Pfefferminzblätter 20, Sennesblätter 35
Appetitanregender Tee	Pomeranzenschalen 20, Rosmarinblätter 20, Schafgarbenkraut 40, Wermutkraut 20
Blähungstee	Anis 20, Fenchel 35, Schafgarbenkraut 25, Tausendgüldenkraut 20
Blasen – und Nierentee	Bärentraubenblätter 40, Bruchkraut 20, Buccoblätter 20, Orthosiphonblätter 20
Erkältungstee	Dostkraut 20, Eukalyptusblätter 25, Fenchel 25, Spierkraut 30
Fastentee	Birkenblätter 20, Grüner Tee 20, Kakaoschalen 20, Mateblätter grün 40
Gurgeltee (Mundpflegetee)	Kamillenblüten 20, Odermennigkraut 30, Salbeiblätter 30, Tormentillwurzel 20
Harntreibender Tee	Bohnenschalen 25, Goldrutenkraut 30, Maisgriffel 20, Zinnkraut 25
Hautpflegetee	Bittersüßstengel 20, Brennesselblätter 30, Stiefmütterchenkraut 30, Walnußblätter 20
Herz – und Kreislauftee	Ginkgoblätter 30, Mateblätter grün 20, Weißdornblätter mit Blüten 30, Weißdornfrüchte 20
Hustentee, reizlindernd	Andornkraut 25, Huflattichblätter 35, Isländisches Moos 20, Sonnentaukraut 20
Hustentee, schleimlösend	Eukalyptusblätter 20, Spitzwegerichkraut 30, Süßholzwurzel ungeschält 20*, Thymiankraut 30
Leber – Galletee	Artischockenblätter 20, Löwenzahnkraut mit Wurzel 30, Javan. Gelbwurz 20, Pfefferminzblätter 30
Magentee	Isländisches Moos 20, Kamillenblüten 35, Pfefferminzblätter 25, Süßholzwurzel ungeschält 20*
Magen – Darmtee	Andornkraut 20, Bitterklee 20, Kamillenblüten 35, Schafgarbenkraut 25
Menstruationstee	Echtes Eisenkraut 25, Pestwurzblätter 25, Pfefferminzblätter 20, Schafgarbenkraut 30
Milchbildungstee (Stilltee)	Anis 30, Brennesselkraut 30, Echtes Eisenkraut 20, Kümmel 20
Nerventee	Baldrianwurzel 20, Hopfenzapfen 20, Johanniskraut 40, Passionsblumenkraut 20
Prostatatee	Brennesselkraut 20, Brennesselwurzel 20, Goldrutenkraut 25, Weidenröschen schmalblättrig 35
Rheumatee	Brennesselkraut 30, Spierkraut 30, Teufelskrallenwurzel 20, Weidenrinde 20
Schlaf – und Beruhigungstee	Baldrianwurzel 40, Hopfenzapfen 20, Johanniskraut 20, Melissenblätter 20
Schweißtreibender Tee	Birkenblätter 35, Eberwurzwurzel 20, Holunderblüten 20, Weidenrinde 25
Wechseljahrtee	Brennesselkraut 20, Griechischer Salbei 30, Johanniskraut 20, Schafgarbenkraut 30

*Bei Anwendung länger als sechs Wochen wird ausnahmsweise der Anteil Süßholzwurzel von 20 auf 10 g gekürzt. Dafür werden beim **Hustentee** Eukalyptusblätter und beim **Magentee** Isländisches Moos von 20 auf 30 g erhöht.

Arzneibuchqualität wählen

Beim Heilkräuterkauf muß bedacht werden, daß manche Kräuter sowohl in Arzneimittel- als auch in Lebensmittelqualität angeboten werden (Beispiele: Kamille, Pfefferminze, Fenchel). Die Arzneibuchware ist hier geeigneter, auch wenn sie oft etwas teuerer ist.

Damit sollen Lebensmittelkräuter aber nicht abgewertet werden. Auch sie müssen strengen Anforderungen genügen, allerdings anderen. Da sie nämlich überwiegend nicht Arznei-, sondern Genuß- und Ernährungszwecken dienen, gilt hier das *Lebensmittelrecht*.

Herstellung und Aufbewahrung der Teemischungen

Die jeweils vier Drogen werden am besten auf einer Briefwaage gewogen und dann mit zwei Eßlöffeln in einer Schüssel gemischt. Der fertige Tee wird in einem Weckglas mit Gummidichtung oder einem (geruchfreien) Konservenglas gut verschlossen, dunkel und nicht über Zimmertemperatur aufbewahrt. Bitte einen Zettel mit Inhaltsangabe und Herstellungsdatum an das Gefäß kleben. Haltbarkeit: 18 Monate.

Zubereitung

Ein bis zwei gehäufte Teelöffel voll in einer großen Tasse fast randvoll mit kochendem Wasser übergießen, bedeckt zehn Minuten ziehen lassen und nach Umrühren abseihen.

Bessere Compliance möglich

Die Selbstbereitung einer Teemischung oder eines anderen geeigneten Naturheilmittels (z. B. Johanniskrautöl, siehe dort) hat oft den erwünschten psychologischen Nebeneffekt einer engeren „Beziehung", was unter anderem einer besseren Anwendungsbereitschaft (=Compliance) zugute kommt.

Schmuckdrogen verleihen einer Teemischung ein ansprechenderes Aussehen. Sie tragen – schon wegen ihrer geringen Dosierung – zur Wirkung *direkt* nicht bei. Da wir jedoch die Umwelt vor allem mit den Augen wahrnehmen, ist es schon wegen der erwähnten Compliance sicher kein Nachteil, wenn ein Kräutertee auch farblich anspricht. Eine kostengünstige Möglichkeit bieten die orangefarbenen Ringelblumenblüten. Hiervon können jeder der 23 Rezepturen zwei bis drei Teelöffel voll zugemischt werden.

Arzneiwirkung und „innere Uhr"

Das menschliche Leben (und nicht nur dieses) wird von körpereigenen Rhythmen beeinflußt. Wer deren Gesetzmäßigkeiten ausnutzt, kann Arzneimittel zeitlich gezielter, wirksamer und zugleich schonender einsetzen. Die Rhythmik rund um die Uhr sei an einigen Beispielen verdeutlicht:

Magengeschwür:

Da die Magensäureabsonderung abends zunimmt (Maximum ca. 22 Uhr), ist die abendliche Gabe eines schleimhautschützenden Arzneimittels besonders wichtig.

Asthma:

Die meisten Anfälle treten nachts auf. Dementsprechend muß das Asthmamittel Theophyllin gerade in dieser Zeit in hoher Konzentration verfügbar sein. Tagsüber reichen dagegen niedrige Wirkstoffmengen als Erhaltungsdosis aus.

Blutdruck:

Auch er folgt einem ausgeprägten 24-Stunden-Rhythmus. Während des Schlafes sinkt er beim Gesunden ab. Sogar bei einer bestimmten Form des Bluthochdruckes, der essentiellen Hypertonie, bleibt die Absenkung erhalten, allerdings auf angehobenem Niveau. Bei anderen Hochdruckursachen (z. B. nierenbedingt) fehlt dieses tägliche Auf und Ab oft.

Herzinfarkt:

Er ereignet sich vor allem früh morgens. Also muß das Herz in der Zeit des ersten Hahnenschreis medizinisch besonders geschützt werden. Die für arbeitende Menschen statistisch höchste Infarktgefahr droht am Montagvormittag in der kalten Jahreszeit.

Das vielseitig wirksame **Cortison** soll vorzugsweise am Morgen eingenommen werden, weil die Ausschüttung des entsprechenden körpereigenen Hormons morgens am höchsten ist.

Die wenigen Exempel reichen aus, um die Wichtigkeit einer korrekten Arzneimitteleinnahme gemäß jeweiliger Gebrauchsanweisung zu verdeutlichen.

Aspirin- und ASS-Einnahme oft falsch

Das vorzügliche Schmerz- und Erkältungsmittel Aspirin ist seit Generationen in Gebrauch und wird trotzdem immer noch oft falsch eingenommen. Zwei irreführende Worte, nämlich „schlucken" und (bei Jüngeren) „einwerfen", weisen auf die unzweckmäßige Aspirin-Anwendung hin. Am besten ist:

Tablette in einer halben Tasse Wasser zerfallen lassen, umrühren, nicht auf *leeren* Magen trinken und eine weitere halbe Tasse Flüssigkeit nachtrinken.

Warum diese umständlich erscheinende Prozedur? Weil der enthaltene Wirkstoff Acetylsalicylsäure (abgekürzt ASS) besonders in konzentrierter Form die Magenschleimhaut reizt, weshalb hauptsächlich Magenkranke das Mittel überhaupt nicht einnehmen sollen. (Es gibt noch ein paar andere seltenere Gegenanzeigen wie Asthma, Allergie etc.). Die oben empfohlene Gebrauchsanweisung mindert jedoch diese altbekannte Nebenwirkung. Grund: Der im Wasser gelöste bzw. aufgeschwemmte Wirkstoff verteilt sich großflächig und großvolumig in geringer Konzentration im Speisebrei. Nirgendwo kann die hastig hinuntergeschluckte Tablette konzentriert punktuell auf ein Stückchen Magenschleimhaut einwirken, bevor sie sich dank beigefügter sog. Sprengmittel zer- und verteilt. Was also bei den insgesamt besser magenverträglichen teureren Aspirin-**Brausetabletten** selbstverständlich ist, gilt auch für die einfachen Tabletten samt allen ASS-Generika (Generika siehe Extrakapitel). Bei den mit viel pharmazeutischer Sachkenntnis hergestellten „Aspirin Direkt" (fälschlich auch „Aspirin Turbo" genannt) erfolgen Auflösung und Wirkstoffverdünnung im Speichel.

Zum Schluß noch ein paar Anmerkungen zur Qualität und Haltbarkeit aller ASS-Schmerzmittel.

- ❑ Bis jetzt ist kein Nachahmerprodukt bekannt, das die Qualität von Aspirin übertrifft. Manche Patienten vertragen zwar das Original, nicht aber die durchweg billigeren Konkurrenzerzeugnisse. Damit ist besonders auffällig bewiesen, daß ein Arznei**stoff** noch kein Arznei**mittel** ist. Die nicht wirksamen sogenannten Hilfsstoffe sind nämlich gerade hier wichtig.
- ❑ ASS-Generika müssen qualitativ aber ebenfalls allen Mindestanforderungen des Arzneibuchs genügen. Wem ein Generikum gut bekommt, der kann also Geld sparen.
- ❑ Sowohl Aspirin als auch dessen Kopien sind verdorben, wenn sie nach Essig riechen. Besonders nach längerer, warmer Lagerung wird deshalb die einfache Riechprobe empfohlen. Kühle, trockene Aufbewahrung gilt übrigens für *alle* Arzneimittel. *Daher Hausapotheke raus aus Badezimmer und Küche.*

Wußten Sie übrigens, daß Aspirin beziehungsweise sein Wirkstoff A S S eine sehr naturnahe Substanz ist? Das „A" der drei Buchstaben steht für **A**cetyl von lateinisch acetum= Essig und die beiden „S" für **S**alicyl**S**äure, die in Weidenrinde nachgewiesen ist.

Aufgesprungene Lippen

heilen schneller, wenn sie vor jeder Anwendung einer Heilsalbe oder dergleichen mit lauwarmem Wasser gewaschen und vorsichtig trocken getupft werden. Die wichtigste Anwendung ist unmittelbar vor dem Schlafengehen. Auch nachts das Mittel auftragen, wenn Sie zufällig aufwachen. Im Schlaf werden die Lippen weniger bewegt und können so leichter verheilen.

Aufgußbeutel oder Grobschnitt-Tees kaufen?

In der märchenhaften „guten alten Zeit" mußten die Heilkundigen ihre Kräuter allein mit ihrer Arme Kraft auf Schneidewerken oder gar bloß mit dem Messer zerkleinern. Grob war solch Schnittgut. Landauf landab ward es darob Grobschnitt-Tee geheißen. Die wackeren Bürger brühten unverdrossen die gemischten oder auch ungemischten Kräuter, siebten sie geduldig ab und waren's zufrieden, weil sie nichts anderes kannten.

Nun aber trug es sich zu, daß eines Tages ein Magier daherkam. Der ersann kühn ein gar seltsam Gerät. Sieben Heinzelmännchen setzte er hinein: je eines für Dosierung, Papierfalz, Beschnitt, Beutelfaltung, Faden/Etikett, Zählwerk und Verpackung. Wie von Zauberhand sausten fortan sorgsam gefüllte Aufgußbeutel aus der Wundermaschine und erleichterten allerorts der Menschen hektisch gewordenes Dasein.

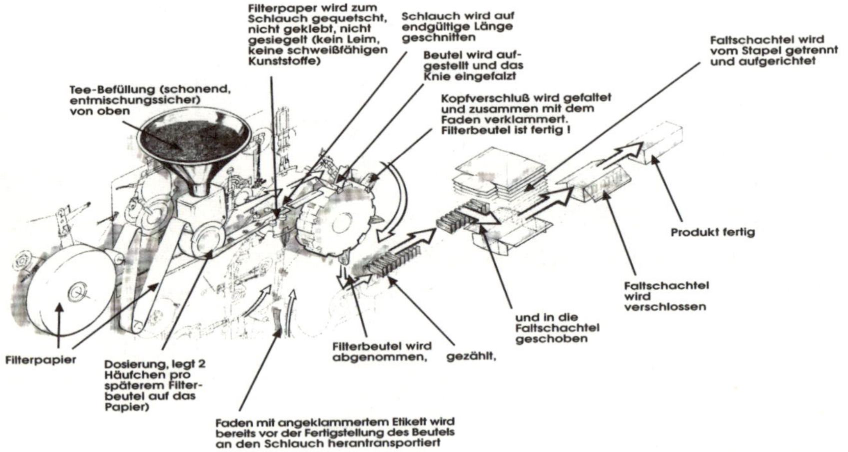

So entsteht eine Aufgußbeutelpackung

(Funktionsweise der Maschine PT20, Hersteller Häussler & Sauter, Kressbronn/Bodensee)

Damit sei der Märchenstil, nicht aber der Grobschnitt-Tee verlassen. Dank neuzeitlicher Schneide- und Abpackanlagen steht er nämlich dem Aufgußbeutel bezüglich Hygiene und Qualität überhaupt nicht, sondern nur in der umständlicheren Handhabung nach. Die Benutzung eines Tee-Eies (am besten aus Plastik oder Porzellan) erleichtert die Zubereitung.

Aufgußbeutel-Abfüllstraße

(gesehen in Kräuterhaus Wild GmbH & Co, Grettstadt)

Hauptvorteile der Grobschnitte: Dank einfacherer Herstellung können sie preiswerter sein. Außerdem werden Ätherische Öle besser geschützt.

Folgerungen: Von vielen Teedrogen und deren Gemischen gibt es sowohl Grobschnitte als auch Aufgußbeutel. Wenn es nicht auf die Minute ankommt, seien die wirtschaftlicheren Grobschnitte empfohlen. Bei Zeitmangel und unterwegs sind dagegen die schnellen, bequemen Aufgußbeutel klar im Vorteil. Deren Feinschnitte beschleunigen und erleichtern darüber hinaus die Auslaugung der wasserlöslichen Inhaltsstoffe.

Gehaltreichere Aufgüsse beider Teevarianten

Abschließend noch zwei Tips zur Erzielung gehaltvollerer Teegetränke:

Grobschnitte: Bei Ende der Ziehzeit sollte das Tee-Ei vor der endgültigen Entnahme mehrmals ganz herausgezogen und erst nach gutem Abtropfen wieder eingetaucht werden.

Aufgußbeutel: Hier sollte der Teebeutel entsprechend mit dem Löffel an der Tasseninnenwand mehrmals leicht ausgedrückt werden.

In beiden Fällen zeigt der Austritt brauner „Wolken" die bessere Extraktnutzung.

Augentropfen: durch Mehrausgabe sparen

Augentropfen in den üblichen Fläschchen müssen aus Haltbarkeitsgründen nach Anbruch innerhalb längstens sechs Wochen aufgebraucht sein. Oft werden nur

2–3 ml benötigt. Der Rest verfällt. Diese Vergeudung ist vermeidbar, wenn es die Tropfen auch in Einmaldosen (EDO) gibt (z. B . Berberil, Yxin). Fragen Sie danach! EDO-Packungen kosten zwar mehr, die unangebrochenen Minibehälter sind jedoch jahrelang haltbar. Außerdem kann man die Packung aufteilen und hat das Mittel dann griffbereit daheim, am Arbeitsplatz und unterwegs. Temperaturen über 25 Grad Celsius vermeiden!

Der Begriff „EDO", also **E**inmal**do**sis, entspricht übrigens nicht ganz der Realität, denn da der kleine Plastikbehälter mehrere Tropfen enthält und das Auge nur einen Tropfen aufnehmen kann, reicht eine EDO für **mehrere** Anwendungen. Der offene Behälter muß allerdings sauber (z. B. in einer bedeckten Tasse) aufbewahrt und innerhalb 24 Stunden verbraucht sein.

Die richtige *Anwendungsstelle* von Augentropfen ist der dem Ohr zugewandte (äußere) Augenwinkel. Dann nämlich benetzen sie das Sehorgan auf der gesamten Außenfläche, bevor sie auf längstmöglichem Weg den im inneren Augenwinkel liegenden Tränenabfluß erreichen.

Achtung:

Selbstbehandlung am Auge ist beschränkt auf wenig schmerzende **Bindehautentzündungen** durch Rauch, Zugluft, gechlortes Schwimmbadwasser etc. Innerhalb 36 Stunden muß Besserung eintreten. Außerdem dürfen nur noch **trockene Augen** und **Heuschnupfen** in Eigenverantwortung behandelt werden. Viele wissen nicht, daß die bei Heuschnupfen oft verwendeten Cromoglicinsäure-Tropfen erst ca. fünf Tage nach Beginn der Anwendung voll wirksam sind.

Baldriantropfen werden oft unterdosiert

Schon die beim Verbraucher noch immer geläufige Bezeichnung Baldrian*tropfen* verleitet zur tropfenweisen Anwendung und damit beinahe zwangsläufig zur Unterdosierung. Frühere Empfehlungen wie „20 Tropfen auf Zucker" tragen hieran genauso Mitschuld wie die üblichen Tropfeinsätze auf den Fläschchen. Erwachsene müßten aber nicht bis 20, sondern über siebenmal weiter bis 150 zählen, um die richtige Menge als **Tagesberuhigungsmittel** zu erhalten. Und zur Behandlung von **Schlafstörungen** wäre gar erst bei 300 Tropfen das Ziel erreicht. Unzumutbar! Deshalb sollte künftig auch der Laie besser von Baldrian*tinktur** sprechen. Deren richtige Anwendung lautet wie folgt:

Tagesberuhigung: 2–3mal täglich 1/2 Teelöffel (ca. 2,5ml).

Einschlafmittel: 1 Teelöffel (ca. 5ml).

Regelmäßige Einnahme über mehrere Wochen steigert die Wirkung. In allen Fällen mit Wasser oder Tee verdünnt anwenden. Schulkinder jeweils die Hälfte. Ein Teelöffel Baldriantinktur entspricht etwa 2,5g Alkohol, was von Leber- und Alkoholkranken, Epileptikern und in der Schwangerschaft bedacht werden muß. Auch kann die Wirkung anderer Arzneimittel beeinflußt werden. Wie bei allen Beruhigungsmitteln muß zudem mit einer Veränderung des Reaktionsvermögens gerechnet werden (Straßenverkehr, Maschinenbedienung).

* Tinkturen sind meist alkoholische Heilpflanzenauszüge aus 1 Teil Droge mit 5-10 Teilen vorwiegend 70 %igem Weingeist.
Rezeptfreie Schlafmittel aus der Apotheke: Betadorm A, Hoggar, Vivinox Schlafdragees etc.

Beta-Carotin: nicht nur Vitamin-A-Vorstufe

Vitamin A ist, wie bekanntlich alle Vitamine, lebensnotwendig. In Überdosis ist es aber giftig. Seine für uns wichtigste Vorstufe, das Beta-Carotin (Beta meist griechisch „β" geschrieben), ist dagegen in sehr weitem Bereich harmlos. Selbst beim täglichen Verzehr von reichlich Karotten, unserem gehaltreichsten β-Carotinspender, bildet unsere Verdauung nämlich nur soviel Vitamin A wie tatsächlich gebraucht wird. Dabei ist besonders das β-Carotin die wirksamste Vorstufe (Provitamin) von Vitamin A, weil aus einem Molekül zwei Moleküle des Vitamins entstehen. Andere β-Carotinverwandte der Carotinoidgruppe sind nicht so ergiebig.

β-Carotin kann noch mehr, weil es auch als solches wertvolle Eigenschaften besitzt. Es

- ❏ bewahrt die Haut vor verfrühter Alterung,
- ❏ trägt zur normalen Hauttönung bei,
- ❏ unterstützt die Hautbräunung,
- ❏ mindert die Sonnenbrandgefahr und
- ❏ schützt die Augenlinse vor UV-bedingter Trübung (Grauer Star) sowie in Verbindung mit anderen Carotinoiden das Augeninnere.

Bei so vielen Fähigkeiten lohnen sich Kenntnisse über β-carotinreiche, preiswerte und leicht erhältliche Nahrungsmittel. Die 12 wichtigsten sind hier aufgezählt (Zahlen in Klammern = Mikrogramm je 100 g verzehrfertiger Nahrung):

Karotten, gekocht (9800), roh (8000), Spinat (5500), Petersilie (5300), Grünkohl (4700), Gartenkresse (4100), Aprikosen (3500), Chicorée (3400), Kürbis (3100), Melone (3000), Paprika, rot (2200), Brokkoli (1300), Salat (1200). Vermutlich wundert es Sie, daß Spinat und andere grüne Kost so reich ist an dem orangefarbenen β-Carotin. Es wird hier lediglich überdeckt vom Blattgrün (Chlorophyll).

Oft genug enthält unser Speisezettel zuwenig carotinhaltige Kost. Hier sollte mit angereicherten natürlichen Carotinoidgemischen in Form von Nahrungsergänzungsmitteln nachgeholfen werden. Raucher dürfen reines β-Carotin nicht einnehmen.

Bienenprodukte: Aller guten Dinge sind s e c h s*

Sogar ein Naturkundelehrer dürfte unvorbereitet nur mühsam den sechsfachen Nutzen der Bienen aufzählen können. Dabei ist diesmal entgegen dem Sprichwort aller Anfang *leicht*:

„Honig" ruft ihm erwartungsgemäß die Klasse zu.

„Bienenwachs" wissen auch fast alle.

„Blütenpollen" wirft der Fachlehrer selbst ein.

„Bienengift" ergänzt der Arztsohn.

„Gelée royale" radebrecht der Sprößling des Hobbyimkers.

„Propolis" wagt schließlich die Apothekerstochter und fürchtet Fragen dazu.

Die Antworten gibt stellvertretend der Verfasser:

Was ist Propolis?

Ursprung und Inhaltsstoffe

Propolis, auch Stopf- und Vorwachs sowie Kittharz genannt, sammeln die Bienen von Pappel-, Birken- und Koniferenknospen etc. Die graugelbe knetbare Masse duftet exotisch-würzig. Sie besteht überwiegend aus Harz und Wachs und enthält u. a. zehn Prozent ätherische Bestandteile, insgesamt fast 50 Inhaltsstoffe. Hierunter befinden sich auch vereinzelt allergisierende Substanzen.

Antibakterielle Hautpflege

Genau wie im Bienenstock wird auch vom Menschen die keimtötende Propoliswirkung genutzt, vor allem nach Einarbeitung in eine hautverträgliche, unkonservierte Salbengrundlage. Bewährte Rezepturen enthalten zusätzlich wundreinigende (Allantoin) und hautstraffende Natursubstanzen, beispielsweise die Gerbstoffe der Hexenhasel(Hamamelis). Ergebnis: vorzügliche kosmetisch medizinische Hautpflegemittel mit kostenlosem, da in Propolis ohnehin enthaltenem Duft nach orientalischen Spezereien.

Farbänderung ohne Bedeutung

Propolishaltige Salben und Cremes dunkeln bei Luftkontakt oberflächlich nach. Dies mindert die Verwendbarkeit nicht. Zwecks Schonung der teilweise empfindlichen Inhaltsstoffe sollen die Packungen aber stets verschlossen sowie kühl aufbewahrt und ohne längeren Verzug aufgebraucht werden.

Bemerkungen zu den übrigen fünf Bienenprodukten

Am wichtigsten ist zweifellos der **Honig**. Da er zugleich das bekannteste Geschenk der Immen ist, wird er im Sammelkapitel „Ernährungswissen kurz gefaßt" lediglich erwähnt.

Beim **Bienenwachs** als Ausgangsmaterial propolisähnlich duftender Kerzen sei nur auf die Verwendung auch als kosmetischer Rohstoff hingewiesen.

Da die Kenntnisse über **Blütenpollen** wesentlich geringer sind, ist ihnen das Extrakapitel „Blütenpollen naturbelassen am günstigsten" gewidmet. Siehe Seite 48.

Bienengift ist zwar vom Stich des Insekts her jedermann/frau (un)wohlvertraut, kaum aber als Mittel zur Desensibilisierung bei entsprechender Allergie und als Bestandteil von Rheumasalben.

Gelée royale (= Weisel-, Bienenköniginnen-Futtersaft) ist ein hochwertiges, teures Nahrungskonzentrat, das beim Menschen als Stärkungsmittel und bei Altersbeschwerden eingesetzt wird. In einem Buch mit dem Wort „preiswert" im Titel soll hierauf nicht näher eingegangen werden.

***Drei weitere „indirekte" Bienenprodukte sind die alkoholischen Getränke**

Honigwein (=Honigmet, Alkoholgehalt ca. 12 Vol%)

Honigbier (bis 8 Vol%)

Honiglikör (=Bärenfang, 35 Vol%)

Zum **Honigmet** haben wir Deutschen eine historische Beziehung , weil ihn nachweislich schon unsere germanischen Altvorderen reichlich (und deshalb sicher nicht nur auf dem Bärenfell liegend) genossen.

Die preisgünstige Selbstherstellung ist einfach, wenn ein Glasballon oder kleines Faß mit Gäraufsatz vorhanden ist. Das nachstehende Rezept faßt eine alte und eine neue Herstellvorschrift zusammen, weil hierdurch bessere geschmackliche und arzneiliche Wirkungen erzielt werden können.

Rezept zur Selbstbereitung von knapp 50 Liter Honigwein

1. Honig	15kg
2. Wasser	35Ltr.
3. Apfelsaft	5 Ltr.
4. Milchsäure (90%, Arzneibuchqualität)	125g
5. Nährsalz (z. B. Fa Arauner/Kitzingen)	20g
6. Portweinhefe (z.B. Arauner)	1 Fläschchen

(Positionen 4 bis 6 im Fachhandel erhältlich)

Herstellung: Honig im Wasser lösen, kurz aufkochen und abschäumen; bedeckt v ö l l i g erkalten lassen und in Glasballon/Faß gießen. Dann die restlichen vier Zutaten unter Umrühren zugeben. Im Keller drei Monate gären lassen. Der fertige Honigwein sollte klar in Flaschen gefüllt, mindestens sechs Monate stehend kalt gelagert und erst dann dessertglasweise getrunken werden. Leichte Trübung ist meist ohne Bedeutung.

Honigwein als Naturheilmittel

Appetitanregung, Verdauungsförderung: In den Gäransatz wird an einer Schnur ein Säckchen gehängt, in dem sich eine halbe Muskatnuß, 5 gebrochene Zimtstangen und ein geschnittenes mittleres Stück Ingwer befinden.

Zur **Appetitanregung** ein Gläschen **vor,** zur **Verdauungsförderung nach** den Mahlzeiten trinken!

Krafttrunk für Untergewichtige und Rekonvaleszenten: Einen Eidotter und einen Teelöffel Traubenzucker mit Vitaminen (z. B. Dextropur plus) mit einer gut halb vollen Tasse Met vermischt in kleinen Schlucken vor dem Essen trinken.

Honigbier ist weniger bekannt als Honigwein, aber eine interessante Alternative dazu.

Rezept zur Selbstbereitung von knapp 50 Liter Honigbier

1. Honig	9 kg
2. Wasser	47 Liter
3. Kreidepulver	2 Eßlöffel
4. Hopfen	100 Gramm
5. Nährsalz	20 Gramm
6. obergärige Bierhefe	ausreichend

Herstellung: Honig in Wasser lösen, Kreide einstreuen, aufkochen und abschäumen. Anschließend Hopfen einrühren, kurz mitkochen und nach v ö l l i g e m Auskühlen Nährsalz und Hefe gut verteilen. Alles weitere ähnlich Honigwein. Ein appetitanregendes bzw. kräftigendes Getränk läßt sich wie dort beschrieben herstellen.

Honiglikör ist eine ostpreußische Spezialität. Sie war zumindest früher bekannter unter der Bezeichnung „Bärenfang". (Meister Petz wird diese Fangart nach Aufschlabbern von 1 – 2 Litern mit Sicherheit als die wohl angenehmste empfunden haben.)

Honiglikör besteht zu einem Viertel aus Honig und zu drei Vierteln aus 35 Vol% Weingeist. Die Herstellung ist denkbar einfach: Honig in Kornschnaps entsprechender Konzentration lösen und durch ein feines (Taschen)Tuch filtrieren. Haltbarkeit fast unbegrenzt.

Für Diabetiker sind alle drei Getränke selbstverständlich ungeeignet.

Blähbauch bei Babys: Kümmelöl hilft

Besonders Jungen leiden als Babys nicht selten an Darmgasen, den sogenannten Dreimonatsblähungen. Hiergegen hat sich Kümmelöl seit Generationen bewährt. Als konzentriertes ätherisches Öl ist es allerdings viel zu stark. Es muß auf ca. zehn Prozent verdünnt werden. Dies geschieht am billigsten durch Sie selbst und zwar mit Salatöl. Zunächst kaufen Sie ein 10-ml-Fläschchen reines Kümmelöl, gießen den Inhalt in eine 100-ml-Flasche, füllen das Gefäß mit Salatöl und schütteln um. Nach Aufkleben eines Haftettikets mit Inhalts- und Datumsangabe ist das nur äußerlich anzuwendende Blähungsmittel fertig. Mit Gefühl werden bei Bedarf hiervon mehrere Tropfen auf dem Babybäuchlein leicht massierend verteilt. Die dabei zugleich vermittelten Streicheleinheiten sind für das Kind ein willkommener Begleiteffekt. Das blähungstreibende Babyöl muß verschlossen im Kühlschrank aufbewahrt werden. Hier ist es je nach Art des gewählten Salatöls unterschiedlich lange haltbar: bei Verwendung von Distel- oder Sonnenblumenöl ein halbes Jahr, beim Einsatz von Olivenöl ein Jahr.

Weit größere Bedeutung bei **Blähungen** haben die innerlich anzuwendenden apothekenpflichtigen Fertigarzneien Elugan, Lefax und Sab simplex. Deren vom natürlichen Element Silizium abgeleiteten Wirkstoffe werden vom Körper nicht aufgenommen. Die Mittel sind für alle Lebensalter geeignet.

Blasenkatarrh: Bärentraubenblätter sind preiswert

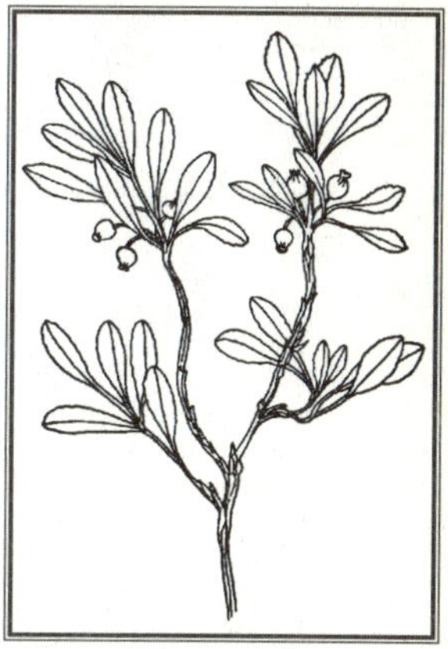

Bärentraube

Bei leichteren Fällen von Blasen- und Nierenbeckenentzündung helfen nach offizieller Lehrmeinung die Naturstoffe der Bärentraubenblätter, wenn drei Dinge bedacht werden.

1. Entgegen verbreiteter Ansicht wirkt die Droge *nicht* harntreibend. Sollte also die Vermehrung der Harnmenge angestrebt sein, was bei Blasen- und Nierenerkrankungen unterstützend zu anderen Maßnahmen durchaus sinnvoll ist, dann kommen beispielsweise Löwenzahnwurzel, Goldrutenkraut und Bohnenschalen in Frage.
2. Bärentraubenblätter enthalten reichlich Gerbstoff. Der Tee schmeckt deshalb zusammenziehend bitter und ist bei empfindlichem Magen und Darmträgheit ungeeignet.
3. Die Heilpflanze wirkt antibakteriell *nur* bei alkalisch reagierendem Harn, weil erst unter dieser Voraussetzung der wichtige Inhaltsstoff Arbutin in die eigentliche Wirkform Hydrochinon umgewandelt wird. Reichlich pflanzliche Nahrung und Natron (z. B. Bullrichsalz oder Kaiser Natron) fördern die Harn-Alkalisierung.

Zubereitung/Anwendung:

Zwei knapp gehäufte Eßlöffel voll (10 g) geschnittener Droge werden mit 3/4 Liter Wasser zehn Minuten leicht gekocht und dann abgeseiht. Über den Tag verteilt werden vier Tassen getrunken, am besten im Abstand von ca. sechs Stunden.

Auch mehrstündiger Kaltansatz beispielsweise über Nacht ist möglich. Er ist gerbstoffärmer und deshalb besser verträglich. In diesem Fall sollte der wässerige Auszug nach Umrühren und Abseihen allerdings kurz zum Sieden erhitzt werden.

Bärentraubenblätter sind während Schwangerschaft und Stillzeit sowie für Kinder unter 12 Jahren nicht zu empfehlen und auch nicht zum Dauergebrauch geeignet. Bei ausbleibender Besserung ist bald der Arzt aufzusuchen.

Als Pulver im Aufgußbeutel am besten!

Bärentraubenblätter sind von lederig-fester Beschaffenheit. Ihre Wirkstoffe gehen daher aus *geschnittener* Droge nicht so leicht in den Teeauszug wie aus *Pulverdroge* mit deren viel größerer Auslaugungsfläche.

Dieser Tatsache trug der Verordnungsgeber Rechnung, indem er für die Standardzulassung als Fertigarzneimittel ausschließlich die Pulverform vorschrieb. Der Kauf solcher Packungen wird auch deshalb empfohlen, weil unter anderem deren vorgegebene Beschriftung alle notwendigen Angaben enthält.

Wer Bärentraubenblätterpulver in nicht abgeteilter Form kauft, muß den Tee wegen der feinen Drogenpartikel durch einen Kaffeefilter geben. Das ist umständlich. Der Aufgußbeutel spart den Filter und ist bereits ab Fabrik richtig dosiert.

Trotz amtlich bestätigter Heilanzeigen gibt es auch Kritik an der Wirksamkeit von Bärentraubenblättern. Dagegen ist und bleibt der Nutzen der harntreibenden Drogen allseits anerkannt.

Blütenpollen: naturbelassen am günstigsten

Um das Ergebnis dieses Kapitels vorwegzunehmen: Blütenpollen sind wertvoll, und zwar nicht nur als Nahrungsergänzungsmittel. Der Begründung dieser Feststellung sei aber zunächst ein kurzer Steckbrief der Blütenpollen vorangestellt:

Aufgabe und Aussehen

Pollen sind die dem Sperma von Mensch und Tier entsprechenden männlichen Keimzellen der Blütenpflanzen. Sie entwickeln sich massenhaft in den „Pollensäcke" genannten Staubblättern. In der Vollreife platzen deren Hüllen auf und geben den feinen Blütenstaub frei für die Befruchtung fremder weiblicher Blütenteile (Fruchtknoten). Als „Postillons d'amour" fungieren entweder der Wind (z. B. beim Getreide) oder die Insekten. Unter dem Mikroskop erweist sich der Blütenstaub als kleine Wunderwelt: Je nach Pflanzenart zeigen sich Roßkastanienfrüchten ähnelnde stachelige Kugeln, Gebilde mit Luftbehältern, kleine Tennis- und Golfbälle, Kaffeebohnen, Minikürbisse, Würfel und Pyramiden. Alles kleiner als ein zwanzigstel Millimeter, dafür aber teilweise in Millionenzahl. Nicht nur ausreichend für die Arterhaltung, sondern auch für die Aufzucht beispielsweise des Bienennachwuchses, denn die mit sprichwörtlichem Bienenfleiß in den Stock eingeflogenen „Bienenhöschen" sind nichts anderes als zu Kügelchen geformte Blütenpollen-Pakete.

Bienentribut an die Menschen

Manchenorts, zum Beispiel im spanischen Andalusien, müssen die Bienen einen Teil ihrer Pollentracht an Wanderimker abliefern: Kammähnliche Pollenfallen streifen ihnen am Flugloch des Bienenstockes einen Teil der Beute ab. Nach vorsichtiger Reinigung stehen uns Menschen nun die Pollen als Naturgranulat zur Verfügung.

Was ist „drin" in den Pollen? Die Inhaltsstoffe:

Nachgewiesen wurden Eiweiß, Zucker, Fette, Mineralien einschließlich Spurenelementen, Fermente, Hormone, Vitamine, Duftstoffe und Antibiotika. Herausragende Bedeutung hat das Eiweiß, weil es in beachtlicher Menge alle acht lebenswichtigen (essentiellen) Aminosäuren enthält: fünfmal mehr als Rindfleisch! Bereits zwei Eßlöffel (30 g) Pollen allein decken den Tagesbedarf an diesen acht Eiweißbausteinen. Eine wichtige Nachricht nicht nur für Vegetarier! Für alle Mischkost bevorzugenden Erwachsenen reicht täglich ein gehäufter Eßlöffel voll als Aufwertung der Eiweißversorgung – auch bei Kantinenessen. Obwohl gut ein Drittel der Pollenmasse aus Kohlenhydraten besteht, sind sie, im Rahmen der zulässigen Broteinheiten, auch für Diabetiker erlaubt. Der Fettgehalt ist mit nur knapp zehn Prozent zwar gering, aber dank ungesättigter Fettsäuren wertvoll.

Was ist „dran" an den Pollen? Die Heilwirkung:

Die Vielzahl der enthaltenen Vitalstoffe macht Pollen laut Literaturangaben zu einem vorzüglichen Biostimulator mit appetitanregenden, stimmungsaufhellenden und blutbildenden Wirkungen. Sehkraft und geistige Leistungsfähigkeit werden verbessert. Über positive Befunde bei klimakterischen Beschwerden sowie Unfruchtbarkeit beider Geschlechter wurde berichtet, desgleichen bei urologischen Leiden (Prostata etc.). Als eine Hauptindikation gelten vorzeitige Alterserscheinungen.

Unverändert am billigsten – und wohl auch am besten

Die Bienen liefern uns Blütenpollen als süß schmeckendes Granulat. Jeder anschließende Verarbeitungsschritt kostet Geld und kann den Naturzustand der Bestandteile verändern. Als Argument für solche Veredelung wird unter anderem die bessere Verfügbarkeit der Inhaltsstoffe genannt. Aber: Diese sind ja gar nicht so hermetisch in den Pollenhüllen eingeschlossen, wie Eigenversuche mit künstlichem Magensaft zeigen (siehe Abbildungen). Schon 30 Minuten Einwirkungszeit lassen den Polleninhalt aus dünnhäutigen sog. Keimstellen hervorquellen. Im neben Salzsäure zusätzlich Pepsin enthaltenden Magen, bei der anschließenden Aktivität von Gallensäuren und weiterer Enzyme im alkalischen Darmsaft und insgesamt viel längerer Wirkzeit bei Körpertemperatur dürfte eine weitgehende Auslaugung der auch unvermahlen großflächigen Pollenkörner wahrscheinlich sein.

Bei Vorhandensein eines mehrstufigen Küchenmixers (z.B. Multimix) sollten trotzdem ca. 100 g Körner bei Höchstleistung knapp eine Minute lang zu einem feinen Pulver zerkleinert werden. Hierdurch werden die Pollen oberflächlich berieben und zum Teil geöffnet. Das Mahlgut darf nur Handwärme erreichen. Verschlossen sowie kalt lagern und binnen drei Wochen aufbrauchen.

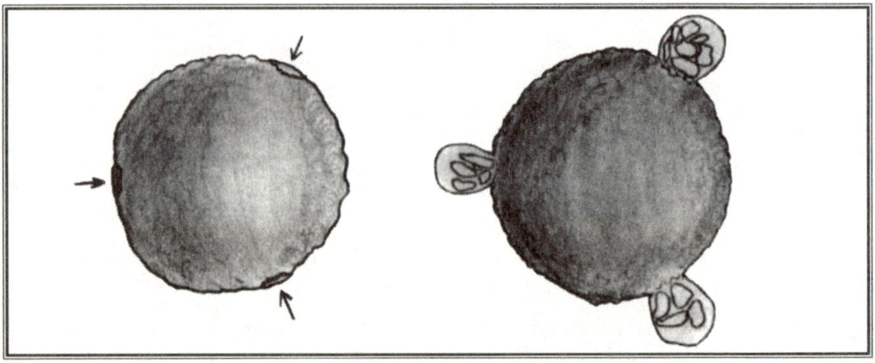

Blütenpollen unter dem Mikroskop

linke Abb. nach 30 Min. in Wasser (Pfeile=Keimstellen)
rechte Abb. mit hervorgequollenem Inhalt nach 30 Min. in künstl. Magensaft (ohne Pepsin)

Anwendung

Erwachsene nehmen morgens und abends je einen Teelöffel voll entweder gut zerkaut pur oder angenehmer in Fruchtsaft, Joghurt mit einem „Schuß" Himbeersirup, Müsli oder Kompott verrührt ein. Zum Schluß noch vier Hinweise:

- ❑ Je nach Herkunft schwanken die Polleninhaltsstoffe. Dem können Sie größtenteils entgehen, wenn Sie Pollen stets aus dem gleichen Ursprungsland erwerben, beispielsweise Spanien (Andalusien).

- ❑ Vereinzelt feststellbare dunkle Körnchen sind keine Verunreinigung, sondern bedingt durch violette Pollen mancher Blüten.
- ❑ Pollen werden leicht schimmelig, wenn sie nicht verschlossen und kühl gelagert und binnen 12 Monaten aufgebraucht werden.
- ❑ Vorsorglich nicht verwenden bei Pollenallergie.

Bluterguß: Erste Hilfe aus dem Kühlschrank

Fußballer wissen es: Bevor das böse Foul zum Bluterguß (Hämatom) heranschwillt, muß die lädierte Stelle rasch mit Eisspray oder einer kalten Kompresse behandelt werden. Die gleiche Eile ist auch in Haus und Hof bei Prellungen, Zerrungen und Verstauchungen vonnöten. Doch woher auf die Schnelle eine kalte Kompresse nehmen? **Aus dem Kühlfach** des Kühlschranks! Da sind zwar meist keine handelsüblichen, vielmals wiederverwendbaren Kompressen drin, aber wohl immer tiefgekühlte Nahrungsmittel wie Steaks in Folie, Fertiggerichte, Speiseeis, Eiswürfel in der Schale etc. Alles gut geeignete Notfallkompressen zum allerdings nur einmaligen Gebrauch. Mehr ist fürs erste ja auch nicht nötig. Ein gefaltetes Küchenpapier oder Taschentuch auf die lädierte Stelle legen und das zweckentfremdete Lebensmittel beziehungsweise die Eiswürfelschale etwa 15 Minuten lang gefühlvoll aufdrücken. Ergebnis: Die Schmerzen lassen schneller nach, Entzündung und Geschwulst werden eingedämmt. Zusätzliches Hochlagern unterstützt bei Arm und Bein diesen Effekt. Auch bei **Insektenstichen**, auf die man zuvor eine Zwiebelscheibe gelegt hat, ist Kälteanwendung vorteilhaft. Die aufgetauten Speisen dürfen allerdings nicht erneut tiefgefroren werden, sondern sind alsbald zu verzehren.

Rezeptfreie Mittel gegen Bluterguß: Arnika Kneipp, Hepathrombin, Vetren etc.

Depressionen*: Johanniskraut(öl)

Einfache Selbstherstellung des Öls

Ab Mitte Juni leuchten die goldorangenen Blütensterne des Johanniskrautes auf trockenen sonnigen Wiesen. Beim Zerreiben einiger Blütenblätter zwischen den Fingern entstehen auf der Haut violette Flecken: Hypericin, auch Hypericumrot genannt. Auf diesen Naturfarbstoff kommt es – neben farblich unauffälligeren anderen Bestandteilen – optisch an. Leicht löst er sich in fetten Ölen und ebenso leicht ist die Selbstherstellung. 4–6 Wochen Geduld sind allerdings nötig. In 30 Minuten haben Sie etwa 300 Gramm (mehrere Hand voll) Blüten abgezupft. Mit einem kräftigen Löffel werden sie in einem Suppenteller gut zerdrückt, in ein ungefärbtes Einmachglas gegeben und mit einem Liter **Olivenöl** (nichts anderes!) übergossen. Verschlossen (Gummiring) direkt an die Sonne stellen, täglich einmal umschütteln und die genannte Zeit warten, bis der Ölauszug intensiv ziegelrot ist. Dann muß nur noch durch ein frisches Taschentuch abgegossen und der Bodensatz darin energisch ausgepreßt werden. Fertig ist ein vorzügliches Naturheilmittel, das Sie im Kühlschrank aufbewahren und jährlich frisch zubereiten müssen. Morgens und abends einen Teelöffel voll einnehmen, am besten kurmäßig, weil die Wirkung – auch bei **Wechseljahrbeschwerden** – erst nach ca. zwei Wochen voll eintritt.

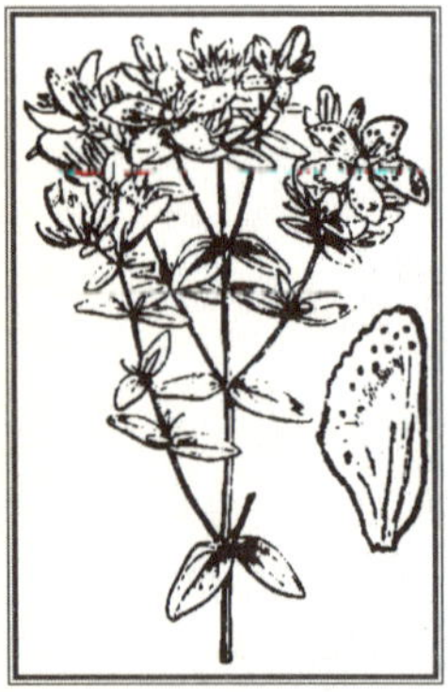

Johanniskraut

Als Hauteinreibung wirkt Johanniskrautöl zudem vorzüglich heilungsfördernd, auch bei **Schuppenflechte**! Bei stillenden Müttern schützt es die Brust vor Entzündungen. Vor allem (rot)blonde Personen sollten nach Einnahme des Öls vorsorglich intensives Sonnenbaden (auch das Solarium) meiden, weil das Hypericin die Lichtempfindlichkeit der Haut erhöht (Photosensibilisierung).

Neben *öligen* Extrakten nur aus den Blüten haben bei innerlicher Anwendung wirkstoffkonstante Auszüge (Hyperforin!) aus dem blühenden *Kraut*** und die Schnittdroge als Teeaufguß an Bedeutung gewonnen.

Depressionen können durch täglich zehnminütige Gymnastik, Bodenturnen oder sonstigen schweißtreibenden Sport oft gemildert werden. Ältere Ungeübte sollten das tägliche Fitneßprogramm nur langsam auf zehn Minuten steigern. Puls maximal 180 pro Minute minus Lebensalter. Beispiel 60 Jahre: 180–60 = Puls nicht über ca. 120/Minute.

Hilfreich bei lichtmangelbedingter **Winterdepression** sind gut ausgeleuchtete Wohnräume, Spaziergänge bei Sonnenschein und (tagsüber) im Schnee, Sonnenbäder am Südfenster sowie süße Schokolade (siehe Seite 170).

* Gemeint sind hier nur leichtere Beschwerden, deren Ursachen ärztlich geklärt sein sollten. Beispiele: gedrückte und ängstliche Stimmung, nervöse Unruhe, auch mit Schlafstörungen, Wetterfühligkeit (z. B. bei Föhn), Antriebsmangel und Konzentrationsschwäche.

****Rezeptfreie Mittel aus der Apotheke:** Felis, Jarsin, Spilan etc. Bei Wechseljahrbeschwerden insbesondere Remifemin plus (Kombination von Extrakten aus Johanniskraut und Traubensilberkerze).

Durchfall im Urlaub vermeiden*

Bei Beachtung der folgenden zehn Punkte werden Sie auf Reisen – auch in heiße Länder – nicht so leicht darmkrank.

1. Fisch und Fleisch (auch Steaks!) nur durchgebraten (englisch „well done") verzehren.
2. Austern und andere Muscheln unklarer Herkunft selbst im 4- oder 5-Sternehotel meiden. Gefahr einer virusbedingten Leberentzündung!
3. Hüten Sie sich vor aufgewärmten Gerichten.
4. Eiswürfel und offenes Speiseeis sind strikt verboten.
5. Salate sind Tummelplätze für Mikroben, besonders wenn sie mit Majonäse angemacht sind.
6. Obst roh nur selbst geschält oder gekocht essen. Ideale Tropenfrüchte: Bananen und samt gewaschener Schale halbierte, ausgepreßte Orangen.
7. Ernährung nicht abrupt, sondern nach und nach auf die fremde Kost umstellen.
8. Zu ungewohnten (z. B. ölreichen) Speisen ein Verdauungsenzympräparat einnehmen und trotz aller Vorsichtsmaßnahmen ein Durchfallmittel mit auf die Reise nehmen.
9. Wasser nur frisch abgekocht verwenden. Bedeckt auskühlen lassen.
10. Bei abgefüllten Getränken international bekannte Marken bevorzugen und auf das Verfalldatum achten.

---

*Siehe auch Kapitel „Salmonellen im Haushalt wirksam bekämpfen" Seite 188

Durchfall mit natürlichen Mitteln behandeln

Heidelbeeren, Äpfel, Bananen, Schwarztee, Tormentill, KOHLETABLETTEN

Die allgemein bekannten, in ganz Deutschland wachsenden **Heidelbeeren** (=Blaubeeren) sollten *selbst* gesammelt werden, da sie im Handel wegen der hohen Arbeitslöhne unverhältnismäßig teuer sind. In zumutbarer Zeit haben Sie leicht ca. 400 Gramm geerntet. Die schwärzlichen Beeren sind aber erst im völlig trockenen Zustand als *Abkochung* zur Behandlung akuter, unspezifischer Durchfälle geeignet. Die empfohlenen 400 Gramm Frischgewicht entsprechen etwa 100 Gramm getrockneten Beeren. Hiervon wird ein gehäufter Eßlöffel voll mit einer Tasse Wasser kalt angesetzt, zehn Minuten schwach gekocht und heiß abgeseiht. Täglich werden drei bis vier Tassen lauwarmer Tee getrunken. *Frische* Heidelbeeren sind ungeeignet, weil sie leicht abführen (!). Bei Wildsammlung können sie, nebenbei bemerkt, unerhitzt den gefährlichen Fuchsbandwurm übertragen. Die wild gesammelten Beeren sollen deshalb – frisch oder getrocknet – nur gekocht angewendet werden.

Heidelbeere
Blaubeere

Zusätzliche natürliche und preiswerte Maßnahmen bei Durchfall: Über den Tag verteilt im Wechsel zwei geriebene **Äpfel** und zwei zerdrückte **Bananen** mit Zwieback verzehren. Das Apfelpektin gibt dem Stuhl wieder Form und die Bananen helfen, das verlorene Kalium zu ersetzen. Als Hauptmahlzeit eignet sich Kartoffelbrei mit pürierten Karotten. Vergessen Sie darüber hinaus nicht, durch reichliche weitere Flüssigkeitszufuhr (Gesamtmenge mindestens zwei Liter/Tag) den durchfallbedingten Wasserverlust auszugleichen. Getränkevorschlag: *zehn* Minuten lang gezogener leichter **Schwarzer Tee** mit zwei Teelöffeln Traubenzucker und einer Messerspitze Salz pro Tasse. Bei dieser Zubereitungsart steht dessen Gerbstoffwirkung im Vordergrund, wogegen der Koffeineffekt zurücktritt.

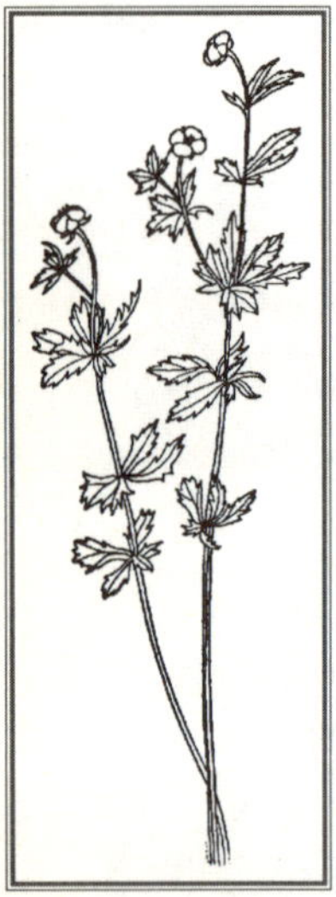

Tormentill

Eine reine Gerbstoffdroge ist die hier besonders zu empfehlende **Tormentillwurzel** (botanisch korrekter -wurzelstock). In der Volksmedizin trägt dieses einheimische Rosengewächs den Namen „Ruhr-Wurz", was auf hohe Wertschätzung bei Durchfall (Fachbegriff Diarrhoe) schließen läßt.

Gerbstoffe führen im Darm zur Schleimhautabdichtung. Sie wirken infolge ihrer Bakterieneiweiß fällenden Eigenschaft zugleich antibiotisch. (Deshalb ist die besonders gerbstoffreiche Eiche so beständig gegen Bakterien- und Pilzbefall.) Gerbstoffe werden, genau wie die anschließend besprochene Aktivkohle, nicht resorbiert.

Dosierung und Anwendung: Etwa zwei Gramm Droge (= 1/2 Teelöffel voll oder entsprechend 1–2 Aufgußbeutel) werden in einer großen Tasse fast randvoll mit kochendem Wasser überbrüht. Nach 15 Minuten wird abgeseiht bzw. der zuvor mit dem Teelöffel ausgedrückte Aufgußbeutel entfernt.

Dreimal täglich eine mit Traubenzucker und etwas Salz versetzte Tasse trinken. Bei empfindlichen Patienten können Magenbeschwerden entstehen.

Kohletabletten: bestes *frei*verkäufliches Mittel

Medizinisch verwendete Kohle heißt auch *Aktivkohle,* weil das aus pflanzlichen Materialien gewonnene schwarze Pulver die schier unglaubliche Oberfläche von mindestens 1000 Quadratmeter je Gramm hat. Genau hierauf beruht die Wirkung bei Durchfall und Nahrungsmittelvergiftung, denn an dieser aktivierten enormen Fläche werden bakteriell erzeugte Giftstoffe etc. angelagert und ausgeschieden. Vorteil: Medizinische Kohle wirkt rein physikalisch. Sie verbleibt im Verdauungstrakt, gelangt also nicht in die Blutbahn. Sie kann auch während Schwangerschaft und Stillzeit angewendet werden. Da keine Nebenwirkungen zu erwarten sind, ist das altbewährte Naturheilmittel auch außerhalb der Apotheken erhältlich.

Tips und Hinweise:

- Orientieren Sie sich eher an der im Beipackzettel genannten *oberen* Dosierung.
- Äpfel, Bananen, Schwarztee (siehe oben) und Salzgebäck unterstützen die Therapie.
- Bei Nahrungsmittelvergiftung nach 1/2 Stunde Glaubersalz (siehe Kapitel „Abführmittel, freiverkäufliche" Seite 25) einnehmen.
- Aktivkohle färbt den Stuhl schwärzlich. Sie wirkt nicht stopfend.
- Bei ausbleibender Besserung nach drei Tagen den Hausarzt fragen. Dies gilt bei Diarrhoe generell.
- Durchfall mit Fieber bedarf von vornherein ärztlicher Behandlung.
- Kaufen Sie preisgünstige Mittel, *da alle freiverkäuflichen Produkte Fertigarzneien in Arzneibuchqualität* sein müssen.

Wer bei Durchfall keine „Chemie" anwenden will, ist mit Aktivkohle optimal bedient.

Alle Angaben dieses Kapitels gelten auch für *Schul*kinder, wobei die Dosierung dem jeweiligen Alter und Gewicht entsprechend etwas reduziert werden soll.

Säuglinge und Kleinkinder müssen stets und bald vom Arzt behandelt werden, weil sich bei diesen eine Diarrhoe binnen Stunden zu einer ernsten Erkrankung entwickeln kann. Deren Körper enthält nämlich im Vergleich zum Erwachsenen viel mehr Flüssigkeit.

Rezeptfreie Durchfallmittel aus der Apotheke
– pflanzlich: Omniflora, Perenterol, Uzara etc.
– synthetisch: Loperamid (z.B. Imodium), Tannacomp etc.

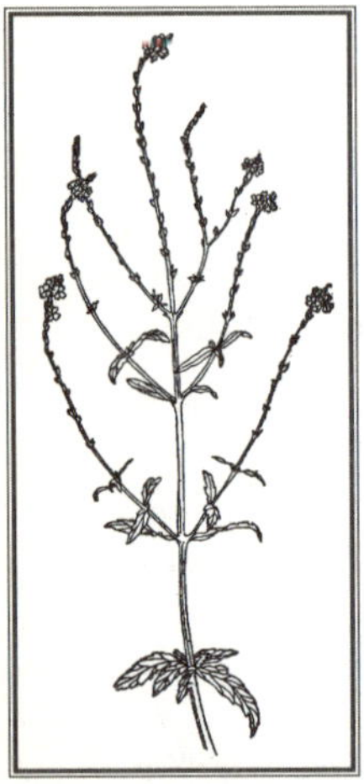
Echtes Eisenkraut

Eisenkraut ist *kein* Eisenspender

Eisenkraut enthält entgegen öfter vertretener Laienmeinung praktisch *kein* Eisen und ist deshalb bei Mangel an diesem Element völlig ungeeignet. Auch durch die Bezeichnung „Echtes Eisenkraut" (als Unterscheidung zum verwandten Echten Verbenenkraut) ändert sich nichts an dieser Tatsache. In der Volksheilkunde wird das Echte Eisenkraut zur Vermehrung der Muttermilch, Nierenanregung und Förderung der Menstruation verwendet.

Fenchel: Verwirrung durch *zwei* Heilpflanzen

Anders als früher sind ins jetzt gültige europäische Arzneibuch ***zwei*** Fencheltypen aufgenommen, nämlich der **Bittere Fenchel** und der **Süße Fenchel**. Beide wirken bei Blähungen*, Husten und Verdauungsstörungen, unterscheiden sich aber in der Menge und Art des jeweiligen Ätherischöls. Die bessere Droge liefert der Bittere Fenchel, weil seine Samen mit über 4% davon etwa doppelt so viel enthalten wie der andere. Die Öle der beiden Heilpflanzen sind nicht völlig gleich, da der Bittere mehr Fenchon und der Süße mehr Anethol enthält. Die letztere, süß schmeckende Substanz ist zugleich Hauptbestandteil des so nahe wie Pferd und Esel verwandten Anis. Deshalb riechen und schmecken beide fast gleich, was sogar zu unberechtigten Verbraucherreklamationen führt. Die Verwirrung wird noch vermehrt, weil es groß- und kleinsamige Fenchelvarianten unterschiedlichster Herkunft (Boden, Klima) gibt – mit allen denkbaren Zwischengerüchen.

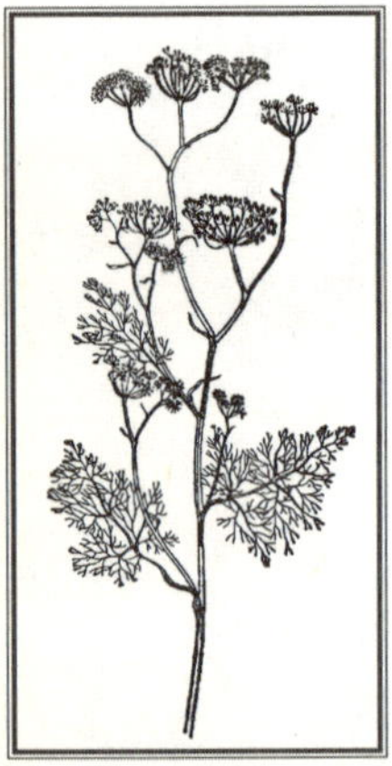
Fenchel

Klarheit durch klaren Kundenwunsch

Sie selbst können den Wirrwarr vermeiden, indem Sie ganz einfach **großsamigen Kammfenchel** verlangen. Dann wird Ihnen die beste (leider auch teuerste) Qualität des Bitteren (!) Fenchels ausgehändigt. Und wenn man nur den kleinsamigen, etwas anisartig riechenden Fenchel vorrätig hat, dann ist dies ebenfalls nicht wirklich falsch, weil auch kleinsamige Handelsware oft sehr ölreich und zudem billiger ist.

Bleibt noch nachzutragen, daß frisch (!) bereiteter Fencheltee wegen des gut desinfizierenden Ätherischöls volksmedizinisch auch bei Entzündungen am *äußeren* Auge verwendet wird und dem analog gebräuchlichen Augentrostkraut überlegen ist. Für die Eigenbehandlung des Auges selbst ist *keine* Heilpflanze vorbehaltlos zu empfehlen, nicht einmal die Kamille.

---

* **Rezeptfreie Blähungsmittel aus der Apotheke:** Carminativum Hetterich, Iberogast, (Enzym-)Lefax etc.

Fieber mit Wasser senken: (Waden-)Umschläge

Fieber als solches ist keine Krankheit, sondern lediglich ein Symptom, das heißt ein Krankheits*zeichen.* Durch erhöhte Temperatur werden die körpereigenen Abwehrkräfte aktiviert (Immunreaktion), was logischerweise erwünscht ist. Und ebenso selbstverständlich sollte es daher sein, Fieber mit Medikamenten nicht „brutal" auf den Normwert von 36,6 Grad Celsius herunterzuzwingen. Sinnvoll ist dagegen eine maßvolle, Herz und Kreislauf schonende Senkung auf unter 39 Grad Celsius. Hierfür können kühlende Umschläge mit lauwarmem Wasser ausreichen. Das Prinzip der Umschläge ist die Wärmeableitung durch Wasserverdunstung. Und die ist umso stärker, je größer die Verdunstungsfläche ist. Am besten geeignet sind beide Waden (Vorbedingung: warme Füße).

Ausführung des Wadenumschlags:

- ❑ Unter jeden Unterschenkel wird Plastikfolie (z. B. aufgeschnittene Tragetaschen) gelegt.
- ❑ Zwei Frotteehandtücher werden in lauwarmes Wasser getaucht.
- ❑ Nur so stark auswringen, daß sie nicht mehr tropfen
- ❑ Die nassen Tücher locker um die Waden wickeln.
- ❑ Mit je zwei Sicherheitsnadeln oder einer Mullbinde fixieren
- ❑ Bettdecke so weit entfernen, daß das Wasser abdunsten kann.
- ❑ Umschlag nach einer Stunde entfernen und nach zwei Stunden ggf. wiederholen.

Unterarmwaschungen und ein nasser Waschlappen auf der Stirn helfen zusätzlich. Sinkt das Fieber nicht genügend, dann ist dies vermutlich mit weniger Benuron oder Paracetamol etc. zu erreichen, als ohne Umschläge nötig wäre. Fiebernde Kinder wegen der Gefahr eines Wärmestaus generell nur leicht zudecken, nicht zu warm anziehen und reichlich Kräutertee sowie verdünnte Fruchtsäfte trinken lassen. Milch und kohlensäurereiche Mineralwässer sind ungeeignet.

Im Zusammenhang mit diesem Kapitel ein paar Bemerkungen zu den diversen Fiebermessern: nichts gegen die neueren digitalen! Aber im Gebrauch sind sie nicht entscheidend schneller und genauer und noch immer teuerer als das nostalgische Quecksilberthermometer. Auch bezüglich Umweltfreundlichkeit steht das batterieunabhängige Quecksilbergerät eher besser da, solange es nicht zerbricht. Äußerlich intakte Quecksilberthermometer mit lediglich getrennter Metallkapillare werden übrigens mit einem einfachen Trick wieder funktionsfähig: Thermometerspitze mittels Lappen und Reiben langsam auf knapp 42 Grad Celsius erwärmen, wodurch der getrennte Metallfaden wieder vereinigt wird.
Vor allem aus Sicherheitsgründen gehört aber dem batteriebetriebenen Temperaturbestimmer die Zukunft.

Teuerer Fortschritt „Thermoscan": Unter diesem Namen können Sie zum weitaus höheren Preis einen kleinen High-Tech-apparat kaufen, mit dem unschlagbar genau und schnell binnen nur einer Sekunde die Körperinnentemperatur im Ohr ermittelt wird. Hierzu wird die Infrarotstrahlung des Trommelfellbereiches gemessen. Bei jeder Anwendung ist eine neue Schutzkappe nötig. Zuviel Ohrenschmalz beeinträchtigt die Ergebnisse.

Fingernägel werden brüchig, wenn ...

sie durch Lösungsmittel wie Nagellack/Nagellackentferner*, Spül- und Waschwasser zu häufig entfettet werden oder/und wenn das Spurenelement Silizium sowie das Vitamin Biotin fehlen.

Kostengünstigste Gegenmaßnahme: Eierbecher mit Salatöl halb füllen und Finger abends nach dem letzten Händewaschen gut zwei Zentimeter tief eintauchen. Nach dem Abtropfen des Öls wird zwecks Schonung der Bettwäsche die Haut gut abgetupft, der Nagel selbst aber nur wenig und der Nagelfalz überhaupt nicht.

Zusätzliche innerliche Maßnahmen

- **Kieselerde:** Ein preiswertes, siliziumreiches Naturprodukt aus Kieselalgen. Sie wird traditionell als Aufbaustoff für Nägel und Haare verwendet. Tabletten sind teurer als Pulver. Außerdem haben sie einen etwas geringeren Kieselsäuregehalt, weshalb das in Flüssigkeit, Joghurt oder Müsli etc. leicht zu verrührende Pulver empfohlen wird. (Details zu Kieselerde siehe Kapitel „Haare, brüchig und dünn ...")
- **Biotin:** Es ist weitaus teurer, zählt zu den Vitaminen und wird auch „Vitamin H" genannt. Der Mensch benötigt hiervon täglich im Durchschnitt nur knapp ein halbes Milligramm. Gute und zugleich preisgünstige Biotinquellen sind Eigelb, Milch, Niere, Leber und Bierhefe. Wer regelmäßig rohe Hühnereier verzehrt,

kann einen Biotinmangel erleiden, weil im ungekochten Eiklar das spezielle Eiweiß Avidin enthalten ist. Es hebt die Vitaminwirkung auf. Beim Kochen wird Avidin zerstört.

Das Fertigarzneimittel Gabunat enthält 5 mg Biotin pro Kapsel.

Stellt sich nach wochenlanger Anwendung der drei Empfehlungen kein Erfolg ein, ist die Ursache der brüchigen Nägel vom Arzt zu klären.

---

*Zum Ablösen fest haftender Nagellackreste ist das aggressive organische Lösungsmittel Aceton am besten geeignet. Damit sind die künstlichen Überzüge zwar schnell entfernt, mit ihnen aber auch das natürliche Hautfett etc. (Lipide) – Hauptursache für den unschönen, Pilzinfektionen begünstigenden Nagelspliß. Dies können Sie für wenig Geld mindern mit **selbst hergestelltem Nagellackentferner.**
Dazu benötigen Sie drei Arzneigläser, eines mit 100 bis 200 ml Volumen und zwei mit 30 bis 50 ml. Oft finden sich in der Hausapotheke geeignete Fläschchen, die nach dem Ablösen der Etiketten und Reinigung verwendbar sind. Das große Gefäß lassen Sie mit Aceton (feuergefährlich) füllen und eines der kleineren mit Rizinusöl. In den verbliebenen leeren Behälter werden nun über dem Ausguß etwa neun Zehntel Aceton und ein Zehntel Rizinusöl gefüllt. Grobe Mengenschätzungen genügen vollauf. Nach Umschütteln ist der unschlagbar billige Nagellackentferner schon fertig. Er ist bestmöglich nagelschonend, weil nach der Benutzung stets ein dünner Film des sehr fetten und viskosen Öls auf dem Nagel und den umgebenden Hautpartien verbleibt. Neuer Nagellack hält auf den Nägeln erst nach sorgfältigem Waschen. Es wäre gut, wenn bis zum erneuten Lackauftrag mehrere Stunden vergingen, am besten eine Nacht.

Flugreisen: Woran Sie denken sollten

Reisen per Flugzeug sind heute so selbstverständlich, daß sie fast mit Omnibusfahrten verglichen werden können. Bei jungen gesunden Menschen spielen die Unterschiede zwischen beiden Fortbewegungsarten in der Tat so gut wie keine Rolle. Vorsicht ist jedoch geboten bei den nachstehend aufgezählten Krankheiten und Körperzuständen. Die Angaben sind absichtlich knapp gehalten, um dem unerläßlichen Arztgespräch nicht vorzugreifen. Dieses sollte nicht zu kurz vor dem Abflug stattfinden, damit Sie sich vorher körperlich fit machen können.

Nur zur gar nicht so seltenen **Flugangst** vorab ein paar Hinweise:

- Das Flugzeug ist ein sehr sicheres Verkehrsmittel.
- Nehmen Sie beim Einchecken ein angstlösendes Mittel (verschreibungspflichtig) ein, aber dann keinen Alkohol.
- Ein Platz in der Rumpfmitte an einem Durchgang mit nur einem Nachbarn und der Möglichkeit, die Beine auch mal auszustrecken, ist besser als einer am Fenster.
- Die Geräusche und leichten Erschütterungen gleich nach dem Start und kurz vor der Landung sind normal. Sie kommen vom Fahrwerk.

Ärztlicher Rat ist unter anderem nötig bei beziehungsweise nach

Angina pectoris	Flugangst	koronarer Herzkrankheit
Asthma	Herzinfarkt	Krampfadern
Blutarmut, starker	Herzmuskelschwäche	Schwangerschaft,
Diabetes	Säuglingen,	fortgeschrittener
„Pille" und Rauchen,	erste Lebenstage	Lungenerkrankungen,
v. a. bei älteren	Herzrhythmus-	chronischen
Frauen	störungen	Operationen, kurz
Epilepsie	hohem Alter	zurückliegenden

In den meisten Fällen wird Sie der Arzt für reisefähig erklären, sofern Sie sich an seine Ratschläge halten. Dies schließt oft eine geänderte Anwendung Ihrer gewohnten Medikamente mit ein (Zeitverschiebung).

Tips zum Gesundbleiben

Es mag verwundern, daß in der Liste auch Krampfadern stehen. Hier sind hauptsächlich die ausgeprägten Venendefekte gemeint. Wer daran leidet, nimmt ein nicht ganz zu vernachlässigendes Thromboserisiko mit an Bord. Mit Aspirin/ASS kann man sich dagegen preiswert selbst schützen. Einzelheiten hierzu siehe Extra-Kapitel „Krampfadern – Flugreise – Thrombose".

Auch rundum gesunde Jet-Urlauber erkranken unterwegs statistisch häufiger als zu Hause, vor allem in heißen Ländern. Bezüglich der zahlreichen Krankheitserreger ist Leichtsinn oft mitbeteiligt, besonders wenn bei früheren Tropenreisen nichts passierte. Die Problematik beispielsweise Ihrer nicht angepaßten Verdauungsorgane ergibt sich jedoch bei jeder Reise erneut. Und auch der Malariamücke (siehe Seite 90) sind Sie ungeschützt jedesmal völlig ausgeliefert. Reiseroutine darf also keinesfalls zu geringerer Vorsorge und Vorsicht verleiten.

Die alphabetische Liste auf der nächsten Seite informiert über die erfahrungsgemäß häufigsten Beschwerden beziehungsweise Krankheiten. Hieran sollte sich die Ausstattung Ihrer Reiseapotheke orientieren.

Häufige Reiseerkrankungen

Bindehautentzündungen*	Insektenstiche	Schlafstörungen
Bluterguß, Prellung	Kreislaufbeschwerden	Schmerzen
Durchfall	Lippenbläschen	Sodbrennen
Erbrechen, Reiseübelkeit	Malaria**	Sonnenbrand
Erkältung	Nervosität	Verletzungen
Fieber	Ohrenschmerzen***	Verstopfung

Je mehr sich Klima, Hygiene, ärztliche und medikamentöse Versorgung von Mitteleuropa unterscheiden, desto wichtiger wird die Mitnahme heimischer Mittel. An Bord müssen diese in der Handtasche mitgeführt werden, weil der Koffer während des Flugs ja unerreichbar ist. Auch sollte die Rufnummer des Hausarztes bekannt sein.

Erkrankungen nach Urlaubsreisen

Durch die Schnelligkeit der heutigen Verkehrsmittel brechen Infektionen oft erst nach der Rückkehr aus. Die ersten Symptome wie Fieber und Kopfschmerzen sind nicht selten so unspezifisch, daß der Arzt zunächst an eine banale Erkältung denken könnte. Bitte sagen Sie deshalb unaufgefordert, wann Sie (kürzlich) verreist waren und wohin. Dies kann für eine gezielte Therapie hilfreich sein.

---

* Bei längeren Flügen **Kontaktlinsen** entfernen!

** siehe Extrakapitel „Malaria: Vorbeugung immer wichtiger"

*** **Schnupfen** verursacht bei Start und Landung nicht selten Ohrenschmerzen, weil der Druckausgleich infolge geschwollener Nasenschleimhaut erschwert ist.
Soforthilfe: Abschwellende Nasentropfen oder -spray!

Folsäure: nicht n u r ein „Schwangerschafts-Vitamin"

Bei einem hohen Prozentsatz aller Deutschen ist ein Mangel an Folsäure nachgewiesen. Dies verwundert insofern, als der Erwachsene täglich nur 1/5 Milligramm (entsprechend 200 µg) benötigt und weil Folsäure in „grüner Nahrung" ausreichend vorhanden ist.

Folsäurereich sind beispielsweise Apfelsinen, Brokkoli, Erdbeeren, Getreidekörner, grüne Bohnen, Grünkohl, Karotten, Kirschen, Rosenkohl, Salat, Spargel, Spinat, Tomaten und Trauben (außerdem Rinderleber). Trotzdem kann dieser Bruchteil eines Milligramms nur bei täglich optimal ausgewogener und zubereiteter Nahrung aufgenommen werden. Schon bei längerer Lagerung der Lebensmittel geht einiges, bei langem Kochen viel von dem wasserlöslichen Vitamin verloren (ein Vorteil der Rohkost). Außerdem ist die Aufnahme der eigentlichen Folsäurewirkform in den Körper nicht optimal.

Mit anderen Worten: **Sehr viele Deutsche ernähren sich am Rande eines Folsäuredefizits.** Bei unausgewogener Ernährung (Fast Food, einseitige Diät), aber auch bei Einnahme der Pille ist Folsäuremangel nahezu zwangsläufig.

Folsäurezufuhr in Schwangerschaft und Stillzeit ein Muß

Gefährlich kann es werden, wenn unter solchen Voraussetzungen eine Schwangerschaft eintritt, weil die bei Mutter und Embryo nun sofort einsetzenden stark vermehrten Zellteilungen täglich 400 Mikrogramm, also plötzlich die doppelte Menge Folsäure erfordern.

Eine geplante Schwangerschaft muß daher in Bezug auf das weibliche Folsäuredepot nicht neun, sondern **elf Monate vor der Geburt** beginnen. Und bei einer ungeplanten können ohne Nebenwirkungen anfangs täglich bis zu fünf Milligramm eingenommen werden (Arzt vorher fragen!). Geeignete Fertigarzneimittel: Folsan, Femibion (Kombination mit anderen Vitaminen).

Die möglichen Schwangerschaftskomplikationen, vor allem Gaumenspalte, Wirbelspalt (=Spina bifida), Neuralrohrdefekt (Beeinträchtigung der Nervenleitfunktionen), aber auch ein Einfluß gegen die Entstehung der Koronaren Herzkrankheit (KHK) sowie wahrscheinlich von Krebs, haben die Gesundheitsbehörde der USA zur Anordnung der Folsäureanreicherung bestimmter Lebensmittel veranlaßt. Warum geschieht das nicht auch bei uns?

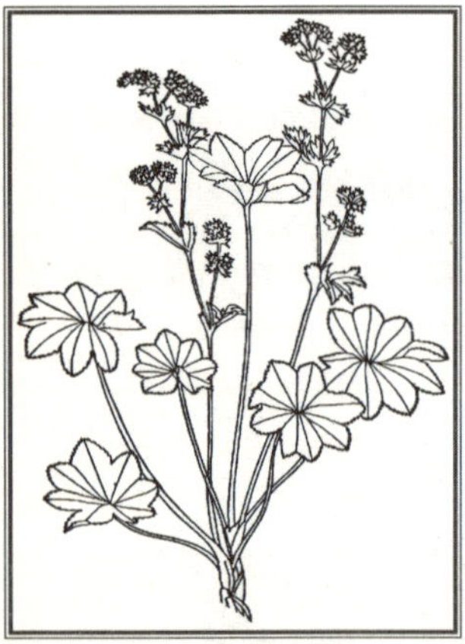

Frauenmantel

Frauenmantel – keine Frauenheilpflanze!

Das unscheinbare Rosengewächs Frauenmantel wird zu Unrecht in Teemischungen gegen Frauenbeschwerden eingesetzt. Schuld daran ist der Name. Dieser bezieht sich jedoch nicht auf die Heilkunde, sondern auf die Kunst. Wegen der ebenmäßigen, gelappt-gezähnten Rundform seiner Blätter wurden deren vergrößerte Kopien früher von den Bildschnitzern gerne hinter den Schultern von Madonna-Darstellungen angebracht. In vielen katholischen Kirchen können solche alten Marienstatuen mit dem dekorativen großen Frauenmantelblatt noch heute bewundert werden. In der Heilpflanzenkunde hat die gelbgrün blühende Wiesenpflanze bestenfalls „Regionalliga-Format", denn mit ihren nur knapp 8% Gerbstoffgehalt muß sie sich bei der Behandlung von Durchfall und Magen-Darmerkrankungen weitaus besseren Arzneipflanzen geschlagen geben.

Fremdkörper im Auge

werden am besten entfernt, wenn die geschlossenen Lider ohne nennenswerten Druck zur Nase hin gerieben werden. Dies gilt aber nur für weiche Fremdkörper wie Wimpern, Haare der Augenbrauen und kleine Insekten. Die Entfernung scharfkantiger Dinge ist prinzipiell Sache des Arztes. Hier wäre vorheriges Reiben grundverkehrt. Nur falls rasch kein Arzt erreichbar ist, soll ein Ausschwemmversuch unter fließendem Leitungswasser unternommen werden. Wo 0,9%ige Kochsalzlösung verfügbar ist, wird besser diese verwendet. Unter allen Umständen *muß* das Auge sofort mit reichlich Leitungswasser ausgespült werden, wenn es mit Lösungsmitteln (Benzin, Spiritus etc.), Säuren, Laugen oder Waschmitteln in Kontakt kam.

Furunkel schmerzfrei öffnen

gelingt einfach mit einer rohen Kartoffel, wenn der Furunkel *reif* ist. Die geschälte und gewaschene Knolle wird auf dem Reibeisen oder mit einem Sägemesser zerrieben bzw. geschabt. Der Brei wird zentimeterdick auf den Furunkel gegeben, mit etwas Plastikfolie abgedeckt und mit Leukoplast oder einer Mullbinde drei Stunden lang fixiert. Nach Entfernen des Breies reißt das Häutchen durch vorsichtiges Ziehen leicht auf und der Eiter kann dann durch sachtes beidseitiges Drücken „von unten" entleert werden. Die Wundumgebung sollte mit einer antibakteriellen Salbe bestrichen werden. Auf jeden Fall muß ein Wundschnellverband angebracht werden. Am besten Curaplast, weil dessen Wundkissen dank netzartiger Trennschicht kaum mit der Wunde verklebt. Zum Schluß die Hände sorgfältig waschen. **Furunkel im Kopfbereich sollte immer der Arzt begutachten**. Der

Name „Furunkel" ist übrigens ein fast buchstabengetreues lateinisches Wort: „furunculus" bedeutet seit 2000 Jahren kurioserweise „kleiner Spitzbube".

Fußnägel wachsen nicht so leicht ein, wenn ...

sie nicht zu kurz und auch nicht halbrund, sondern fast waagrecht geschnitten werden. Hierdurch bleiben die beiden seitlichen Nagelränder immer etwas länger als die Hautfalten und können nicht einwachsen. Vorteilhaft ist auch hinreichend breites Schuhwerk mit nicht zu hohen Absätzen.

Generika: Was ist das? Was können sie?

Zunächst ein paar Worte zum Namen: Generika ist die Mehrzahl von Generikum. Ein Generikum ist ein Arzneimittel, das (unter anderem) einen patentrechtlich nicht mehr geschützten Arzneistoff enthält. Das weltbekannte Schmerzmittel Aspirin (Wirkstoff **A**cetyl**s**alicyl**s**äure, abgekürzt ASS) war ein solches patentiertes Medikament. Da die Schutzfrist für den Erfinder längst abgelaufen ist, kann „jedermann" heute ASS-Tabletten herstellen, sofern er die umfangreichen gesetzlichen Bestimmungen erfüllt.

Sind nun das Marken-Schmerzmittel Aspirin von Bayer und bezüglich Wirkstoffmenge vergleichbare ASS-Tabletten von einem anderen Hersteller identisch? Die nicht nur scherzhaft gemeinte Antwort ist ein klares Jein. Beide Mittel enthalten zwar die gleiche Menge der maßgeblichen Substanz, was jedoch keine absolute Gleichheit bedeutet, denn ein „nackter" Wirkstoff ist meist noch kein Arzneimittel – genauso wenig wie ein bloßer Dotter schon ein Ei ist. Es kommt nämlich nicht unwesentlich auf die Zutaten an. Sie entscheiden mit über die (Bio-)Verfügbarkeit der Wirksubstanz im Organismus, also seine rasche oder gezielt verzögerte Freisetzung und die Aufnahme im Körper. Auch über die Verträglichkeit. So ist es nicht von vornherein Selbsttäuschung, wenn ein Patient auf Aspirin oder Benuron schwört und mit den wirkstoffgleichen Generika ASS bzw. Paracetamol nicht so zufrieden ist. Aber auch umgekehrt wird ein Schuh daraus. Wer nämlich auf ein preiswertes Generikum namhafter Hersteller wie Dura, Hexal, Ratiopharm, Stada etc. gut anspricht, braucht kein Originalpräparat. Gut muß also nicht zugleich teuer sein, und über die Qualität wacht das Bundesinstitut für Arzneimittel und Medizinprodukte in Berlin, an dem kein Weg vorbeiführt – auch nicht bei Importarzneien.

Zusammenfassung

- ❑ Original-Arzneimittel der Erstanbieter (Erfinder) und Generika (Nachahmerprodukte) sind nicht absolut, sondern nur weitgehend gleich.
- ❑ Generika sind, nur weil sie oft weniger kosten, keine zweitklassigen Arzneimittel.
- ❑ Wem Generika gut helfen, der benötigt – obwohl erste Wahl – keine Original-Mittel.
- ❑ Generika verschiedener Hersteller sind erfahrungsgemäß untereinander so weitgehend identisch, daß deren Austausch im Notdienst der Apotheken gestattet ist.

Spartip: Generika der diversen Hersteller unterscheiden sich kostenmäßig oft deutlich voneinander. Sie sollten deshalb ein **preiswertes** Mittel verlangen.

Gewürznelken: Nothelfer bei Zahnschmerzen

Oft reicht die Wirkung rezeptfreier Schmerztabletten nicht aus, um beispielsweise nächtliches Zahnweh weitgehend zu unterdrücken. In solchen Fällen kann zusätzlich zum Schmerzmittel eine leicht vorgekaute Gewürznelke am betroffenen Zahn plaziert werden. Das in der warmen Mundhöhle langsam ausdunstende ätherische Nelkenöl enthält als Hauptbestandteil Eugenol. Dieses wirkt örtlich betäubend, außerdem antibakteriell und entzündungswidrig. Sollten Sie in der Küche kein Gefäß mit ganzen Gewürznelken finden, dann ist vielleicht ein Beutelchen grobes Fischgewürz vorhanden. Auch hier können Sie fündig werden, denn Fischgewürzen sind fast immer ein paar Prozent Gewürznelken beigemischt.

Apothekenpflichtige Wirkstoffe bei Zahnschmerzen siehe Seite 119.

Ginseng – das Tonikum aus Fernost

Ginsengwurzel wird seit Jahrtausenden in der ostasiatischen Medizin unter anderem als anregendes Mittel und zur Steigerung der Abwehrkräfte bei Streß gebraucht. Zahlreiche wissenschaftliche Untersuchungen nach westlichen Maßstäben haben diese Anwendungsbereiche bestätigt. In Deutschland sind folgende Heilaussagen anerkannt (offizieller Wortlaut): „Als Tonikum zur Stärkung und Kräftigung bei Müdigkeits- und Schwächegefühl, nachlassender Leistungs- und Konzentrationsfähigkeit sowie in der Rekonvaleszenz" (Genesungsphase nach Krankheit).

Ginseng ist somit eine erstklassige Heilpflanze! Er wird hier trotzdem nur kurz behandelt, weil er wegen seines gehobenen Preises dem Buchtitel „Selbstbehandlung *preiswert*" nicht entsprechen kann.

Achtung: Wenn Sie irgendwo ein billiges Ginsengpräparat finden, dann lassen Sie es besser stehen. Es ist nach persönlicher Erfahrung nämlich unterdosiert oder nicht aus dem hochwertigen *Koreanischen* Ginseng hergestellt, daher vermutlich nur wenig wirksam und somit in Wirklichkeit teuer.

Haare brüchig und dünn? Kieselerde und Biotin!

Kieselerde ist ein fast ausschließlich aus Silizium und Sauerstoff bestehendes Mineral pflanzlichen Ursprungs, nämlich fossiler Kieselalgen. Von den mikroskopisch kleinen, bewundernswert filigran geformten Einzellern (siehe die am Mikroskop selbst gezeichneten drei Abbildungen) sind heute rund 10.000 in Süßwasser und Meer lebende Arten bekannt. Ihre Kieselpanzer bildeten im Lauf der Jahrmillionen mächtige Ablagerungen. In der Lüneburger Heide wird Kieselerde im Tagebau gefördert und zu überwiegend technischen Zwecken aufbereitet.

Kieselerde als Nahrungsergänzungsmittel

Silizium ist ein für den Menschen wichtiges Spurenelement, das unter anderem in Haaren und Nägeln angereichert ist. Mangel kann sich durch deren erhöhte Brüchigkeit zeigen. Da der Erwachsene täglich über Nieren und Darm etwa 30 Milligramm Silizium verliert, ist regelmäßige Zufuhr nötig. Bei zuwenig pflanzlicher Nahrung kann es zum Defizit kommen. Dies ist bequem und preiswert vermeidbar durch messerspitzen- bis teelöffelweise Einnahme von Kieselerdepulver, am besten in beliebigen Flüssigkeiten. Kieselerdetabletten enthalten herstellungsbedingt etwas weniger Silizium und kosten mehr.

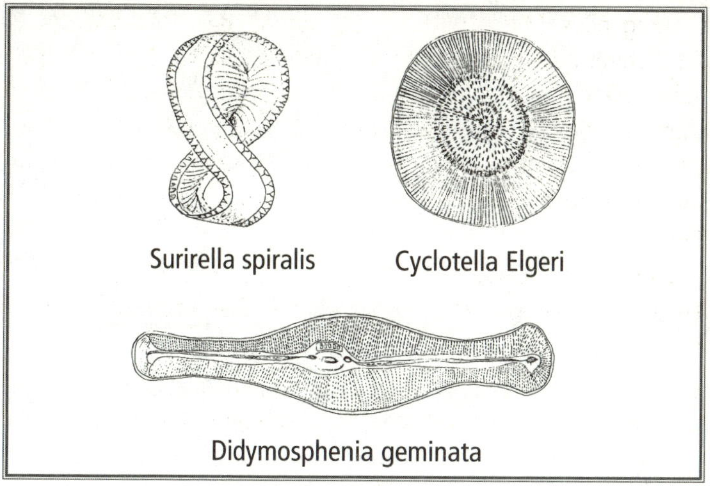

Einige vergrößerte Beispiele der sehr formenreichen Kieselalgen

Zum Vitamin Biotin sind im Kapitel „Fingernägel werden brüchig, wenn ..." (Seite 58) einige Ernährungstips abgedruckt. Sie gelten auch bei brüchigen Haaren.

Hämorrhoidensalbe r i c h t i g anwenden

Bei der Behandlung von Hämorrhoiden herrscht Arbeitsteilung: Zäpfchen sind meist zuständig für tiefer liegende innere Hämorrhoiden, Salben eher für äußere. Mit einer Plastikkanüle kann die Salbe vor Ort gebracht werden. Das gelingt technisch zwar mühelos, wird aber trotzdem oft falsch gemacht. Meist wird nämlich nach dem Einführen der Kanüle nur einmal kurz auf die Tube gedrückt und dann die Kanüle gleich wieder herausgezogen. **Richtig macht's, wer unter andauerndem leichten Tubendrücken die Kanüle herauszieht.** Denn nur dann wird im Analkanal ein mehrere Zentimeter langer Salbenstrang deponiert und die entzündete Schleimhaut zylinderförmig ausgekleidet. Und weil wir gerade bei der Fehlerbeseitigung sind, gleich noch die Vermeidung von zwei weiteren:

- ❑ Scharfe Gewürze und Speisen (z. B. Meerrettich, Pepperoni, Senf) sind strikt verboten. (Salz schmeckt nicht scharf, ist also erlaubt).
- ❑ Die Ursachen **länger andauernder** Hämorrhoidalbeschwerden müssen **ärztlich abgeklärt** werden! Ballaststoffreiche, das heißt mehr vegetabilische Ernährung und mehr Flüssigkeitsaufnahme sind empfehlenswert.

Rezeptfreie Hämorrhoidenmittel mit unterschiedlichen Wirkstoffen: Haenal, Mastu, Posterine, Rectosellan, Sperti etc.

Halsschmerzen: wirksamere Selbstbehandlung

Die in der Mundhöhle auch beim Gesunden vorzufindenden Kleinlebewesen (Mundflora) gehen in die Millionen. Solange sie in einigermaßen ausgewogenem Zahlenverhältnis zueinander stehen, hält sie ein gut funktionierendes Immunsystem im Zaum. Erst bei dessen Überforderung, trockenen Schleimhäuten, verstopfter Nase etc. gerät das Gleichgewicht außer Kontrolle. Halsschmerzen sind oft die Folge. Falls kein Fieber (z. B. bei Mandelentzündung) hinzukommt, ist Selbstbehandlung chancenreich. Vor allem, wenn dabei häufige Fehler vermieden werden. Und die passieren auch nachts. Da die Krankheitskeime keine Nachtruhe kennen, müssen sie nämlich auch während des Schlafes bekämpft werden. Es nützt also nicht optimal, tagsüber alle zwei bis drei Stunden zwar eine Halstablette langsam im Mund zergehen zu lassen (nicht lutschen!), den Keimen in der Nacht aber die infolge verstopfter Nase trockenen Schleimhäute schutzlos zu überlassen. Aber selbst am Tag liegen zwischen den einzelnen Tabletten noch relativ lange ungeschützte Zeitabstände. Diese werden wenigstens etwas verkürzt bei Anwendung möglichst **hart** gepreßter Tabletten (z. B. Dorithricin), weil deren Auflösung länger dauert. Nach guten persönlichen Erfahrungen des Autors können die therapiefreien Zeitspannen durch *stündlich eine halbe Tablette* statt zweistündlich gemäß Gebrauchsanweisung *einer ganzen* noch weiter verringert werden. Die von den Herstellern empfohlene Tagesmenge wird hierdurch logischerweise nicht überschritten. Weitere Eigenerfahrung: In die Backentasche gesteckt, ist mit Tabletten auch während des Schlafs die Weiterbehandlung möglich. Hierzu wurden allerdings *ganze* Tabletten genommen, weil nicht jede Stunde eine halbe „nachgelegt" werden kann. Versehentliches Verschlucken wurde nicht festgestellt. Trotzdem können sich Ängstliche vor dem Einschlafen und bei zufälligem nächtlichen Aufwachen auch mit einem Halsspray behelfen. Wichtig ist lediglich, daß nachts überhaupt etwas Sinnvolles geschieht! Gurgelmittel sind übrigens wegen der umständlicheren Anwendung sowohl hier als auch am Tag weniger geeignet, auch weil sie in konzentrierter Form nicht weit genug in den entzündeten Rachen gelangen können, da dann der Schluckreflex ausgelöst wird. (Domäne der Gurgelmittel ist daher der Mundraum einschließlich *vorderem* Rachenteil). Schwangere und „Chemiegegner" können ihren Halsschmerz mit den homöopathischen Tonsiotren-Tabletten kurieren. Sie müssen anfangs stündlich genommen werden. Auch Emser Pastillen mit und ohne Menthol sind eine gute Alternative.

Zusammenfassung

- ❑ Halstabletten nicht lutschen, sondern zergehen lassen
- ❑ *hart* gepreßte Sorten vorziehen
- ❑ Versuch mit *halbierten* Tabletten in kürzeren Zeitabständen
- ❑ Anwendung nachts nicht unterbrechen
- ❑ Nasenatmung auch nachts erhalten
- ❑ nach drei Tagen ohne Besserung zum Arzt, bei Fieber sofort!

Hautprobleme durch zu häufiges Duschen

Die weitaus längste Zeit seiner Existenz lebte der Mensch in kleinen Horden als Steppenbewohner. Für dieses Dasein ist er noch heute gut gerüstet, weil sich die Evolution mehr Zeit nimmt als wir ihr lassen. **Tägliches** Duschen oder Baden war für den Menschen zu keiner Zeit so notwendig, wie die Werbung glauben macht. Für die empfindliche und ältere Haut kann dies sogar mehr schaden als nützen. Martin Luthers „zweenmal die Woche" ist zwar als sinnvolles Maß fürs Eheleben gedacht, sein geflügeltes Wort kann aber auch für Menschen mit Hautproblemen ein – flexibler – Richtwert sein. Flexibel deshalb, weil niemandem nach Sport, schwerer Arbeit oder Streß die warme Brause verwehrt werden soll. Aber: Muß denn wirklich jedesmal ein stark parfümiertes Duschgel die Haut entfetten und ihres individuellen „Duftes nach sauber" berauben? Die sinnvolle leichte Ansäuerung (pH5) vieler Duschmittel zum Schutz des natürlichen Säuremantels der Haut lenkt ab von der gravierenden Tatsache, daß Duschmittel – trotz aller qualitativen Fortschritte – letztendlich waschaktive Substanzgemische sind, die den physiologischen Talgfilm zunächst einmal von der Haut herunterschäumen. Durch Zusatz von Rückfettern wird zwar fühlbar gegengesteuert, aber das natürlichste individuelle Hautfett ist und bleibt das in den eigenen Talgdrüsen produzierte.

Wer also, besonders als Ältere(r), über trockene und empfindliche Haut klagt, möge

- bei *täglicher* Duschgewohnheit häufiger (z. B. abwechselnd) nur die lauwarme Brause sowie lediglich einen Schwamm benutzen,
- auf (starke) Parfümierungen verzichten, weil sie für die eigentliche Reinigung völlig unnötig sind und vorgeschädigte Haut irritieren können,
- nur Markenduschmittel verwenden, da billige No-name-Erzeugnisse wegen der hohen Preise guter Inhaltsstoffe eigentlich nicht viel taugen können (gilt auch für Badezusätze).

Kreislauf und **Immunsystem** stimuliert zusätzlich, wer zweimal abwechselnd zuerst zwei Minuten gut warm und dann zehn Sekunden kalt duscht.Siehe auch „Kreislauftraining mit Wasser: Wechselfußbäder"

Heiserkeit: Emser Pastillen

freiverkäuflich – preiswert – natürlich

Emser Pastillen sind bereits seit der Mitte des 19. Jahrhunderts im Handel und somit eines der ältesten deutschen Fertigarzneimittel.

Das enthaltene Salz der Emser Thermen besteht unter anderem aus Natriumbikarbonat, Kalium- und Natriumsulfat, Natriumphosphat, Kochsalz und Spurenelementen.

Beim möglichst langsamen Zergehenlassen entfaltet das natürliche Salzgemisch vier Wirkungen:

- Befeuchtung der Mund- und Rachenschleimhaut
- Stärkung der Schleimhaut – Abwehrmechanismen
- Neutralisation des entzündungsbedingt saueren Milieus
- Linderung der lokalen Schmerzen

Bei richtiger Anwendung – maximal 10 Pastillen über den Tag verteilt – sind keine Nebenwirkungen bekannt. Lediglich die Magensäure wird durch das erwähnte Natriumbikarbonat abgestumpft, was kurzzeitig bei **Sodbrennen** genutzt werden kann.

Die ebenfalls niederpreisige Version **Emser Pastillen mit Menthol** eignet sich besonders für Redner, Sänger und bei Raucherkatarrh.

In der Apotheke gibt es drei weitere bestens verträgliche Zubereitungen mit Emser Salz: Nasenspray, Nasensalbe und Inhalationslösung.

Homöopathika sind nicht automatisch Pflanzenmittel

Homöopathische und pflanzliche Mittel werden vom Laien oft als ein und dasselbe angesehen. Das stimmt so aber nicht. Zwar sind viele homöopathische Arzneien pflanzlichen Ursprungs, manche aber auch anorganischer Herkunft. Die von dem deutschen Arzt Hahnemann (1755–1843) entwickelte Therapie folgt zwei eigenen Regeln: dem *Simileprinzip* und dem *Verdünnungsprinzip.* Nach ersterem werden (sehr) niedrig dosierte Arzneistoffe bei solchen Krankheitssymptomen eingesetzt, die sie selbst bei *hoher* Dosis auslösen. Beispiel Zwiebel bei Schnupfen: Zwiebelsaft läßt die Nase laufen und das Auge tränen. Als D4 (=4. Dezimalpotenz = 1 zu 10.000 verdünnt) wird die Zwiebel deshalb bei Schnupfen verordnet. Das Verdünnungsprinzip geht davon aus, daß die Wirkung der Arzneimittel beim zunehmenden, stufenweisen Verdünnen gemäß arbeitsintensivem Verfahren *steigt*. Eine Ausgangsannahme Hahnemanns war dabei, daß *schwache* Reize die Lebensfunktionen anregen, starke sie dagegen hemmen.

Von Anfang an haben sich die naturwissenschaftlichen und medizinischen Geister an der Homöopathie geschieden. Aber auch sie darf den Grundsatz „Wer heilt, hat recht" für sich in Anspruch nehmen, zumal wirkstoffbedingte Nebenwirkungen (über D4) nicht zu erwarten sind.

Hühneraugentinktur hält länger, wenn …

nach jeder Entnahme der Verschluß sofort wieder fest zugedreht wird. Die Wirkstoffe sind nämlich in flüchtigem (brennbarem) Aceton oder Äther (=Ether) gelöst und trocknen sonst ein. Fast immer wird vergessen, vor dem Verschrauben den oberen Glasrand des Fläschchens gegebenenfalls gut abzuwischen. Geschieht das nicht, dann bilden sich dünne Krusten, durch welche die beiden Lösungsmittel entweichen. Sollte nach längerer Zeit der Inhalt trotzdem stark eingedickt sein, dann ist das noch lange kein Grund, die Packung wegzuwerfen. Für ein paar Pfennige füllt Ihre Apotheke einige Milliliter Lösungsmittel auf und die Tinktur bleibt nach kräftigem Umschütteln weiterhin wirksam. Der beste und billigste Hühneraugenschutz ist bequemes Schuhwerk – auch um Entstehung oder Fortschreiten von Fußdeformierungen entgegenzuwirken. Das wissen die am meisten betroffenen Damen natürlich auch. Aber sie halten sich nicht an diese Binsenweisheit. Zur Freude der Orthopäden, der Pharmaindustrie und nicht zuletzt der Männer.

Rezeptfreie Hühneraugenmittel
- Pflaster: Guttaplast, Lebewohl
- Tropfen: Duofilm, W-Tropfen etc.

Husten: Honigmilch N E I N!

Volksheilkundliche Erfahrungen werden, wie zu erwarten, durch die moderne Medizin nicht immer bestätigt. Ein solches Negativbeispiel ist die Empfehlung, bei Bronchialverschleimung (Bronchitis) heiße Honigmilch zu trinken. Hier soll zwar viel (warme) Flüssigkeit zugeführt werden, weil das bereits ohne Zusätze auswurffördernd wirkt, aber nicht als Honigmilch. Diese ist nämlich ausgesprochen **schleimbildend**. Wer es nicht glaubt, sei zum Selbstversuch aufgefordert. Außerdem ist Honigmilch hochkalorisch und geradezu ein Nährkonzentrat für Krankheitserreger in Mund und Rachen.

Gegen Honig in gut warmem *Hustentee* ist nichts einzuwenden.

Husten: Schlüsselblumen *selbst* sammeln

Schlüsselblume

Getrocknete Schlüsselblumenblüten liefern einen vorzüglich schmeckenden Hustentee, der allerdings *nur zum Lösen zähen Schleimes* und *nicht bei Reizhusten* getrunken werden darf. Während die Wurzeln der beiden einheimischen Schlüsselblumenarten hierzulande geschützt sind, dürfen die Blüten für den Eigengebrauch geerntet werden.

Dabei ist folgendes zu beachten:

❑ Zupfen Sie die blaßgrünen Blüten**kelche** stets mit ab, weil sie mehr Wirkstoff (Saponine) enthalten als die gelben Blüten allein.

❑ Belassen Sie an jedem Blütenstand aus Respekt vor diesen herrlichen Pflanzengeschöpfen zwei Einzelblüten.

Die dünnlagig ausgebreiteten Blüten müssen rasch getrocknet werden. Direktes Sonnenlicht ist zu meiden.

Zubereitung: Zwei Teelöffel voll pro Tasse mit siedendem Wasser übergießen, bedeckt auf Trinktemperatur auskühlen lassen und nach Abseihen einen Teelöffel Honig auflösen. Dreimal täglich eine Tasse trinken und außerdem noch bis zu zwei Liter beliebige andere Flüssigkeit.

Schlüsselblumenblüten können natürlich auch im Fachhandel gekauft werden, entweder als „offene" Droge oder besser als **Standardzulassung**. Im letzteren Fall erwerben Sie ein Fertigarzneimittel mit vorgeschriebenen nützlichen Informationen.

Hustensäfte freiverkäuflich: drei Möglichkeiten

Fenchelhonig, Eibisch- und Spitzwegerichsirup

Trotz der vielen den Apotheken vorbehaltenen guten Hustenmittel* zählt keiner der drei außerhalb erhältlichen dickflüssigen Säfte zu den Oldtimern. Sie sind im Gegenteil durch die vorgeschriebene industrielle Herstellung (Fertigarzneimittel) heute wirkungskonstanter als früher. Auch bezüglich der Zusammensetzung sind sie modern, weil jeweils nur *ein* Wirkstoff in guter Konzentration enthalten ist.

Fenchelhonig vor allem für Kinder

Beim Fenchelhonig tritt zum ätherischen Fenchelöl als sinnvoller Helfer ein hoher Honiganteil. Das *schleimlösende* Naturmittel ist wegen seines guten Geschmacks teelöffelweise pur oder verdünnt vor allem für Schulkinder geeignet. Die unverdünnte Einnahme ist vorzuziehen, da nur so das ätherische Öl praktisch verlustfrei in den Körper gelangt.

Zusatzvorteile: Der Honig führt dem Körper besonders rasch verfügbare Energie zu und fördert den bei Erkältungen oft mangelnden Appetit. Bei verdünnter Einnahme ist warmer Hustentee besser geeignet als Milch, weil Honig und Milch in Mund und Rachen schleimbildend wirken. Näheres siehe Seite 72.

Eibischsirup ist gut, Spitzwegerichsaft ist vielseitiger

Eibisch- und Spitzwegerichsirup (=Saft) konkurrieren teilweise miteinander, weil beide bei Schleimhautreizungen und damit verbundenem trockenem *Reizhusten* gebraucht werden. Hierbei ist der Eibischauszug wegen seines höheren Anteils an Pflanzenschleim im Vorteil. Dafür besitzt der Spitzwegerichextrakt Pluspunkte, weil er zusätzlich bei Bronchialverschleimung hilft und antibakteriell wirkt.

Für die drei milden Naturmittel gilt:

- ❑ Anbrüche gut verschlossen im Kühlschrank aufbewahren
- ❑ ohne längere Unterbrechung aufbrauchen
- ❑ nicht direkt aus der Flasche trinken

Diabetiker müssen den hohen Zuckeranteil bedenken.

Bei Husten sollte generell mehr als gewohnt getrunken werden. Zwei Liter täglich sind für Erwachsene das Minimum.

*** Rezeptfreie Hustenmittel aus der Apotheke**

– **schleimlösend,** pflanzlich: Bronchicum, Bronchipret, Gelomyrtol, Soledum etc.
synthetisch: ACC, Ambroxol (z.B. Mucosolvan) etc.

– **reizlindernd,** pflanzlich: Bronchicum Hustenstiller, Makatussin Drosera etc.
synthetisch: Neotussan, Silomat, Wick Formel 44 Plus etc.

Hygiene im Haus von A bis Z

Viele der nachstehenden Punkte kennen Sie natürlich schon. Macht nichts, weil die Wiederholung bereits bekannter Dinge deren konsequente Umsetzung fördert. Ein paar Wissenslücken können aber wohl doch noch geschlossen werden.

Aufwischlappen: Nach jedem Gebrauch auswaschen und rasch trocknen.

Babysauger: Täglich auskochen.

Babyschnuller: Nach jedem Herunterfallen abwaschen.

Besen: Öfter in fließendem Wasser reinigen, ausschleudern und mit den Borsten nach oben trocknen.

Bioabfallbehälter: Abfälle in Zeitungspapier einwickeln, Behälter möglichst täglich leeren, auch wenn er noch nicht voll ist. **Schlimmste Mikrobenbrutstätte im ganzen Haus!** Deshalb am besten raus damit aus der Wohnung (insbesondere der Küche) und an schattigen kühlen Platz im Freien stellen.

Brot, schimmliges: Taugt nicht mal mehr als Viehfutter. Schimmel nicht ausschneiden, sondern alles wegwerfen.

Eier: Nach 18 Tagen ab Legedatum Verlust der natürlichen Haltbarkeit. Verfalldatum daher streng beachten, trotz obligatorischer Kühlschranklagerung (Salmonellengefahr!). Nur **hart** gekochte Eier sind wirklich frei von lebenden Salmonellen.

Feuchtigkeit ist eine Lebensgrundlage für **Schimmelpilze** und damit indirekt Ursache häuslicher **Umwelterkrankungen.** Daher Räume durch regelmäßiges Lüften und ausreichendes Heizen trocken halten (vor allem Küche und Naßzellen).

Fisch, Fleisch (v. a. Geflügel), tiefgefroren: Nicht im Auftauwasser liegen lassen, sondern zum Abtropfen auf Sieb legen; gleich kochen oder braten (Salmonellengefahr!). Tauwasser sofort beseitigen.

Gewürze: Feucht gewordene vernichten (starkes Bakterienwachstum!), wenn möglich erst bei Bedarf zerkleinern (Pfeffer, Muskat, Kümmel).

Handtücher: Regelmäßig und nicht zu selten wechseln, vor allem Küchenhandtuch. Gemeinschaftshandtücher möglichst vermeiden.

Hausapotheke nicht in Bad oder Küche, sondern an kühlem, trockenem Platz aufbewahren.

Haustiere: Bei Kleinkindern in der Familie überhaupt nicht halten, im übrigen zu enge Kontakte meiden. Von Schlafzimmern fernhalten. Vorsicht: Teppiche, Teppichböden! Katzenhaare lösen häufig allergische Erscheinungen aus.

Heizlüfter: Auf Hocker oder wenigstens Schemel stellen, weil dann kein bzw. weniger Staub samt Milbenkot, Viren, Hefen etc. vom Boden aufgewirbelt wird. Nach längerer Pause das Gerät vor der ersten Benutzung im Freien kräftig durchpusten. Dann entsteht kaum Verbrennungsgeruch.

Heizungsluft, zu trockene: Wasserverdunster aufstellen und diese jede Woche reinigen.

Insekten (Fliegen): Fliegenfänger unschlagbar häßlich, aber ebenso unschädlich, umweltfreundlich und billig. (Bei Betrachtung als Nostalgieutensil aus der guten alten Zeit optisch leichter zu tolerieren.)

Kämme: Öfter in Seifenwasser legen und mit Handbürste reinigen.

Käse, verschimmelter: Besser nicht abkratzen, sondern zum Abfall geben.

Krankenzimmer: Topfpflanzen entfernen, weil Sporen und andere Erdmikroben das Immunsystem des Patienten belasten können.

Küchenkräuter, Salate: Besonders gründlich waschen, weil Vogelkot gefährliche Colibakterienstämme enthalten kann. Durchfälle vor allem bei Kleinkindern sind die geringste Folge, blutige Durchfälle und Nierenversagen etc. die schlimmste. Diese schwer verlaufenden Darmerkrankungen werden durch EHEC-Bakterien hervorgerufen, eine besonders heimtückische Coli-Variante in Taubenkot (und evtl. Rohmilch). Vorgemischte Salate in Klarsichtfolie können zeit- und temperaturabhängig hoch keimbelastet sein.

Mikrowelle: Tötet beim Aufwärmen von Speisen nicht alle Keime.

Mineralwasser: Kohlensäurehaltige sind keimärmer als stille Wässer.

Motten: Steinklee* siehe Fußnote am Kapitelende.

Nudeln, feucht gewordene: In den Biomüll werfen.

Obst, angefaultes: Nicht ausschneiden, da gesund aussehende Teile auch bereits infiziert sind (was man bei Äpfeln besonders leicht schmeckt). Gesamte Frucht wegwerfen.

Offene Gefäße außerhalb des Küchenschrankes (Krüge, Tassen, Töpfe) umdrehen.

Regenwasser: Enthält praktisch immer Vogelkot und damit Durchfall auslösende Bakterien. Daher Kinder nicht in Regenwasser plantschen lassen und damit im Garten nur Pflanzen gießen, die nicht roh verzehrt werden. Auch selbstgemischte *Scheibenwaschmittel* nicht mit Regenwasser herstellen. (Vorschlag: ein Liter Brennspiritus, vier Liter entmineralisiertes Wasser, ein Teelöffel Spülmittel wie Pril.)

Schneidbrettchen aus Holz: Verbrennen und durch solche aus Hartkunststoff ersetzen.

Spüllappen: Nach jedem Gebrauch heiß auswaschen und trocknen; wöchentlich einmal auskochen oder in der Spülmaschine zusammen mit dem Geschirr reinigen.

Staubsauger: Ältere Modelle ohne moderne Filterbehälter sofort zum Sperrmüll geben; nach jedem Saugen Zimmer lüften (Durchzug).

Teppiche, Teppichböden: Bei Neigung zu Allergie etc. durch Parkett, Linoleum oder Fliesen ersetzen (kein PVC).

Tiefkühlkost: An- oder aufgetaute (besonders Fleisch, Wurst, Fisch) nicht erneut tieffrieren, sondern rasch verbrauchen.

Topfpflanzen: Bei Allergie oder verminderter Abwehrkraft gegen naturgetreue Kunstblumen austauschen. Ficus Benjamini verursacht häufig Allergien!

Wasserfilter: Wegen Verkeimungsgefahr regelmäßig austauschen und Wasser abkochen.

WC-Bürste: Peinlich sauber halten und Bürstenkopf nicht in einer Wasserlache, sondern frei hängend bereitstellen.

Zahnbürsten: Öfter erneuern; keine Naturborsten verwenden (werden im Ausland noch angeboten).

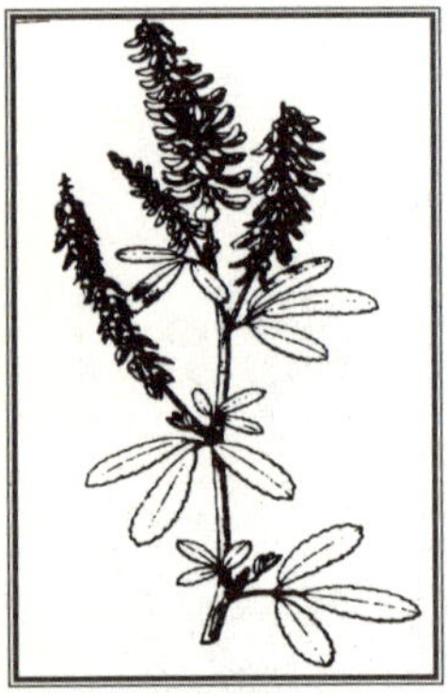

Steinklee

*Massenhaft blüht der **Gelbe Steinklee** im Sommer an trockenen Wegrändern. Binnen kurzer Zeit können Sie einen großen Strauß sammeln und schon bald beginnt das welkende Kraut nach Heu zu duften. „Cumarin" heißt der auch in getrocknetem Waldmeister wahrnehmbare Aromastoff. **Motten** mögen ihn nicht. Deshalb kann der Kleiderschrank mit einem nicht zu kleinen Säckchen voll Steinklee mottenfrei gehalten werden. Das im Schatten getrocknete Kraut wird mit den Händen mehrfach gebrochen und in Nessel-, Baumwoll- oder Leinensäckchen (kein Kunststoff) gestopft. Jährliche Erneuerung ist nötig.

Die Vorteile des Steinkleesackes:
- ❑ Die Einstandskosten sind praktisch gleich Null.
- ❑ Der Geruch ist – im Gegensatz zu dem von Mottenkugeln – zumindest nicht unsympathisch.
- ❑ Gesundheitliche Bedenken bestehen im Vergleich zu neueren chemischen Mottenmitteln nicht.

Immunsystem: Was ihm schadet, was ihm nützt

Das bei uns eingebürgerte englische Wort „stress" bedeutet Bedrängung und übermäßige Spannung. Genau genommen ist damit eigentlich *Dys*streß gemeint, denn maßvolle, wechselnde Anspannungen sind gesund.

Starke körperliche und seelische (Dauer-)Belastungen sind der Hauptfeind des Immunsystems. Hierzu zählen unter anderem: Ernährungsfehler, Umweltgifte, UV-Strahlung und Strahlentherapie, langwierige Entzündungen, Verbrennungen, bestimmte Medikamente (z. B. Kortison), Krebs, Diabetes, AIDS, Operationen, übertriebener Sport, Mobbing, Ärger, Leistungsdruck etc. Auch in der frühen Kindheit, der Pubertät, den Wechseljahren und im fortgeschrittenen Alter sind die körpereigenen Abwehrkräfte beeinträchtigt.

Schutz und Stärkung des Immunsystems

Wichtig ist, daß auf den Körper nicht mehrere Streßfaktoren (=Stressoren) gleichzeitig einwirken. Selbst wenn Sie Notarzt, Krankenschwester oder Schichtarbeiter etc. sind, sollte die Vermeidung wenigstens *eines* der Immunfeinde gelingen (z. B. Verzicht auf Nikotin, Kaffee, Alkohol).

Biologische Immunstimulanzien

In Deutschland gibt es eine ganze Reihe Immuntherapeutika auf Naturstoffbasis. Bekannte Fertigarzneimittel sind unter anderem Esberitox, Lymphozil, Broncho-Vaxom, toxi-loges und **Echinacin**. Letzteres ist ein Preßsaft aus dem Kraut des Purpursonnenhutes. Er ist therapieunterstützend bei wiederkehrenden Atem- und Harnwegsinfekten sowohl zur Stoßbehandlung als auch zur befristeten längeren Anwendung vorgesehen.

Purpursonnenhut, das schöne, preiswerte Immunmittel aus dem Garten

Purpursonnenhut

Die stattliche Pflanze ist verwandt mit der Margerite. Statt deren bekannten weißen Zungenblüten trägt die aus den USA kommende Indianerarznei purpurfarbene (Name). Das auch in unserem Klima gut gedeihende Gewächs ist nicht nur ein Blickfang, sondern auch eine ergiebige und – bei vorhandenem Garten – praktisch kostenlose Arzneipflanze: In der Hochblüte knapp über der Erde abschneiden, mit Kaltwasser kurz reinigen, ausschleudern und an luftigem, schattigem Platz trocknen. Nach Abstreifen der Blätter samt Büten alles (ohne Stengel) auf ca. Erbsengröße zerkleinern. Einen gehäuften Teelöffel voll in einer großen Tasse fast randvoll überbrühen und nach zehn Minuten sowie Umrühren abseihen. Bis zu sechs Wochen lang dreimal täglich eine Tasse trinken, im Herbst auch vorbeugend.

Sonnenhut ist wie Kamille und Arnika ein Korbblütler, gegen deren Inhaltsstoffe vereinzelt Überempfindlichkeitsreaktionen auftreten können.

Schlußbemerkung: Den besten Schutz des Immunsystems gewährt ein möglichst naturgemäßes Leben. Leider können wir nicht alle Schäfer werden. Aber es gibt eine bewährte Alternative: die Kneippkur. Sie härtet ab gegen die alltägliche Hektik (siehe auch Kapitel „Kreislauftraining mit Wasser").

Isländisches „Moos" ist eine *Flechte*!

Weltruhm erwarb sich der schwedische Naturforscher Carl von Linné (1707–1778) durch die wissenschaftliche Benennung und Einordnung tausender von Tieren und Pflanzen.

Beim Isländischen Moos irrte er allerdings, weil botanisch hier kein Moos, sondern eine Flechte (enger Verbund zwischen Alge und Pilz) vorliegt. Nach Klarstellung dieses Sachverhaltes darf betont werden, daß dieses unscheinbar graue Gewächs reich an Pflanzenschleim und Bitterstoffen ist. Wegen der einhüllenden Schleimwirkung wird die Flechte bei Rachenentzündung und Reizhusten gebraucht (z. B. Isla-Moos-Pastillen). Sie eignet sich im Verbund mit aromatischen Bitterstoffen außerdem zur Behandlung von Magenkrankheiten und Appetitmangel.

Jojobaöl – die medizinische Naturkosmetik

Was ist Jojoba?

Ein immergrüner Strauch mit über drei Meter tief reichenden Pfahlwurzeln. Mit diesen entzieht die Wüstenpflanze – Heimat Nordmexiko – dem ausgedörrten Boden geringste Feuchtigkeitsreste.

Jojoba und Pottwal: Was haben die miteinander gemeinsam?

Der Pottwal enthält in seinen großen Schädelhöhlen den in der Kosmetik sehr geschätzten Walrat. Weil der mächtige Meeressäuger vom Aussterben bedroht ist, mußte ein möglichst gleichwertiger Austauschstoff gesucht werden. Der Jojobastrauch liefert ihn.

Jojobaöl ist eigentlich ein Wachs

Was der Pottwal im Kopf hat, das besitzt ähnlich die Jojobanuß im Samen: Ein im Pflanzenreich einmaliges ölartiges Wachs, das unter plus zehn Grad Celsius erstarrt und bei höherer Temperatur beliebig oft unbeschadet wieder flüssig wird.

Naturstoff ohne Fehl und Tadel

Nach Entfernung der Schalen müssen die grob zerkleinerten Samen lediglich ausgepreßt werden. Es folgt eine einfache Filtration und schon hat man das gebrauchsfertige Jojobaöl.

Ohne Fettfilm dringt es in die Haut ein, macht sie samtweich und elastisch. Das Öl glättet Hautfalten und ist dank guter Verträglichkeit ideal geeignet für die tägliche Körperpflege. Bei stark beanspruchter, rauher, trockener und spröder Haut ist es vorbehaltlos zu empfehlen.

Weitere angenehme Eigenschaften: praktisch geruchlos, Abbau auf biologischem Wege, keine Konservierung nötig, keine Neigung zum Ranzigwerden, Haltbarkeit über Jahre.

Neben der Spitzenqualität aus Kaltpressung ist auch geringerwertiges Jojobaöl, erkennbar am deutlichen Eigengeruch, auf dem Markt. Es wird durch Extraktion der Preßrückstände mit Leichtbenzin gewonnen, welches anschließend durch Destillation wieder entfernt wird.

Kamillengrus ist k e i n Abfall

Die allgemein bekannten Kamillenblüten sind – genau genommen – gar keine **Einzel**blüten, sondern botanisch korrekt Blüten**stände**. Beim genaueren Hinsehen sind innen Dutzende eigenständiger sogenannter Röhrenblüten sichtbar.

Dieser Kleinblütenverbund ist gar nicht so festgefügt, was sich in Kamillentüten durch mehr oder weniger reichlich Bodensatz* (Grus) bemerkbar macht. Das ist also kein Abfall. Der Grus besteht nämlich fast ausschließlich aus zerbröselten Blütenköpfchen.

Man benötigt lediglich ein feines Sieb, um die gehaltvollen Kleinteile nach dem zehnminütigen Aufguß vom fertigen Tee abzutrennen.

* Auch aus mehreren Komponenten bestehende Kräutertees neigen mitunter zur Entmischung, besonders im Anbruch. Abhilfe: Packung halb umdrehen und mit Gefühl leicht schütteln.

Kamillentee wirksamer zubereiten

Aus guten Gründen werden Kamillenblüten bei recht unterschiedlichen Heilanzeigen wie Magenbeschwerden, Entzündungen, Erkältungen etc. eingesetzt. Der hierbei fast immer gewählte Siedendwasseraufguß hat einen großen Nachteil: Wichtige Kamillenwirkstoffe sind in Wasser kaum, in organischen Lösungsmitteln (z. B. Weingeist) dagegen gut löslich. Das ätherische Kamillenöl zählt leider dazu.

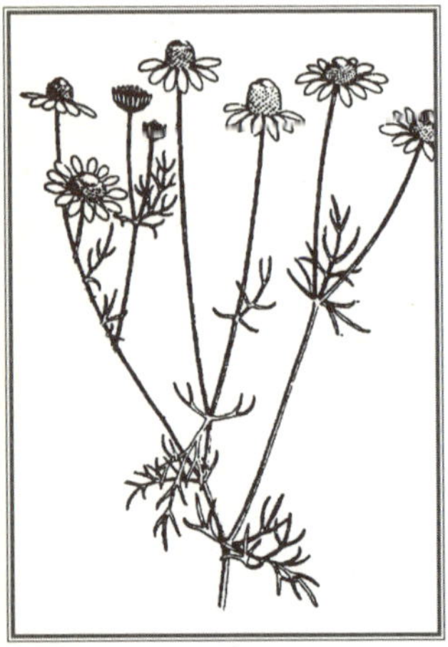
Kamille

Mit möglichst konzentriertem Weingeist kann man es aus den Blüten herauslösen, auch ohne Fachkenntnisse: Geben Sie einfach 50 Gramm Kamillenblüten zu 500 ml mindestens 40%igem Kornschnaps. Bei Raumtemperatur unter täglichem Umschütteln eine Woche beiseite stellen. Dann durch ein frisches Taschentuch abgießen und die Blüten darin kräftig auspressen. Ein später sich bildender Bodensatz und/oder eine leichte Trübung sind ohne Belang.

Von dieser selbst bereiteten Kamillentinktur mischen Sie nun 30 Tropfen zum **trinkbereit ausgekühlten (!)** Kamillentee. Nun haben Sie in etwa das **komplette Wirkstoffspektrum** dieser vorzüglichen Heilpflanze in der Tasse – und schmecken das auch.

Mit industriell gefertigten alkoholischen Kamillenauszügen wie Kamillosan erzielen Sie ein noch wirksameres Getränk, aber zu einem höheren Preis.

Knoblauch: Gewürz und anerkannte Arznei

Der hohe Bekanntheitsgrad des Knoblauchs gestattet es, ohne Umschweife seine arzneilichen Einsatzbereiche aufzuzählen. Bewiesen sind folgende Wirkungen:

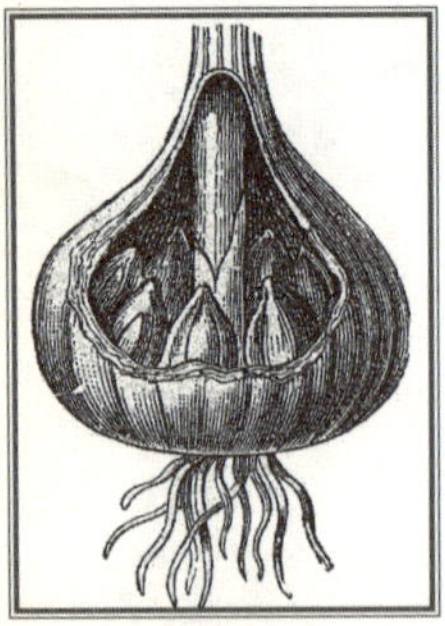
Knoblauch

- ❑ Blutfett- und Cholesterinsenkung
- ❑ Hemmung der Blutplättchenverklumpung
- ❑ antibakterielle Potenz
- ❑ Verlängerung der Blutgerinnungszeit
- ❑ Auflösung von Blutgerinnseln (Fibrinolyse)
- ❑ Blutdrucksenkung
- ❑ Minderung der Blutplasmaviskosität
- ❑ Wirkung gegen Fuß- und Hautpilz

Knoblauchzehe kontra Fußpilzzehe

Die letztgenannte Heilanzeige dürfte trotz ihrer guten Wirksamkeit noch weitgehend unbekannt sein. Deshalb und weil man hier auf den Saft der frischen Teilzwiebeln (=Zehen) angewiesen ist, nachstehend ein paar praktische Hinweise: Nach Entfernung der silbrigen Hüllen (siehe Abbildung) werden einige Zehen z. B. in der Knoblauchpresse zu Mus zerquetscht. Es wird dann in ein feuchtes Läppchen gegeben und der Saft in ein verschließbares Gläschen gepreßt (kalt aufbewahren). Mittels Wattestäbchen werden zwei Wochen lang morgens und abends ein paar Tropfen in die pilzbefallene Stelle eingerieben. Die kleinflächige Anwendung in Verbindung mit altem, dichtem Schuhwerk belästigt die Geruchsnerven nicht unzumutbar. Nach 14 Tagen ist der Pilz meist besiegt – praktisch gratis*.

Auch bei den anderen sieben Einsatzgebieten wäre fein gehackter frischer Knoblauch ideal, stünde dem nicht sein störender, über Lunge und Haut abgegebener Geruch entgegen. Da hier auch kein (immer wieder empfohlener) Rotweingenuß und/oder Petersilienkauen helfen, führt kein Weg vorbei an geruchsreduzierten Präparaten der Pharmaindustrie.

Dem Knoblauch ähnlich wirkt und riecht der verwandte **Bärlauch**. Er wächst oft massenhaft wild in unseren Mischwäldern.

---

* Clotrimazol, die wohl bekannteste synthetische Substanz gegen Fußpilz, wird rezeptfrei unter verschiedenen Namen angeboten. Fragen nach preisgünstigen Mitteln lohnt!

Kopfschmerzen mit Pfefferminzöl behandeln

Das geht und zwar wie folgt: Sie benötigen zunächst 45 Gramm Weingeist (90%) und fünf Gramm reines Pfefferminzöl. Wenn Sie beides durch kräftiges Schütteln im eigenen Fläschchen selbst mischen, sparen Sie Geld.

Die fertige 10%ige Lösung wird auf Nacken, Stirn und Schläfen aufgetragen. Dabei darf man nicht zu nahe an die Augen kommen, weil das verdunstende Ätherischöl Schleimhäute reizt. Nach 15 und 30 Minuten muß die Einreibung wiederholt werden. Die Wirksamkeit dieser für Kinder nicht geeigneten Maßnahme ist bei „normalen" (Spannungs-)Kopfschmerzen, nicht jedoch bei Migräne, wissenschaftlich bewiesen. Das äußerlich angewendete Pfefferminzöl verstärkt darüber hinaus zusätzlich eingenommenes Paracetamol. Mit einem **Mentholstift** (früher unzutreffend „Migränestift" genannt) können ähnliche Wirkungen erwartet werden. Ob das Menthol solcher Stifte synthetischen oder natürlichen Ursprungs (Pfefferminzöl) ist, spielt keine Rolle, denn selbst das Europäische Arzneibuch billigt beiden Sorten Gleichwertigkeit zu, sofern die vorgeschriebenen strengen Qualitätsanforderungen erfüllt sind.

Bewährtes Hausmittel bei Kopfschmerzen: Eisbeutel auf Stirn und Nacken legen. Dünnes Tuch dazwischen.

Kopfschmerzmittel (Mißbrauch)

können bei mißbräuchlicher Langzeitanwendung ihrerseits Kopfschmerzen verursachen. Coffein in zusammengesetzten Präparaten (z. B. mit Paracetamol, Acetylsalicylsäure) erhöht die Gefahr, von dem Mittel abhängig zu werden.

Ohne ärztliche Hilfe werden Abhängige ihr Problem meist nicht los. Der Gedanke an Magen-, Nieren- und Leberschäden etc. sollte den baldigen mehr oder weniger freiwilligen Arztbesuch erleichtern – bevor er später oder gar zu spät von den Beschwerden erzwungen wird.

Krampfadern* – Flugreise – *Thrombose*: durch Aspirin vermeidbar!

Im Beipackzettel von Aspirin und den ASS-Generika werden Sie vergeblich nach der Heilanzeige „Thrombosevorbeugung bei Flugreisen" suchen.

Damit diese fast nur den Ärzten bekannte Vorbeugungsmaßnahme kein „Geheimtip" bleibt, nachstehend das für Sie Wissenswerte:

Die Luft im Flugzeug ist „hochalpin".

Krampfadergeplagte Luftreisende sollten daran denken, daß Düsenjets ca. 10000 Meter hoch in sehr dünner Atmosphäre fliegen. Kompressoren sorgen im Flugzeuginneren zwar für dichtere Luft, aber bei weitem nicht für den gewohnt hohen Luftdruck auf der Erde. Auf etwa 3000 Meter über dem Meeresspiegel ist der Kabinendruck eingestellt: hochalpine Verhältnisse.

Unter diesen Bedingungen kann es wegen Störungen der Blutzirkulation durch langes Sitzen, mangelnde Betätigung der Muskelpumpe und Austrocknung des Körpers durch die trockene Kabinenluft (deshalb viel Alkoholfreies trinken!) gegen Ende eines längeren Fluges oder beim Aussteigen zur Thrombose (Blutpfropfbildung) kommen. Schlimmere Folgen hieraus: Thromboembolie (Gefäßverschluß durch Blutpfropf) oder Gehirnschlag und Herzinfarkt. Das sind zwar seltene Ereignisse. Unter den medizinischen Notfällen im Flugzeug zählen sie allerdings zu den häufigsten („economy class syndrom"). Aber wen es „erwischt", der ärgert sich zumindest, vor Flugbeginn mangels Kenntnis keine Aspirin-Tablette eingenommen zu haben (wenn er noch Zeit zum Ärgern hat).

Aspirin mindert „Klebkraft" der Blutplättchen

Was Aspirin kann, das können im Prinzip auch die ASS-Generika. Trotzdem ist das bereits Ende des 19. Jahrhunderts bei Bayer-Leverkusen erfundene Original erste Wahl, weil

- ❑ dieses weltweit bekannte Arzneimittel praktisch überall gekauft werden kann und weil
- ❑ bisher kein qualitativ überlegener ASS-Nachahmer bekannt ist.

„Aspirin Turbo" heißt eigentlich „Aspirin Direkt"

Für Flugreisende noch einfacher ist allerdings die Mitnahme einer (noch nicht überall erhältlichen) Packung „Aspirin Direkt", das der Volksmund „Aspirin Turbo" getauft hat.

Vorteile:

- ❑ Zur Anwendung ist kein Wasser nötig, da die Tabletten gekaut werden.
- ❑ In heißen Ländern werden Durchfall oder Gelbsucht infolge Trinkens hygienisch bedenklicher Flüssigkeiten vermieden.
- ❑ Besonders gute Verträglichkeit durch magenschonende Abstumpfung (Pufferung) des sauren Wirkstoffes **A**cetyl**S**alicyl**S**äure (ASS).

Wann und wieviel einnehmen?

Außer bei kurzen Inlandsflügen sollten Passagiere mit Krampfadern vor dem Start eine Tablette zu 500 Milligramm kauen. Dadurch werden die für Blutgerinnsel verantwortlichen Blutplättchen (Thrombozyten) zu über 90% inaktiviert und zwar unumkehrbar für deren Lebensdauer von fünf bis acht Tagen. Da der Körper täglich ca. 15% aktive Blutplättchen neu bildet, müßte vor einem länger als drei Tage später erfolgenden Rückflug wieder eine Tablette genommen werden. Weitere Tabletten vor und nach dem Flug bringen nichts.

Nur zwei Tabletten für die Sicherheit

Urlauber müssen also für ihre gesamte Reise nur zwei Tabletten vorsehen und beugen damit obendrein auch noch Kopfschmerzen vor, die infolge der dünnen Luft sowie der ungewohnten Lebensumstände an Bord öfter auftreten.

Deshalb nehmen schon seit langem „Insider", zu denen auch Jüngere ohne Krampfadern und Raucher bzw. Angehörige „stehender Berufe" zählen, vorbeugend stets eine Tablette ein. Schließlich kann eine Thrombose auch unabhängig von *sichtbaren* Krampfadern entstehen. Zusätzlich empfehlenswert sind häufige Wadenübungen (Wippen mit den Füßen unter Anspannung der Wadenmuskeln).**

Bescheid wissen – und gelassen bleiben

Als junger gesunder Mensch sollten Sie diese Ausführungen nicht überbewerten, sondern lediglich im Langzeitgedächtnis „parken". Für später. Und nun: Guten Flug!

---

* Die Bezeichnung Krampfader ist ein sinnverfälschender „Krampf", weil der Begriff von *Krummader* herrührt.

** Dieses Zehenspitzenwippen sei generell allen „stehenden Berufen" angeraten.
Zusätzlich hilfreich:

- abends und ggf. in der Mittagspause Beine hochlegen und durch Fußkreisen die Wadenmuskeln mehrmals anspannen,
- Schwimmen, Radfahren, Treppen- und Bergsteigen, Wechselfußbäder (siehe Seite 85)
- wer starke Krampfadern hat, soll Sauna und heiße Bäder meiden,
- bei Härtegefühl mit Hautrötung oder empfindlich schmerzender Schwellung sofort zum Arzt.

Rezeptfreie Venenmittel aus der Apotheke: Hepathrombin, Reparil, Thrombaredukt, Venalitan, Venoruton, Vetren etc.
Spartip: Tee aus (freiverkäuflichem) **Buchweizenkraut**. Zwei gehäufte Teelöffel je Tasse, dreimal täglich.

Kreislaufschwäche unterwegs: Ein Trick hilft!

Vor allem die vielen Menschen mit niederem Blutdruck (Hypotonie) haben nicht selten in den unpassendsten Situationen mit Kreislaufschwäche und/oder Schwindelgefühl zu kämpfen. Im allgemeinen ist das zwar nicht gefährlich, aber zumindest peinlich, zumal sofortiges Handeln nötig ist.

Am schnellsten und einigermaßen unauffällig beseitigt die „Blutleere" im Kopf, wer rasch in die Hocke (nicht in die Knie) geht und seine vermeintlich gelockerten Schnürsenkel bindet oder sonst etwas an den Schuhen bzw. Socken „in Ordnung bringt".

In dieser Körperhaltung ist der nach vorn geneigte Kopf nur wenig höher als das Herz und damit besser mit Blut zu versorgen. Außerdem wird aus den zusammengedrückten Oberschenkeln binnen Sekunden Blut herzwärts gepreßt.

Beim langsamen (!) Aufstehen und danach mehrmals tief einatmen.

Rezeptfreies, rasch wirkendes Mittel bei Kreislaufschwäche: Effortil Tropfen

Kreislauftraining mit Wasser: Wechselfußbäder

In einem Buch mit dem Leitthema preiswerte Selbstbehandlung darf die kostengünstige, auch zu Hause ausführbare Kneipp-Therapie nicht fehlen.

Bevor die ebenso einfache wie wirksame Technik des Wechselfußbades nach Kneipp dargelegt wird, zunächst ein paar Worte Theorie:

Grundlagen der Wassertherapie

- ❑ Wasser entsprechender Temperatur ist ein idealer Überträger von Kälte- und Wärmereizen.
- ❑ Nur ein gut warmer Körper kann auf Kaltwasserreize erwartungsgemäß reagieren.
- ❑ Die Reize wirken nicht nur auf und in der Haut, sondern auch im Körperinneren.
- ❑ Durch Wassereinwirkung auf bestimmte Hautbezirke können mittels der entsprechenden Nervenbahnen „Fernwirkungen" an bestimmten inneren Organen erzielt werden.
- ❑ Zwecks optimaler Effekte und Fehlervermeidung ist sachkundige Einweisung empfehlenswert.

Ausführung des Wechselfußbades

Genau genommen handelt es sich hier eher um ein Unterschenkelbad, da das Wasser bis über die Mitte der Waden reichen soll.

Als einzige Anschaffung werden zwei große Plastikeimer* benötigt, in die man beide Füße bequem hineinstellen kann. Der eine Eimer wird ausreichend mit Kaltwasser (ca. 12 Grad C), der andere mit Warmwasser (ca. 38 Grad C) gefüllt. Beide Beine werden zunächst mindestens drei Minuten lang in das Warmwasser getaucht, dann nur zehn bis fünfzehn Sekunden ins kalte. Die Prozedur wird ein weiteres Mal wiederholt, also mit dem zweiten kurzen Kaltbad beendet. Beine nicht abtrocknen, sondern Wasser lediglich abstreifen und ein paar Minuten umhergehen. Die Wechselbäder sollen *zwischen* den Mahlzeiten genommen werden.

*Malermeister oder Tankwart schenkt Ihnen vielleicht zwei geeignete leere Behälter, die nur noch gereinigt werden müssen.

Ganzheitliche Behandlungsmethode

Das Kneipp Wechselfußbad ist nur *ein* Beispiel unter vielen anderen Möglichkeiten der Kneipp-Therapie.

Sie ist eine ganzheitliche, die Aktivität des Patienten mit einbeziehende Behandlungsweise, bestehend aus

Wasser- **Heilpflanzen-** **Bewegungs-** **Ernährungs-** und **Ordnungs-**

THERAPIE.

Leukoplast, Hansaplast etc. schmerzfrei entfernen

Wundschnellverbände (Pflaster) vor allem von behaarten Hautstellen zu entfernen, gelingt praktisch schmerzfrei nur, wenn das Pflaster mit einem beherzten Ruck heruntergerissen wird. Was auf den ersten Blick brutal wirkt, ist in Wirklichkeit viel humaner als langsames Herunterziehen.

Lippenbläschen: Schach durch Aciclovir

Sollten Sie als Erwachsener noch nie an Lippenherpes gelitten haben, dann zählen Sie zu einer 15%igen Minderheit. Die 85%-Mehrheit trägt seit der Erstinfektion in der frühen Kindheit lebenslang das Herpes-simplex-Virus, Auslöser der Lippenbläschen, meist unauffällig mit sich herum. Und zwar in nahe am Ohr gelegenen Nervenknoten (Ganglion des fünften Hirnnervs, bekannter als Trigeminusnerv). Die extrem kleinen, selbst nicht lebensfähigen Eiweißkörperchen werden hier vom Immunsystem an der Ausbreitung gehindert. Bis dieses durch übermäßigen Streß, UV-reiches Sonnenlicht (Meer, Gebirge), Krankheit, Menstruation etc. geschwächt wird. Nun wandern die Viren entlang der Nervenbahnen in Richtung Lippen, den frühkindlichen Infektionsstellen. Ihre Ankunft tut sich kund durch Kribbeln, Hautspannung und Brennen – höchste Zeit für die sofortige Anwendung eines potenten Arzneimittels. Vor allen anderen Wirkstoffen hat sich die Substanz Aciclovir bewährt. Fertigarzneimittel: Zovirax, Aciclostad, Acerpes etc., in kleinen 2g-Tübchen rezeptfrei erhältlich. Wer häufiger mit Lippenbläschen zu kämpfen hat, sollte solch einen Tubenwinzling stets mit sich führen, denn Geschwindigkeit ist auch hier keine Hexerei. Obwohl die des öfteren gelingende völlige Unterbindung der Bläschenentwicklung an Zauberei denken läßt. Aber selbst bei Bläschenbildung kann der Krankheitsverlauf durch täglich **fünf**malige Anwendung auf nur drei bis vier Tage verkürzt werden. Für Schwangere besteht übrigens keine Beschränkung.

Millionen Viren in den Bläschen

Die dünnhäutigen Bläschen („blühender" Herpes) enthalten Millionen hochinfektiöse Viren. Die trübe Flüssigkeit darf durch juckreizbedingtes Kratzen deshalb keinesfalls austreten. Vor und nach jeder Salbenanwendung sind die Hände sorgfältig zu waschen. Noch besser ist zu Hause die Verwendung von Wattestäbchen. Da auch die Augen infiziert werden können, sind diese beim Waschen des Gesichts vorab und dann erst die Lippen durch vorsichtiges Tupfen abzutrocknen. Ein Stück Küchenpapier oder Zellstofftaschentücher sind bei Fehlen von Einmalhandtüchern von Vorteil. Nur noch bei schweren Verlaufsformen, erkennbar an großflächiger Bläschenentwicklung über den Lippenbereich hinaus, muß der Arzt aufgesucht werden.

Lungenentzündung beim Duschen: Legionellen

Energie ist teuer und deshalb die Versuchung groß, Duschboiler (und andere Warmwasserbehälter) auf nur 50 Grad einzustellen. Bei dieser Temperatur bleiben Legionellen, die Erreger der Legionärskrankheit, aber noch lebensfähig und können vor allem beim Duschen als Spray leicht eingeatmet werden. Folge: Schwere Lungenentzündung in jährlich ca. 7000 Fällen allein in Deutschland. Da mit etwa 15% Todesfällen zu rechnen ist, werden Boilertemperaturen von mindestens 60 Grad dringend empfohlen. Bei dieser Temperatur wird es den Mikroorganismen unerträglich heiß und die Dusche nicht zum Gesundheitsrisiko. Kaltwasser bietet den Legionellen keine guten Lebensbedingungen und ist daher genauso unbedenklich wie 60 Grad heißes Duschwasser und unmittelbar bei Bedarf bereitete körpergerechte Mischungen aus beiden.

Magenbeschwerden: Rhöner Walnuß-Schnaps

Den als Hausmittel seit Generationen in der Rhön bereiteten Schnaps gegen Magendrücken und Völlegefühl können auch Sie mit wenigen Zutaten mühelos selbst herstellen. Benötigt werden lediglich zwei ungefärbte Literflaschen mit Verschluß, ein Trichter, knapp ein Liter Kornschnaps oder Obstler, 12 zur Sonnwendzeit (Ende Juni) geerntete grüne Walnüsse, 200 Gramm Zucker und drei Monate Geduld. (In der Rhön zwar nicht üblich, aber trotzdem sinnvoll ist zusätzlich eine halbe Stange Zimt.)

Die gewaschenen, halbreifen Walnüsse werden geviertelt und zusammen mit dem Zucker in eine der beiden Flaschen gegeben. Nach Aufgießen des Schnapses (und Zugabe des Zimtes) wird die verschlossene Flasche für drei Monate unter gelegentlichem leichtem Umschütteln an die Sonne gestellt. Dann wird durch ein in den Trichter gelegtes frisches Taschentuch in die zweite Flasche abgegossen. Leichte Nachtrübung oder Bodensatz sind ohne Belang.

Dosierung und Anwendung: 1–2 Teelöffel voll mit der doppelten Menge Wasser verdünnt einnehmen. Das Magenmittel ist jahrelang haltbar.

Bei Magenbeschwerden bewährte Heilpflanzen siehe Seite 22
Rezeptfreie Mittel aus der Apotheke: Carvomin, Iberogast, Nervogastrol etc.

Magenschwäche, Appetitmangel: Pepsinwein hilft

Wegen zweier seiner Bestandteile, nämlich des eiweißverdauenden Magenenzyms Pepsin und der mit Magensäure identischen Salzsäure (0,3%), müßte Pepsinwein eigentlich unangenehm schmecken. Tut er aber nicht, weil beide Komponenten gemäß Arzneibuchvorschrift eingebettet sind in viel süßen Wein, dazu Zuckersirup, wenig Glyzerin und einen „Schuß" bitter-aromatischer Pomeranzentinktur (Pomeranzen=Bitterorangen).

Den unterschiedlichen Heilanzeigen entsprechend gelten verschiedene

Gebrauchsanweisungen:

Magenschwäche, Verdauungsstörungen, Völlegefühl: Ein Likörglas (20 ml) voll **nach** jeder Hauptmahlzeit einnehmen.

Appetitlosigkeit, Rekonvaleszenz*: Die gleiche Menge etwa 15 Minuten **vor** dem Essen trinken.

Hinweis für Diabetiker: 20 ml entsprechen rund 0,15 Broteinheiten.

Wegen des Alkoholgehalts bis zu 16 Volumenprozent sollten Alkohol- und Leberkranke, Epileptiker, Kinder und Schwangere auf den Wein verzichten.

Wer nicht zu diesen Gruppen zählt, kann mit Pepsinwein ein bereits seit Kaisers Zeiten bestens bewährtes Heilmittel nutzen, das auch bei und vor allem nach kraftzehrenden Krankheiten sinnvoll ist.

Pepsinwein kann nicht billig sein. Er ist aber preiswert, wenn man vergleicht mit bekannten, wirkungsmäßig nicht ebenbürtigen Magenlikören.

Angebrochene Flaschen sollen kühl und verschlossen gelagert und ohne längere Unterbrechung aufgebraucht werden.

---

* Spartip: Jeweils knapp ein Eßlöffel voll **Apfelessig und Honig**, in einem Glas Wasser verrührt vor dem Essen getrunken, wirkt ähnlich, wenn auch etwas milder.
Vorteile: Das Getränk ist alkoholfrei, es spendet rasch verwertbaren Trauben- sowie Fruchtzucker und regt den Darm an. (Dem vorzüglichen Lebensmittel Apfel (=Obst)essig darüber hinaus zugeschriebene Heilwirkungen werden teilweise als „kühn" angesehen.)

Magnesiummangel? Dann fehlt oft auch Kalium

Magnesium und Kalium sind mit die wichtigsten metallischen Elektrolyte* im Blut. Oft muß der Arzt Mindergehalte an *beiden* Elementen feststellen. Sofern die Fehlmengen groß sind, hilft zunächst nur die Verordnung eines Medikaments.** Bei weniger ausgeprägtem Magnesium- und Kaliummangel müßten Sie entweder die Ernährung auf mehr pflanzliche Kost umstellen oder jedenfalls regelmäßig entsprechende Nahrungsergänzungsmittel einnehmen.

Vier Gründe könnten Ihnen die Änderung des Speiseplans schmackhaft machen:

1. Die Freude am Essen wird nicht beeinträchtigt, besonders wenn etwas herzhafter gewürzt wird.
2. Pflanzliche Nahrung ist deutlich billiger als tierische.
3. Die Kost wird automatisch mit den häufig ebenfalls zu geringen Ballaststoffen angereichert.
4. Darmträgheit und ernsteren (Darm-)Krankheiten wird vorgebeugt.

Im Kapitel „Mineralreiche Pflanzen" finden Sie Übersichten magnesium- und kaliumreicher Nahrungsmittel. Kurztip für Eilige: Hülsenfrüchte (also Bohnen, Linsen, Erbsen) und Spinat enthalten beides reichlich.

---

* Elektrolyte sind Salze, Säuren oder Laugen, die in wässeriger Lösung in Ionen, das heißt beispielsweise positiv geladenes Magnesium und Kalium zerfallen.
** Bekanntes Magnesium-Kalium-Arzneimittel: Tromcardin und das gut doppelt so starke Tromcardin forte (forte lateinisch = stark).

Malaria - Vorbeugung immer wichtiger

Malaria ist mit die häufigste Tropenkrankheit*. In rund 90 heißen und leider auch warmen (!) Ländern kann man sich durch den Stich weiblicher Anophelesmücken infizieren. Die Erkrankung tritt in drei Formen auf, unter denen die Malaria tropica am gefährlichsten ist. Ältere Malariamittel sind heute oft stumpfe Waffen, weil die Erreger infolge Resistenzbildung (Entwicklung von Widerstandsfähigkeit) darauf nicht mehr ansprechen. Auch bei den neueren Präparaten sind bereits Wirkungsabschwächungen zu beklagen. Um so wichtiger ist die Vermeidung der Insektenstiche. Und da kann man einiges tun. Nämlich:

- ❑ Ab Dämmerungsbeginn und nachts besonders vorsichtig sein, denn gerade im Dunkeln saugt die Mücke Blut. Daher ist nach Sonnenuntergang der Aufenthalt in klimatisierten, völlig geschlossenen Räumen anzuraten. In unklimatisierten Zimmern muß stets unter dem Moskitonetz geschlafen werden. Das Netz ist unter die Matratze zu stecken.
- ❑ Helle Kleidung bevorzugen, weil dunkle die Insekten anlockt.
- ❑ Trotz Hitze und Schwüle lange Hosen und langärmelige Hemden etc. tragen.
- ❑ Unbedeckte Hautflächen mit Autan **Pump**spray (umweltfreundlicher als Treibgas-Spray) hinreichend oft einsprühen. Pumpspray ist besser als mit der Hand aufzutragende Flüssigkeit (Lotion), weil die manuelle Verteilung auf der Haut nicht so flächendeckend ist.
- ❑ Sumpfige Gebiete, die Brutstätten der Blutsauger, meiden – besonders nach der Regenzeit.
- ❑ In Gesellschaft achte jeder auf jeden, besonders dessen Nacken.

Überlegen Sie, ob Fernweh, Abenteuer- und Reiselust nicht auch in malariafreien Ländern befriedigt werden können. Wie wäre es beispielsweise mit den USA (samt Hawaii) oder den Bahamas, Bermudas, Chile, Israel, Japan, Jordanien, Kanada, Kuba, Malta, Neuseeland, Puerto Rico, den Seychellen, Taiwan, Tobago, Tunesien, Uruguay oder Zypern? Dort – und in vielen näher gelegenen Ländern mit gemäßigtem Klima – erwarten uns derzeit noch keine Moskitos (ohne Gewähr). Bei weiterer Klimaerwärmung verringert sich wahrscheinlich die Zahl der malariafreien Länder!

---

* Sie fordert jährlich rund zwei Millionen Todesopfer.

Melisse: Würz- und Heilpflanze (fast) kostenlos

Im Garten benötigt die Melisse praktisch keine Pflege und lediglich ein sonniges Plätzchen. Selbst in Blumentöpfen auf dem Südbalkon fühlt sie sich wohl.

So prachtvoll wie Rose oder Narzisse sieht sie zwar nicht aus, aber der beim leichten Reiben der Blättchen freiwerdende zarte Zitronenduft kann mit den beiden schon eher konkurrieren. Nützlicher ist die Melisse allemal und zwar in doppelter Hinsicht:

Würzpflanze

Man zupft von der voll entwickelten Pflanze einfach ein paar frische Blättchen ab und gibt sie nach zarter Reinigung mit Kaltwasser geschnitten zu Joghurt, Müsli, Pudding, Salaten, Kaltschalen und Kräutersoßen. An diese und ähnliche Verwendungen müssen wir Deutschen uns zwar meist noch gewöhnen, aber es lohnt sich.

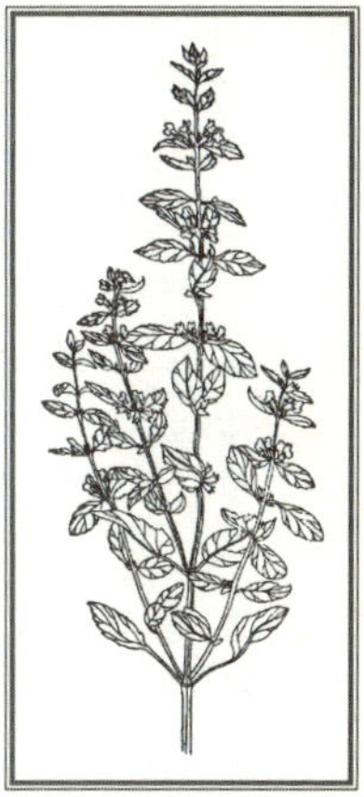

Zitronenmelisse

Heilpflanze

Größer ist ihre Bedeutung im getrockneten Zustand als Heilpflanze. Ohne Schwierigkeiten können Sie sich selbst einen jährlich zu erneuernden kleinen Vorrat schaffen. So wird's gemacht: Pro Pflanze einige Stengel unten abschneiden und nach vorsichtiger Reinigung mit Kaltwasser im Schatten trocknen. Dann Blätter und Blüten ohne unnötige Zerkleinerung* mit der Hand vorsichtig abstreifen und in einem Weithalsglas (Marmelade, Honig) gut verschlossen, kalt und dunkel aufbewahren. Bei Bedarf einen Eßlöffel voll in eine große Tasse geben, mit siedendem Wasser übergießen und bedeckt zehn Minuten ziehenlassen. Nach dem Abseihen haben Sie ein zart bitter–adstringierend schmeckendes und zitronenähnlich duftendes Getränk für alle Tage, das mild beruhigt und auch bei nervösen Magenbeschwerden hilft.

Woher Sie die Pflänzchen bekommen? Im Frühjahr entweder auf dem grünen Markt oder beim Gärtner. Eine einmalige Ausgabe, da sich der Bestand durch Selbstaussaat bzw. Ausläufer erhält.

Für die verwandte **Pfefferminze** (Galle, Magen, Darm) und **Thymian** (Husten) gilt im Prinzip das gleiche, wobei letzterer eine robustere Behandlung bei der Ernte und Trocknung gut verträgt.

Am gehaltreichsten sind diese und alle anderen Ätherischölpflanzen, wenn sie bei Blühbeginn früh morgens geerntet werden.

Melissenblätter gibt es in geprüfter Qualität selbstverständlich auch im Fachhandel. Anmerkung: Melissenextrakt wirkt durch seinen Gerbstoffgehalt gegen Lippenbläschen (Fertigarzneimittel: Lomaherpan).

---

* Da die mikroskopisch kleinen, dünnwandigen Ätherischölbehälter (Drüsenhaare und –schuppen) auf den Blättern sitzen, können sie leicht abgerubbelt werden, was den Duft und die Wirkung mindert.

Melkfett nicht nur für glückliche Kühe

Die Werbebranche läßt uns wissen, daß Kühe im allgemeinen glücklich sind. Zu diesem erfreulichen Gemütszustand trägt ganz sicher die Anwendung von Melkfett bei. Und da die Landwirte rasch merkten, wie gut die manuelle Euterpflege zugleich ihren rauhen Händen tut, fand die vaselinhaltige Salbe auch bei uns Zweibeinern immer mehr Anklang.

Der Einfachheit halber blieb die Bezeichnung „Melkfett" trotz Zweckentfremdung unverändert, obwohl nun die Möglichkeit der „mißbräuchlichen" Anwendung als Busencreme besteht. Schaden würde das zwar wohl nicht, aber für diese zarte weibliche Körperregion ist das ursprünglich veterinärmedizinische Erzeugnis wohl doch etwas zu fett. Nicht zu fett jedoch bei spröder, rissiger und strapazierter Haut zum Beispiel an den Händen. Vor allem, wenn heilende Zusätze enthalten sind.

Melkfett „de luxe"

Die anspruchsvollere Anwendung am Menschen ließ den Forschergeist selbstverständlich nicht ruhen, bis der rustikale Euterbalsam durch sinnvolle Naturstoffzusätze beträchtlich aufgewertet war. Gut komponierte neuere Rezepturen enthalten in einer Vaselin-Pflanzenöl-Grundlage beispielsweise neben Beta-Carotin die Vitamine A und E sowie den Kamillenbestandteil Bisabolol. Eine zusätzliche dezente Duftnote rückt ein solches Melkfett auch geruchlich weit weg vom Stalldunst. Dank moderner Technik kann die wasserfreie Fettsalbe jetzt sogar ohne hautirritierende Konservierung hergestellt werden. Vorsorglich achte man auf einen entsprechenden Hinweis im Packungstext.

Preiswert: ok, billig: lieber nicht

Trotz der aufgezählten Qualitätsverbesserungen wird das optimierte Melkfett nach wie vor in preisgünstigen Plastikdosen ohne sinnlosen Umkarton angeboten. Die großen 250-Milliliter-Gebinde sind besonders wirtschaftlich.

Von ausgesprochen billigen Angeboten sollten Sie allerdings – im wahrsten Sinne des Wortes – die Finger lassen. Die sind weiterhin nur für den Stall. Mit den aufgewerteten Melkfettkompositionen wären die Kühe zwar noch zufriedener, aber die Parfümierung verbietet hier deren Einsatz.

Mikrobenkiller: PVP-Iod und Iod-Tinktur

Sieben Fliegen hat bekanntlich das tapfere Schneiderlein im Märchen auf einen Streich erledigt. Tausendmal mehr schaffen PVP-Iod* und Iod–Tinktur, wenn's um die gleichzeitige Vernichtung von Viren, Bakterien, Pilzen und Einzellern geht, denn diese spezielle (**P**oly-**V**inyl-**P**yrrolidon-)Verbindung des guten alten Iods ist ein „Breitband"-Mikrobengegner. Und das Schöne an diesem Hochleistungs-Arzneistoff: Sie können ihn rezeptfrei als Salbe oder Lösung z. B. unter dem Namen Betaisodona kaufen und haben damit ein preiswertes Mittel bei **Verbrennungen**, **Schürfwunden** und **Hautinfektionen** etc. zur Hand. Da die Fertigarzneimittel mehrere Jahre haltbar sind, gehört eines davon in jede Hausapotheke.

Bei Schilddrüsenerkrankungen, Iodüberempfindlichkeit, während Schwangerschaft/Stillzeit und bei Säuglingen darf PVP-Iod allerdings nicht verwendet werden. Vergleichbar der bekannten Iod-Tinktur färbt auch PVP-Iod die Haut intensiv braun. Man sieht somit genau, wo das Mittel angewendet wurde. Flecken auf Kleidungsstücken lassen sich mit Seife oder Salmiakgeist (=Ammoniaklösung) entfernen.

Iod-Tinktur ist freiverkäuflich und preiswerter, aber …

Während PVP-Iod zwar rezeptfrei, jedoch apothekenpflichtig ist, darf die seit anno 1850 gebräuchliche **Iod-Tinktur** als Desinfektionsmittel auch außerhalb der Apotheken verkauft werden. Sie kostet weniger als PVP-Iodpräparate und ist genauso wirksam. Bei beiden kommt es im Verlauf der Anwendung zu keiner Erhöhung der Widerstandsfähigkeit der Krankheitserreger.

Nachteile der Tinktur:
- ❑ stärkeres Hautbrennen
- ❑ erhöhte Allergieauslösung
- ❑ vermehrte Zellschädigung
- ❑ nur kleinflächige Anwendung empfehlenswert

ortsetzung Seite 94

Sehr lange Haltbarkeit

Ein maßvoll überschrittenes Verfalldatum ist bei stets gut verschlossener Flasche hier ausnahmsweise ohne Belang, weil die alkoholische Iod-Lösung im Prinzip nicht verderben kann. Vor dem Zugriff von Kindern muß sie wegen ihres hohen Anteils an freiem Iod aber besonders zuverlässig geschützt werden (Gefahr für die Schilddrüse).

* Die wissenschaftlich gebräuchliche Schreibweise ist Iod, also nicht Jod. Der Name ist übrigens abgeleitet vom altgriechischen Wort für veilchenfarbig, weil Iod beim Erhitzen veilchenblaue Dämpfe entwickelt.

Mundentzündung: *Dreilappiger* Salbei ist überlegen

Wer von Salbei spricht, meint in aller Regel den Echten (Garten-)Salbei. Jahrzehntelang kannte auch das Deutsche Arzneibuch nur diese Salbeiart.

Nun macht hier dem bereits zu Zeiten Karls des Großen in den Klostergärten angebauten Klassiker der Dreilappige (=Griechische) Salbei Konkurrenz. Und das ist gut so, weil der drei Blattlappen (Name) besitzende Newcomer dem Oldtimer als Gurgelmittel einiges voraus hat.

Vorteile des Dreilappigen Salbeis gegenüber dem Gartensalbei

- ❑ höherer Ätherischölgehalt
- ❑ angenehmer Eukalyptusgeruch (wie Emeukal Hustenbonbons)
- ❑ bessere Verträglichkeit durch viel geringeren Thujongehalt
- ❑ Gerbstoff mit hohem Anteil an Rosmarinsäure
- ❑ zur längerfristigen Anwendung besser geeignet

Die gute antiseptische Wirkung kommt vor allem durch das Zusammenwirken von Ätherischöl und Gerbstoff zustande. Es lohnt sich also, ausdrücklich den auch im Fachhandel noch nicht so geläufigen Dreilappigen Salbei zu verlangen.

Dosierung, Zubereitung, Anwendung

Zwei gehäufte Teelöffel (ca. 3 g) feingeschnittene Droge in einer großen Tasse mit kochendem Wasser fast randvoll überbrühen, bedeckt gut zehn Minuten ziehen lassen und nach Umrühren abseihen. Mit dem warmen Aufguß wird halbstündlich jeweils eine Minute lang gespült und gegurgelt. Zähne und ggf. Prothese sind nach jeder Mahlzeit vorab zu putzen. Versehentliches Verschlucken ist unbedenklich. Der Tee soll täglich frisch bereitet und bedeckt beiseite gestellt werden.

Wirkungssteigerung mit Salz

In der Notzeit des Zweiten Weltkrieges halfen sich die Menschen bei Entzündungen im Mundraum durch Gurgeln mit stark salzhaltigem Warmwasser. Der osmotische und der Geschmacksreiz des Salzes aktivieren die Tätigkeit der Schleim- und Speicheldrüsen. Die Selbstreinigungsmechanismen der Schleimhaut werden angeregt. Auf diese Weise kann Kochsalz fast umsonst einen Salbeiauszug verstärken. Man löst einen leicht gehäuften Teelöffel (sechs bis sieben Gramm) Salz im abgeseihten warmen Tee auf. Einen willkommenen, wenn auch geringen Nebeneffekt erreicht, wer Iodsalz mit zahnfreundlichem Fluor verwendet (z. B. Bad Reichenhaller).

Die geschilderten Vorteile des **Dreilappigen Salbeis** beziehen sich lediglich auf die Anwendung als Mundspül- und Gurgelmittel. Der **Gartensalbei** hat dafür andere Stärken, beispielsweise als bewährter Schweißhemmer. Näheres hierzu siehe Kurzkapitel „Schweißhemmung mit Salbei" auf Seite 125.

Mundgeruch – zwei kaum bekannte Ursachen

Egal ob zwischen den Zähnen Nahrungsreste vorhanden sind oder Schleimhaut bzw. Mandeln etc. entzündet sind: Stets äußert sich die bakterienbedingte Gewebezersetzung in Mundgeruch. Dies ist wohl Allgemeinwissen. Kaum bekannt ist dagegen, daß auch lediglich mehrstündiges Nüchternbleiben dazu führt. Besonders übler Atem entsteht beim (längeren) Sprechen mit trockenem Mund. Als Speichellocker hilft dagegen ein in die Backentasche gelegtes saures Zitronenbonbon. Achtung: Da der eigene Mundgeruch selbst oft nicht wahrgenommen wird, unterschätzt man meist dessen Reichweite. Wo möglich sollte der Abstand zur nächsten Nase einen Meter betragen. Bei andauernden Geruchsproblemen muß der Zahn- und/oder HNO-Arzt bzw. Internist aufgesucht werden.

Nasenbluten ohne Geld stoppen

Für wenig Geld gibt es blutstillende Claudenwatte. Da sie nicht nur bei Nasenbluten hilft, gehört sie in die Hausapotheke.

In Selbstbehandlung und ganz ohne Kosten ist die harmlose* Art der Blutung zu stoppen, indem man **den oder die Nasenflügel mindestens drei Minuten**

lang mit den Fingern zusammendrückt und danach konsequent durch die Nase nur ein- und den Mund nur ausatmet.
Zusätzlich hilfreich: Nasses, kaltes Tuch auf den Nacken legen. Das Blutgerinnsel darf erst nach mehreren Stunden vorsichtig entfernt werden.

* Gemeint ist hier nur die Blutung bei z. B. Schnupfen oder nach zu heftiger Nasenreinigung. Nasenbluten ohne erkennbaren Anlaß kann nämlich auch die Folge von Bluthochdruck und Vorbote eines Hirnschlages sein, was selbstverständlich unverzüglich vom Arzt geklärt werden muß.

Ohrenschmerzen: Oft hilft eine Zwiebel

Die praktisch jederzeit verfügbare Küchenzwiebel nützt nicht nur bei Wespenstichen (siehe Extrakapitel). Auch Ohrenweh kann sie in vielen Fällen zumindest lindern. So wird's gemacht: Eine größere scharfe Zwiebel oder drei Schalotten schälen, fein hacken, mit der Messerbreitseite etwas quetschen, in Taschentuch füllen und das zugebundene feuchte Säckchen gut eine Stunde lang auf das schmerzende Ohr binden. Die Wirkung beruht hauptsächlich auf den tränenreizenden, schwefelhaltigen Inhaltsstoffen. Die hieran arme große Gemüsezwiebel ist deshalb nicht geeignet. Die beschriebene Methode ist beschränkt auf Erwachsene und ältere Schulkinder, kurzzeitige Anwendung und Entzündungen des äußeren und mittleren Ohrbereiches (ohne Trommelfelldefekt). Die zusätzliche Einnahme einer ASS- oder Ibuprofen-Tablette ist ratsam. Bei trotzdem anhaltenden Beschwerden und möglicherweise hinzukommendem Fieber muß rasch ein HNO-Arzt aufgesucht werden.

Fehler: Verschluß des erkrankten Ohrs mit einem Wattebausch.
Grund: Es entsteht eine das Keimwachstum fördernde feuchtwarme Kammer. Vor kalter Zugluft im Freien schützen schadlos ein Kopftuch oder Schal.

Nicht selten können Ohrenbeschwerden auch durch **Schnupfen** ausgelöst werden. Nase und Hörorgan sind nämlich über die Ohrtrompete miteinander verbunden. Schwillt deren Öffnung im Nasenrachen zu, dann verursacht der unterbundene Druckausgleich Ohrenschmerzen.
Dreifach-Tip:
1. **Abschwellende(n)** Nasentropfen /-spray verwenden. Sie beseitigen als „Lochöffner" die **Ursache** des Problems.
2. Kaugummi kauen bzw. Kleinkindern den Schnuller geben. Der hiermit ausgelöste häufige Schluckakt verstärkt durch eine Art Pumpeffekt die Ohrbelüftung zusätzlich.
3. Einige Otalgantropfen handwarm ins Ohr träufeln. Sie betäuben allerdings lediglich den Schmerz und sind häufig entbehrlich.

Ohrpfropf selbst beseitigen

Nachlassende Hörschärfe ist vor allem bei jüngeren Menschen mitunter die Folge eines Ohrpfropfes. Wenn keine Ohrentzündung oder -verletzung (Trommelfell) vorliegt, kann eine solche Verstopfung auch in Selbstbehandlung entfernt werden, beispielsweise mit den rezeptfreien Mitteln Cerumenex oder Otowaxol. Preisgünstiger ist der Gehörgang allerdings mit 3%iger Wasserstoffperoxid-Lösung* auszuräumen, vor allem wenn Sie eine saubere Pipettenflasche (leeres Nasentropfenfläschchen) mit in die Apotheke bringen. Nach Einträufeln von etwa zehn Tropfen warten Sie in seitlich geneigter Kopfhaltung 15 Minuten und spülen dann die gelockerte Masse mit lauwarmem (ca. 35° C) Wasser aus. Eine Gummi-Ohrspritze (Ohrbällchen) – einmalige Anschaffung – tut dabei gute Dienste. Das Spülwasser ist mit nur geringem Druck ins Ohr zu spritzen. Bei zu warmem oder zu kaltem Spülwasser kann der Gleichgewichtssinn gereizt werden und Schwindelgefühl entstehen. Diese harmlose Begleiterscheinung vergeht nach einigen Minuten, die sitzend oder liegend zugebracht werden sollen. In hartnäckigen Fällen wird die Prozedur nach einigen Stunden wiederholt. Das nasse Ohr sollte vorsichtig mit einem Wattestäbchen** getrocknet und vor Zugluft eine Zeit lang geschützt werden.

---

*Wasserstoffperoxid ist identisch mit dem veralteten, aber bei Laien noch immer gebräuchlichen Begriff Wasserstoffsuperoxyd.

**Vor allem bei lebhaften Kindern ist ein einseitig spitzgedrehter kleiner Wattebausch sicherer als ein Wattestäbchen. Die Spitze wird sanft in den Gehörgang geschoben. Da sie weich ist, kann nichts verletzt werden. Kurz warten, dann herausziehen.

Zur Stoffauflockerung eine nicht so ernst gemeinte unglaubliche, aber wahre Geschichte:

Ohrpfropf mit Urin lösen

Landwirte sind meist sparsame Menschen, die sich auch bei Gesundheitsproblemen lieber erst einmal selber helfen, als ihr Geld zum Doktor oder Apotheker zu tragen. Dies galt jedenfalls damals, als der Landmann und die Seinen noch nicht krankenversichert waren.

So wurde seinerzeit in einigen deutschen Gegenden ein banaler Ohrpfropf oft mit „frisch gezapftem" Urin beseitigt. Dazu kniete sich der Ohrverstopfte zwecks Höhenausgleichs im Adamskostüm hin und der Harnspender pinkelte ihm aus kurzer Distanz zielgenau ins Ohr. Nach kurzer Einwirkungszeit wurde dann das aufgeweichte Schmalz auf die gleiche Weise ausgeschwemmt und mit einem Eimer Wasser der Körperhygiene Genüge getan.

Für diesen Tatsachenbericht bürgt ein honoriger Universitätsprofessor der Hals-Nasen-Ohrenheilkunde.

Trotz unserer trefflich wirkenden modernen Arzneien sollten wir ob dieser unästhetischen Harnmethode die Nasen nicht zu sehr rümpfen, weil immerhin fünf Argumente dafür sprachen:

- Urin (vor allem der sog. Mittelstrahl) ist relativ keimarm.
- Die Anwendung erfolgt körperwarm und damit richtig temperiert.
- Der Spülstrahl ist nicht zu druckvoll.
- Harnbestandteile weichen offenbar das Schmalz gut auf.
- Es entstehen keinerlei Kosten.

Nachsätze: Auch heute noch pinkeln Bauarbeiter bei einer Hautabschürfung auf die lädierte Stelle. Und nicht nur aus Indien ist bekannt, daß Menschen täglich ein Gläschen Eigenurin sogar trinken.

„Honi qui mal y pense" (ein Schelm, der Böses dabei denkt) ist zwar die Inschrift auf dem britischen Hosenbandorden, sie paßt aber auch hier. Was nicht gleich als Aufforderung zur Nachahmung mißverstanden werden möge.

Orangenhaut – keine Krankheit, aber störend

Ganz korrekt müßte es eigentlich Orangen*schalen*haut heißen, denn deren Struktur ähnelt die Oberschenkel- und Gesäßhaut der vor allem betroffenen Frauen.

Wer oder was ist schuld an diesem mehr kosmetischen als medizinischen Problem?

Zunächst einmal eine **Cellulite*** genannte veranlagungsbedingte Veränderung des Unterhaut*binde*gewebes. Hiergegen ist bis jetzt kein Kraut gewachsen.

Eine ausgeprägte Orangenhaut entsteht auf dieser Basis besonders dann, wenn sich das Unterhaut*fett*gewebe infolge Übergewichts verändert. Dem kann durch kalorienarme Ernährung, Gymnastik und nicht zuletzt Massage der betroffenen Hautpartien begegnet werden.

Die täglich zweimaligen, minutenlangen Massagen müssen der Tiefenwirkung wegen einerseits kräftig, andererseits aber zugleich hautschonend ausgeführt werden. Dies gelingt durch Verwendung milder Orangenhaut-Massagecremes oder entsprechender Öle wie kalt gepreßtem Jojobaöl (siehe Extrakapitel „Jojobaöl – die medizinische Naturkosmetik"). Zur besseren Durchblutung der äußeren Hautschichten kann beim Duschen und Baden zusätzlich ein Luffaschwamm dienen.

Vor den Erfolg haben die Götter den Schweiß gesetzt

Befriedigende Ergebnisse stellen sich erst nach und nach im Verlauf mehrerer Wochen ein. Ausdauer und tägliche Disziplin sind unverzichtbar. Den Lohn der Mühe erhalten Sie, sehr verehrte Damen, beim Blick ins „Spieglein, Spieglein an der Wand".

Eine Wiederholung der Kur zwei- bis dreimal jährlich wird empfohlen.

---

* Gebräuchlich ist auch der Begriff „Cellulitis". Er ist jedoch unangebracht, da mit „...itis" endende Worte in der Medizin einen akuten Krankheitszustand ausdrücken.

„Pille" im Urlaub: sichere Verhütung

Jede Anwenderin der Antibabypille weiß, daß sicherer hormoneller Empfängnisschutz vor allem von der *regelmäßigen* Anwendung abhängt. Wer die Einnahme der nur *einen* Wirkstoff enthaltenden Minipille einmal vergessen hat, muß dies innerhalb von nur zwei Stunden nachholen. Bei den (am meisten verwendeten) anderen Präparaten mit mehr als einer Wirksubstanz beträgt die Gnadenfrist einer sicheren Verhütung immerhin bis zu 12 Stunden (Ausnahme Oviol: hier nur sechs Stunden Toleranz!). Was den Vorteil hat, daß der Einnahmetermin bei Zeitverschiebungen nach Fernreisen nicht mitten in die Nacht fallen muß. Wurde die

Zwei- beziehungsweise Zwölfstundenfrist ebenfalls versäumt, dann schützen nur noch andere Maßnahmen wie Kondome. Unter Auslassung der vergessenen Tablette beziehungsweise des Dragees ist die restliche Packung aufzubrauchen, um eine Abbruchblutung zu verhindern. Im Zweifel halte man sich genau an die einschlägigen Hinweise des Beipackzettels, der deshalb unbedingt ins Reisegepäck gehört. (Auch nach mehrjährigem Pillengebrauch lohnt es sich übrigens, diesen Zettel immer wieder einmal durchzulesen, weil sich der Text ändern kann).

„Montezumas Rache" und die Pille

Wo immer Sie vor allem in warmen Ländern aus dem Flugzeug steigen: Sie werden bereits ungeduldig erwartet – von zahllosen Mikroben, an die Sie nicht angepaßt sind. Durchfall und/oder Erbrechen sind nicht selten die Folge. Mit Konsequenzen auch für den Empfängnisschutz, wenn sich eines der beiden unangenehmen Vorkommnisse innerhalb von zwei bis drei Stunden nach der Pilleneinnahme ereignet. So lange dauert es nämlich, bis die Hormone vom Körper garantiert völlig aufgenommen sind. Binnen zwei (Minipille) bzw. 12 Stunden (Oviol: sechs Stunden) muß dann eine weitere Pille eingenommen werden. Der Zyklus verkürzt sich um einen Tag.

Pille und andere Medikamente

Manche Arzneimittel können die Wirkung der Pille beeinträchtigen. Ihr Haus- oder Frauenarzt bedenkt dies natürlich. Anders ist die Situation, wenn aus aktuellem Anlaß unterwegs ein Ihnen unbekanntes Mittel gebraucht wird. Hier sollten Sie den Verordner wegen einer etwaigen Abschwächung des Empfängnisschutzes ausdrücklich fragen. „Pillenkritische" Wirkstoffe sind beispielsweise aus dem Bereich der Chemotherapeutika/Antibiotika/Antiepileptika bekannt. Beim geringsten Zweifel – häufig wegen Verständigungsschwierigkeiten – muß zusätzlich verhütet werden.

Achtung: Letztendlich sind nur die Packungsbeilagen maßgebend.

Plazebo: Wirkung *ohne* Wirkstoff – (k)ein Phänomen!

Mancher Leser wird sich verdutzt die Augen reiben, die Überschrift nochmals lesen und an den Druckfehlerteufel denken. Doch nicht *ein* Buchstabe muß ausgewechselt werden. Nötig ist lediglich die Übersetzung des lateinischen ersten Wortes. Es bedeutet „ich werde angenehm sein (gefallen)" und meint **Scheinarzneien, deren Inhaltsstoffe beweisbar unwirksam sind. Trotzdem wirken sie oft verblüffend.** Sogar Nebenwirkungen wie Müdigkeit, Magenbeschwerden und Kopfschmerzen verursachen sie, ganz wie bei „normalen" Arzneien. In der Hand des Tierarztes versagen Plazebos (statt mit „z" auch oft mit „c" geschrieben) allerdings total, selbst bei Vetter Schimpanse. Und auch der Menschendoktor beobachtet keinerlei Effekt am narkotisierten oder aus anderen Gründen bewußtlosen Patienten. Damit ist klar: **Plazebowirkung ist an Bewußtsein gebunden.** Und dieses Bewußtsein muß zwecks optimaler Wirkung positiv und intensiv beeinflußt werden. Vertrauen in den Therapeuten ist unverzichtbar. Persönliche Zuwendung, Interesse, die rechten Worte und Gesten und ein geeignetes therapeutisches Umfeld sorgen für die nötige positive Suggestivwirkung. Am besten ist es, wenn der Behandelnde selbst von der Wirkung seiner Empfehlung restlos überzeugt ist. Viele „unechte" Plazebos mit zum Beispiel unterdosierten oder bezüglich echter Wirkung unbewiesenen Inhaltsstoffen helfen hierbei. Das Bibelwort „Der Glaube versetzt Berge" (Kor. 13,2) besitzt wie so viele Weisheiten dieses nicht nur rein religiösen Buches zeitlose Gültigkeit. Auch die meist teueren „Wundermittel" nutzen mißbräuchlich solche Tatsachen und spannen dazu noch die Medien (Heilungsberichte) mit ein. Bei uns schützt der Paragraph 8 des Arzneimittelgesetzes den Verbraucher. Er stellt unzutreffende Heilaussagen unter Strafe. Plazebos müssen den Staatsanwalt jedoch nicht fürchten, weil sie im allgemeinen angemessene Preise haben und weil sie bei vielen psychosomatischen Krankheiten, bei denen also Seelisches die körperlichen Beschwerden mit beeinflußt, nachweislich helfen.

Plazeboeffekt verstärkt Arzneistoffeffekt

Selbst objektiv starke Arzneistoffe werden durch Ausnutzen der plazebosensiblen **Geist-Körper-Beziehung** in ihrer Wirksamkeit noch gesteigert – bei ängstlichen Menschen am meisten. Somit besteht auch der Erfolg einer rationalen Medikamentenbehandlung praktisch immer aus dem **Tandem Arzneistoff- PLUS Plazebowirkung.** Mit von Fall zu Fall unterschiedlichen Anteilen am Gesamteffekt. Umgekehrt kann bei einem an sich hochpotenten Arzneimittel eine Wirkungsminderung erwartet werden, wenn es mit abwertenden Bemerkungen verordnet oder ausgehändigt wird. Gleiches widerfährt notorisch mißtrauischen Skeptikern infolge Mangels an Vertrauensfähigkeit.

Erfolgversprechende Einsatzgebiete der „Leerarzneimittel" sind beispielsweise Ekzeme, manche Formen des hohen Blutdruckes, Schmerzen, Schlafstörungen, Nervosität, (Prüfungs-)Angst, Magen-, Darmbeschwerden, Pulsunregelmäßigkeiten, ja sogar Angina pectoris, jeweils ohne greifbaren pathologischen Organbefund.

Endorphine spielen offenbar eine Rolle

Bezüglich ihrer Zusammensetzung sind Plazebos zwar unwirksam, aber allein durch die Tatsache ihrer *Anwendung* geschieht subjektiv ja trotzdem etwas Positives. Unter anderem werden damit wahrscheinlich im Hirn Endorphine freigesetzt. Hierbei handelt es sich um körpereigene schmerzlindernde Stoffe ähnlich Eiweißteilstücken (Oligopeptide).

Spritzen sind am „wirksamsten"

Zahlreiche Versuche haben ergeben, daß Art, Form und Farbe des Plazebos nicht gleichgültig sind. Hiernach wirken

- ❑ Kapseln besser als Tropfen und Tabletten,
- ❑ große Kapseln stärker als kleine,
- ❑ zwei Kapseln länger als eine,
- ❑ bittere andere Arzneiformen intensiver als angenehm schmeckende,
- ❑ Spritzen vor allen anderen Darreichungsformen am kräftigsten.

Für verschiedene Krankheitserscheinungen gibt es darüber hinaus besonders geeignete Farben. Bei Schlafstörungen und Nervosität ist zum Beispiel blau am günstigsten, bei Angstzuständen grün, bei Depressionen gelb und bei Herz-, Kreislaufsymptomen rot.

Ist Plazeboanwendung seriös?

Antwort kurz und bündig: zweimal JA!

Zum einen im sogenannten **Doppelblindversuch.** Hier wird von einem Arzt ein wirksames Mittel im Vergleich zu einem genauso aussehenden Plazebo an zwei Personengruppen getestet. Jeder Versuchsteilnehmer nimmt „blind" ein, weil er nicht weiß, was er schluckt. Der zweite „Blinde" ist der ausführende Arzt, dem sein allein eingeweihter Versuchsleiter auch nichts verrät. So kann der Arzt keine unbeabsichtigten Tips weitergeben oder persönlich beeinflußte Wirkungswertungen vornehmen. Der als einziger kundige Versuchsleiter deckt erst nach Testende die Karten auf. Der *stets* mehr oder weniger ausgeprägt vorhandene Plazeboeffekt kann nun abgezogen und die Leistungsfähigkeit des geprüften Wirkstoffes objektiv(er) bewertet werden.

Und das zweite JA? Es gibt Krankheiten, gegen die noch keine ursächlich wirksamen Mittel bereitstehen. Der Patient erwartet aber, daß sein Arzt auch medikamentös etwas für ihn tut. Das geschieht dann oft durch die Verordnung eines „unechten" Plazebos. Dieses stärkt wenigstens tendenziell den Willen des Kranken, sein Leiden zu besiegen und stimuliert damit sein Immunsystem. Das ist nicht wenig. Fachkreise, welche die Plazebotherapie teilweise ablehnen, verkennen deren Nutzen für den Kranken. In Wirklichkeit ist die Tatsache der Plazebowirkung ein starkes Argument für die „sprechende Medizin" im Sinne mehr psychisch orientierter Beratung. Hier kann die häufig allzu rationale westliche „Apparate-Medizin" noch viel von den oft hochmütig als unwissenschaftlich abgetanen ganzheitlichen Heilweisen aus Fernost lernen. Fachlich fundiert, verantwortungsbewußt und klug – einschließlich mitleidender Barmherzigkeit – verordnete Plazebos folgen, so gesehen, ohne Abstriche dem medizinischen Grundsatz

WER HEILT, HAT RECHT!

Prostatabeschwerden beim Fernsehen bekämpfen

Kürbiskerne statt Erdnüsse knabbern

Wer abends beim Fernsehen gerne Erdnüsse etc. verzehrt und an der „Altmännerkrankheit" oder (auch als Frau) an Blasenfunktionsstörungen leidet, sollte künftig lieber zu Kürbiskernen greifen. Besonders mit den schalenlosen, dunkelgrünen Samen des steirischen Ölkürbis wurden bei den genannten Problemen gute Erfahrungen gesammelt.

Wohlschmeckendes Naturstoffkonzentrat

Neben den für die medizinischen Wirkungen verantwortlichen Steroiden enthalten die Kerne Vitamin E und die Spurenelemente Selen, Mangan, Zink und Kupfer. Und das alles ist eingebettet in rund 40 Prozent wertvolles Öl sowie fast gleichviel Eiweiß. Allein der Kohlenhydratanteil ist mit zehn Prozent auffallend niedrig, was aber nicht nur für Diabetiker ein weiterer Vorteil ist. Da die Samen auch noch gut schmecken, verlangt deren Austausch gegen die bisher gewohnten Erdnüsse praktisch kein Opfer. Regelmäßige Dosis: mindestens mehrere Wochen lang jeden Abend einen bis zwei Eßlöffel voll gut zerkaut einnehmen.

Naturbelassen am günstigsten, aber Markenware kaufen

Kürbiskerne werden in vielfältiger Weise weiter verarbeitet, beispielsweise extrahiert und granuliert. Jeder zusätzliche Arbeitsgang kostet Ihr Geld. Sie sollten deshalb die Kerne so verzehren, wie sie der liebe Gott in der schönen Steiermark hat wachsen lassen. Obwohl beim Kauf „offener Ware" noch zusätzlich gespart werden könnte, sollten Sie dieser Versuchung nicht erliegen und Markenerzeugnisse anerkannter Firmen vorziehen. Warum? Weil Kürbiskerne eine verhältnismäßig kurze Haltbarkeit besitzen. Auf Originalgebinden ist, neben interessanten Informationen, stets das Verfalldatum angegeben und außerdem haben Sie dann gleich einen guten Licht- und Feuchtigkeitsschutz. Beides ist unverzichtbar.

Nicht *nur* Heilmittel

Trotz der dargelegten medizinischen Wirkungen sind Kürbiskerne – auch von Herkünften außerhalb Österreichs – in erster Linie ein **hochwertiges Lebensmittel.** Hier können wir von den Südosteuropäern lernen. Ihr Speisezettel enthält sehr oft Kürbisse und deren Samen. Logische Folge: Auf dem Balkan klagen dem Vernehmen nach weniger Männer über Prostatabeschwerden als bei uns.

Anmerkung: Bei Prostatabeschwerden im Stadium I sind ergänzend auch Siedendwasseraufgüsse von **Brennesselwurzel** und **Schmalblättrigem Weidenröschen** (siehe unten) hilfreich. Über den Tag verteilt werden drei Tassen getrunken. 1 bzw. 2 gehäufte Teelöffel voll Schnittdroge pro Tasse, Ziehzeit zehn Minuten. Bitte halten Sie trotz der drei guten Selbstbehandlungsmöglichkeiten Kontakt mit Ihrem Arzt!

Rezeptfreie Naturheilmittel mit unterschiedlichen Wirkstoffen: Bazoton (Brennesselwurzel), Prosta Fink forte (Kürbissamen), Talso (Sabalfrucht) etc.

Prostataleiden: Schmalblättriges Weidenröschen

Unter den 19 deutschen Weidenröschenarten gelten bei gutartiger Prostatavergrößerung die *kleinblütigen* Formen volksmedizinisch als erste Wahl. Leider sind sie seltener und damit teuerer als das häufige Schmalblättrige Weidenröschen.

Schön anzusehen und eher besser geeignet

Schmalblättriges Weidenröschen

Dank seiner großen purpurnen Blütentrauben und des Hüfthöhe erreichenden Wuchses ist dieses Nachtkerzengewächs eine sommerliche Augenfreude. „Aber auch Geldbeutel und Prostata haben Anlaß zur Freude". Bei soviel Positivem sucht der Mensch unweigerlich nach dem Pferdefuß. Vergeblich. Im Gegenteil: Gerade die schmalblättrige Art wirkt am stärksten entzündungswidrig. Die Freisetzung bestimmter Prostaglandine* wird verringert.

Geruch und Geschmack gut

Die zusagenden sensorischen Eindrücke ermutigen zur unerläßlichen dreimal täglichen Langzeitanwendung. Zubereitung: Zwei gehäufte Teelöffel pro Tasse überbrühen, zehn Minuten bedeckt ziehen lassen, dann abseihen. Die Herstellung der Tagesmenge (sechs Teelöffel auf einen halben Liter kochendes Wasser) erleichtert die Arbeit, da der Aufguß auch kalt getrunken werden kann. Wer den Geschmack noch verbessern will, kann etwas Pfefferminzblätter dazugeben und hat dann zugleich einen vorzüglichen Lebensmitteltee.

Es wäre erfreulich, wenn dieser Beitrag zur vermehrten Nutzung des bestandsmäßig kaum dezimierbaren Schmalblättrigen Weidenröschens und damit zur Schonung seiner raren kleinblütigen Geschwister führen könnte.

Trotz der ermutigenden Befunde war die Erforschung aller bei Prostatavergrößerung und Reizblase genutzten Weidenröschenarten zum Zeitpunkt der Abfassung des Kapitels noch nicht abgeschlossen.

---

siehe auch Kapitel „Prostatabeschwerden beim Fernsehen bekämpfen"

***Prostaglandine** sind hormonähnliche Substanzen mit teilweise gegensätzlichen Wirkungen, zum Beispiel auf Schilddrüse, Blutdruck, Magensaftbildung, Muskulatur etc.

Rachenentzündung und der „billige Jakob"

Einfach sind die eigentlichen Namen des billigen Jakobs ja nicht gerade: „Kaliumpermanganat" ist die offizielle deutsche Bezeichnung. Der Volksmund hält „übermangansaures Kali" offenbar für schöner und der Chemiker schreibt kurz „$KMnO_4$". Was steckt dahinter? Violette Kristalle aus Kalium (K) und Mangan (Mn), die gemeinsam ihre vier unruhigen Sauerstoffatome (O_4) kaum bändigen können. Sollen sie auch nicht, denn der leichte Abbau zu sauerstoffärmeren Verbindungen hat eine stark desinfizierende Oxidationswirkung auf Bakterien, Viren etc. zur Folge. **Anwendung nur bei Erwachsenen** (nicht bei Schwangerschaft) und nur in Wasser gelöst! Substanz nicht trocken verreiben. Vor Kindern und Licht schützen.

Gurgeln für 1 Pfennig

Fünf Gramm Kaliumpermanganat in einer kleinen Salbenkruke kosten in der Apotheke einen „Pappenstiel". Sie können damit 150 mal ausgiebig gurgeln, weil nämlich nur 30 Milligramm unter gutem Umrühren in 200 Milliliter Wasser aufgelöst werden müssen. Eine so winzige Menge können sie daheim gar nicht abwiegen. Aber hinreichend genau abmessen: Die „knapp *halbe* Spitze" eines *spitzen* Küchenmessers voll ist richtig. Ergebnis: eine nur hell violett gefärbte, nicht schwärzlichviolette Lösung. Letztere wäre bereits zu stark. Damit wird täglich mehrmals gegurgelt, vor allem nach den Mahlzeiten und vor dem Schlafengehen. Sogar nachts, falls Sie zufällig aufwachen. Lösung nicht trinken!

Rezeptfreie Mittel mit unterschiedlichen Wirkstoffen: Dobendan, Dorithricin, Hexoral, Lemocin, Mallebrin, Salviathymol etc.

Reisekrankheit s i c h e r vermeiden

Die nachstehenden 15 Punkte sind das Ergebnis bester eigener Erfahrungen.

Reiseübelkeit ist selbst bei besonderer Empfindlichkeit bestimmt vermeidbar, wenn Sie

1. die Reise „halb hungrig" antreten,
2. auch unterwegs nur kleine Portionen verzehren (Vorschlag: Banane),
3. Nikotin und Alkohol meiden,
4. für frische, kühle Luft sorgen,
5. sich in die *Mitte* des öffentlichen Verkehrsmittels setzen,
6. im Bus und PKW in Gedanken das Fahrzeug selbst steuern,
7. weit voraus (nicht seitlich) liegende Landschaftspunkte anschauen,
8. keine schnell vorbeisausenden *nahen* Objekte fixieren,
9. auf dem Meer *mittschiffs* aufgestellte Liegestühle benutzen,
10. unnötige Kopfbewegungen vermeiden, nicht lesen
11. nicht von vornherein mit Übelsein rechnen,
12. trotzdem eine Brechtüte einstecken, um ohne Panik für den Ernstfall gerüstet zu sein,
13. ein Fläschchen Pfefferminzöl zum Schnuppern bereithalten (auch wenn der Nachbar sich übergeben muß),
14. bequeme, leichte Kleidung tragen und obersten Hemd- bzw. Blusenknopf öffnen,
15. darauf vertrauen, daß Reisetabletten etc. bei richtiger Anwendung *sicher* wirken.

Bei stürmischer See müssen die Arzneimittel an der oberen Grenze dosiert werden. Hier haben sich im Eigengebrauch Superpep forte Kaugummis bewährt, weil deren Wirkstoff bei erforderlicher rascher Dosissteigerung zum Teil bereits mit dem Speichel aufgenommen wird.

Bezüglich Nebenwirkungen und Gegenanzeigen siehe das folgende Kapitel.

Reisetabletten machen oft müde: Abhilfe

Eine der – nicht immer unwillkommenen – Nebenwirkungen von Reisetabletten, -dragees und -kaugummis ist Müdigkeit. Dem kann leicht begegnet werden mit einer Tasse Kaffee, kurz gezogenem Schwarzen Tee oder einem Cola-Getränk.

Achtung: Obwohl viele Mittel rezeptfrei* sind, müssen doch einige Gegenanzeigen beachtet werden, beispielsweise Prostatavergrößerung, Grüner Star, Schwangerschaft, Epilepsie.

Ingwer, die pflanzliche Alternative

Ein wenig bekanntes pflanzliches Mittel gegen Reiseübelkeit ist **gepulverter Ingwer.** Etwa ein halbes Gramm (= gut 1/4 Teelöffel) des scharf-aromatischen preiswerten Gewürzes wird eine halbe Stunde vor Reiseantritt zusammen mit einem großen Bissen vorgekauter Banane oder in einer großen feuchten Backoblate nicht auf leeren Magen eingenommen. Alle vier Stunden ist eine weitere Dosis nötig. Da hier praktisch nie Müdigkeit eintritt, kann auf Kaffee etc. verzichtet werden. Ingwer unterstützt zugleich die Verdauung. Nicht anwenden bei Schwangerschaft und Gallensteinen. Fertigarzneimittel: Zintona Kapseln, Knufinke Reisedragees.

Statt Ingwerpulver wird auch der einfacher zu handhabende Verzehr von **kandiertem Ingwer** empfohlen.

Ingwer

* Beispiele: Reisedragees Stada, Reisegold, Superpep (forte) Kaugummi.

Reizhusten bei Schwangerschaft: Sonnentau etc.

In der Schwangerschaft werden viele starke Medikamente, vor allem wegen Gefahren für das Kind, sehr zurückhaltend verordnet. Bei Reizhusten *sind* solche starken Arzneistoffe wie Codein, Dextrometorphan und Clobutinol aber leider allgemein üblich. Für Schwangere sind sie durchweg ungeeignet.

Sonnentau (= Drosera-)präparate wie zum Beispiel Makatussin **Drosera** Tropfen sind hier *der* Ausweg, denn der Beipackzettel stellt bei Gegenanzeigen, Nebenwirkungen und Wechselwirkungen kurz und bündig fest: keine bekannt.

An dieses Naturheilmittel sollte man generell bei Vorbehalten gegen die drei oben genannten Hustenblocker denken.

Weitere gut verträgliche Maßnahmen bei Reizhusten: Kalt angesetzten (2 Std.) Auszug aus geschälter Eibischwurzel trinken, Spitzwegerichtee oder -saft, Inhalation von Kamillendämpfen. Raumluft befeuchten.

Rheuma: Hochdosiertes Vitamin E hilft

Vitamin E ist kein einheitlicher Stoff, sondern eine Gruppe unterschiedlich wirksamer öliger Substanzen (Tocopherole; potenteste Variante: Das natürliche (RRR) alpha-Tocopherol). Über seine ursprüngliche Verwendung als „Fruchtbarkeitsvitamin" (Tagesbedarf ca. 12 Milligramm) hinaus stehen heute weitere Anwendungsgebiete im Vordergrund:

- ❑ die Funktion als Oxidationsschutz körpereigener Gewebe („Radikalfänger"*), oft zusammen mit den Vitaminen A und C sowie dem Spurenelement Selen (Krebsvorbeugung)
- ❑ Schutz vor Herzinfarkt
- ❑ rheumatische Beschwerden

Zur Behandlung von Rheumaschmerzen sind allerdings recht hohe Dosierungen von täglich mindestens 500 Milligramm nötig. Eine solche Menge ist zwar gut verträglich und unschädlich, aber nicht billig. Trotzdem wird zu einem Versuch geraten, weil Kosteneinsparungen durch Verringerung der üblichen, nebenwirkungsbehafteten Schmerzmittel möglich sind. Insbesondere magenempfindlichen Rheumatikern sei Vitamin E zur Erprobung über mehrere Wochen angeraten.

Im Bemühen, den „Spargedanken" dieses Buches auch hier nicht aus den Augen zu verlieren, wurden selbstverständlich Lebensmitteltabellen nach wirklich vitamin-E-reicher und zugleich preiswerter Nahrung durchforscht. Viel kam dabei leider nicht heraus. Empfohlen werden lediglich Sonnenblumen- und Baumwollsamenöl, Kürbiskerne, Schwarzwurzel, Paprikafrüchte und – schon nicht mehr kostengünstig – Getreidekeimlinge. Weizenkeimöl ist besonders reich an Vitamin E, kann aber nicht billig sein.

Alle diese Lebensmittel können nur einen kleinen Beitrag zur Tagesdosis von wenigstens 500 mg Vitamin E leisten.

(Unterstützend bei rheumatischen Beschwerden werden Brennesselblätter und Teufelskrallenwurzel gebraucht. Siehe auch Seite 23).

---

*Radikale verhalten sich nicht nur in der Politik extrem, sondern auch in der (Bio-)Chemie. Hier handelt es sich um reaktionsfreudige Atome oder Atomgruppen, die sich schnell an Körpersubstanzen „anhängen" und sie so verändern.

Sammeln Sie Heilpflanzen selbst? Risiken

Im Gegensatz zur Kriegs- und Nachkriegszeit sammeln heutzutage weniger Menschen ihre Heilpflanzen selbst. Diese Zurückhaltung ist nicht nur gut für die Umwelt, sie begrenzt auch mögliche gesundheitliche Risiken.

Qualitätsgarantie nur vom Fachhandel

Beim Heilpflanzenkauf im Fachgeschäft oder den entsprechenden Abteilungen der Verbrauchermärkte sind automatisch die vom Arzneimittelgesetz und den Arzneibüchern festgelegten Sicherheitsstandards erfüllt. Durchaus nicht alle Heilpflanzenherkünfte genügen diesen Anforderungen.

Zum Garanten in einem pharmazeutischen Betrieb für die Qualität der Fertigarzneimittel und deren Bestandteile hat der Gesetzgeber den **Kontrolleiter** (KL) bestimmt. Da dieser somit letztendlich haftet und die häuslichen Gardinen den Schwedischen vorzieht, wird er im Zweifel seine Unterschrift unter ein Freigabeprotokoll verweigern – nicht immer zur Freude seiner Geschäftsleitung. Um hier zu vermeiden, daß der Ober den Unter sticht, braucht der KL in fachlichen Dingen den Weisungen seiner Vorgesetzten nicht zu folgen.

Bei allen arzneilich verwendeten Substanzen – und damit auch bei allen Heilpflanzen – sind prinzipiell drei Proben zu bestehen: die Prüfung auf

Identität, Reinheit und ausreichenden Wirkstoffgehalt.

Hierzu ist ein hoher technischer Aufwand erforderlich (siehe Abbildung). Damit sind, anders als beim Selbstsammeln, Verwechslungen, Verunreinigungen und mindere Wirkungen weitestgehend ausgeschlossen.

Schonende Heilpflanzenentwesung mit komprimiertem Kohlendioxid (dem Gas in Mineralwässern) nach dem MABA-PEX-VERFAHREN
(Werkfoto Martin Bauer, Vestenbergsgreuth)

Dies sei am Beispiel der Hustendroge Huflattich verdeutlicht: Seine Blätter sind leicht mit denen verschiedener Pestwurzarten zu verwechseln. Auch können sie unzulässige Mengen eines schädlichen Alkaloids* enthalten, was nur im Labor nachzuweisen ist. Beim Test auf Schwermetalle und Pestizide etc. sind ebenfalls Spezialkenntnisse und -geräte nötig, genau wie bei der Ermittlung des Aschegehaltes als Nachweis gröberer Verunreinigungen. Aussagen zum Wirkstoffgehalt liefert die Bestimmung der Quellungszahl.

Feldmäßiger Anbau leistungsstarker (nicht genmanipulierter!) Heilpflanzenzüchtungen und -rassen erbringt von vornherein einheitliche, gehaltreichere Ernten, die unter Maschineneinsatz schonend eingebracht, gereinigt, getrocknet und bearbeitet werden. Ergebnis: oft großer Qualitätsvorsprung gegenüber selbst gesammeltem Eigenbedarf.

Damit die Unterschiede nicht noch krasser ausfallen, sollten Sie beim **Selbersammeln und -trocknen** wenigstens die nachfolgenden 13 Punkte beachten.

- ❑ Nur bekannte, gesunde, saubere, nicht regennasse Pflanzen sammeln.
- ❑ Sammelzeitpunkt bei Blüh*beginn* meist am günstigsten.
- ❑ Am Fundort eine Anzahl Pflanzen stehenlassen.
- ❑ Pflanzen nicht ausreißen, sondern abschneiden.
- ❑ Standorte neben Straßen meiden.
- ❑ Locker in offene Taschen oder Papiersäcke legen (Plastikbeutel sind weniger geeignet).
- ❑ Reinigung kurz in fließendem Kaltwasser.
- ❑ Waschwasser kräftig abschleudern.
- ❑ Trocknung in dünner Lage, rasch, an schattigem, luftigem Platz (nicht auf Zeitungspapier).
- ❑ Trockengut mit sauberen Händen nur grob zerbröseln, Stengel wegwerfen.
- ❑ Aufbewahrung kühl, trocken, dunkel und aromadicht.
- ❑ Vorrat jährlich erneuern.
- ❑ Naturschutzbestimmungen beachten. Siehe nachstehende Auflistung.

Vollkommen geschützte wilde Heilpflanzen

Adonisröschen, Arnika, Bärentraube, Bitterklee (= Fieberklee), Blauer Eisenhut (sehr giftig), Eibisch, Gelber Enzian, Isländisches Moos, Sanddorn, Silberdistel, Sonnentau-Arten, Tausendgüldenkraut, Wacholder.

Vollkommener Pflanzenschutz schließt auch das Sammelverbot der Früchte (z.B. Wacholderbeeren), Samen und Ausläufer mit ein.

Teilweise geschützte wilde Heilpflanzen

Maiglöckchen, Goldgelbe (Echte) Schlüsselblume, Schwefelgelbe Schlüsselblume. Hier ist nur verboten, die Wurzeln und Rosetten zu entnehmen oder zu beschädigen.

Gefährdete wilde Heilpflanzen

Schutzbedürftig gemäß „Roten Listen" sind Andorn, Bilsenkraut, Brunnenkresse, Echtes Eisenkraut, Hoher Steinklee, Poleiminze, Quendel, Sand-Strohblume. Die Roten Listen werden künftig leider länger werden.

Schlußfolgerung: Selbstbehandlung mit Heilpflanzen JA, Selbstsammeln besser nicht. Trotzdem können Sie für den Eigenbedarf Schlüsselblumenblüten (siehe Kapitel „Husten: Schlüsselblumen...") selbst abzupfen und Johanniskrautöl (siehe Kapitel „Depressionen: Johanniskraut") selbst bereiten. In beiden Fällen lohnt sich das auch kostenmäßig.

---

*Alkaloide sind alkali-ähnlich, also laugig reagierende stickstoffhaltige Naturstoffe von starker Wirkung. Beispiele: Atropin (Tollkirsche), Morphin (Schlafmohn).
Beim Huflattich gelang inzwischen (ohne Genmanipulation!) die Zucht einer alkaloidfreien Kultursorte – ein weiteres Argument gegen dessen Wildsammlung.

Scheidenpilz *selbst* besiegen

Tabuzonen und Vorurteile kann man fast als „siamesische Zwillinge menschlichen Denkens" bezeichnen. Beim Scheidenpilz (Vaginalmykose) ist es jedenfalls so.

Die besten Vorurteilskiller sind Tatsachen.

Hier stehen sie:

❑ Auslöser der mit Ausfluß, Juckreiz und Brennen (aber *ohne* unangenehmen Geruch) einhergehenden Beschwerden ist ein Hefepilz mit dem wissenschaftlichen Namen Candida albicans.

❑ Drei Viertel aller Frauen haben wenigstens einmal im Leben eine solche Infektion.

❑ Bei rund einem Drittel aller gesunden (!) Menschen kommt Candida im Verdauungstrakt vor. Der mikroskopisch kleine Winzling ist somit ein „Allerweltspilz", dessentwegen sich niemand zu schämen braucht.

❑ Seine Anwesenheit allein macht noch nicht krank.

❑ Krank wird die Frau erst, wenn eine hinzutretende Disposition entsteht, also eine Empfänglichkeit für die Erkrankung. Die Tage vor der Monatsblutung stellen eine solche Disposition dar, außerdem Fehlernährung, Streß und Krankheiten wie Diabetes und alles, was die körpereigene Abwehrkraft schwächt.

❑ Schwimmen und Sex spielen dagegen keine ursächliche Rolle, übertriebene Hygiene, das heißt eigentlich alles, was über den Gebrauch von warmem Wasser hinausgeht, schon eher.

Solange somit die Voraussetzungen für das ungedämmte Pilzwachstum fehlen, wird der Scheidenpilz zuverlässig in Schach gehalten.

Und wenn's eben doch „passiert" ist, dann steht mit Clotrimazol (z.B. als Gyno-Canesten Creme) ein rezeptfreier Wirkstoff zur Verfügung, mit dem das Problem in Selbstbehandlung rasch beseitigt ist.

Erst wenn die Beschwerden trotzdem länger als drei Tage andauern oder jährlich mehrmals auftreten, ist der alsbaldige Arztbesuch geboten, desgleichen zur Sicherung der Diagnose bei *erst*maliger Erkrankung.

Bei Auftreten unangenehmen **Geruchs** liegt eine **bakteriell** (etc.) bedingte andere Infektion vor, die von vornherein immer ärztlich behandelt werden muß.

Übrigens: Joghurt ist nur zum Essen da! In der Scheide bringt dieses Lebensmittel trotz wiederholter Empfehlungen keinen zusätzlichen Nutzen.

Schilddrüse – Iodmangel – Kropf: vermeidbar!

Es gibt verschiedene Arten von Kropf. Der häufigste, auf Iodmangel beruhende, ist zugleich am leichtesten zu vermeiden, wenn die Nahrung genug von diesem Spurenelement enthält. Tut sie in Deutschland aber nicht, weil unsere Böden iodarm sind.

Eiszeiten und Kröpfe

Warum das so ist? Die Eiszeiten sind daran schuld. Das Schmelzwasser der riesigen Eiszeitgletscher hat die gut löslichen Iodsalze einfach ausgewaschen und ins Meer geschwemmt. Dort gibt's dieses Element im Überfluß, beispielsweise in den Algen der deutschen Küsten. Und in Meeresfischen. Hierzu später näheres.

Wieviel Iod braucht der Mensch?

Nur ca. 115 Mikrogramm (µg) nehmen wir im Durchschnitt täglich auf. Viel zuwenig!

200 Mikrogramm pro Tag empfiehlt die Deutsche Gesellschaft für Ernährung (DGE) den Jugendlichen und Erwachsenen. Die Weltgesundheits-Organisation (WHO) nennt als Minimum 150 µg. Schwangere benötigen 230 und Stillende 260 µg. Säuglinge kommen mit 50 µg, Kleinkinder mit dem Doppelten aus.

Das alles sind mit bloßem Auge kaum sichtbare Mengen, denn 1 µg ist nur ein tausendstel Milligramm oder ein millionstel Gramm.

Defizite sind oft um so sicht- und spürbarer.

Folgen des Iodmangels

1. Der Iodmangel – Kropf (die Struma). Etwa 10% der Deutschen (gut acht Millionen) haben einen solchen „inneren", tastbaren Kropf – nach Karies die Volkskrankheit Nr. 2.
2. Verstopfung, trocken-blasse Haut, langsamer Puls, Gewichtszunahme, Müdigkeit.
3. Schluckbehinderung, Atembeschwerden, lokale venöse Blutstauung.
4. Behinderte Säuglinge (Kretins).
5. Jährlich „zigtausend" vermeidbare Kropfoperationen. 50% der Kröpfe entwickeln sich bis zum 20. Lebensjahr. Frauen sind stärker betroffen als Männer. Süddeutschland ist besonders iodarm.

Der Hauptgrund für diese eines modernen Industriestaates unwürdige Situation:

ZU VIELE WISSEN NOCH IMMER ZUWENIG ÜBER DIE DREIERBEZIEHUNG SCHILDDRÜSE/IODMANGEL/KROPF.

Nur rund zehn Minuten sind zum Lesen der beiden folgenden Seiten und zur Beseitigung Ihrer persönlichen Wissenslücken nötig:

Die Schilddrüse – der mächtige Zwerg

Wie ernst die Situation unter Fachleuten inzwischen genommen wird, zeigt unter anderem die 1988 erfolgte Gründung des „Forum Schilddrüse e.V." in Hamburg (Tel. 0 40 / 41 70 95), dessen Schriften die nachstehende Abbildung samt Erläuterung entnommen ist.

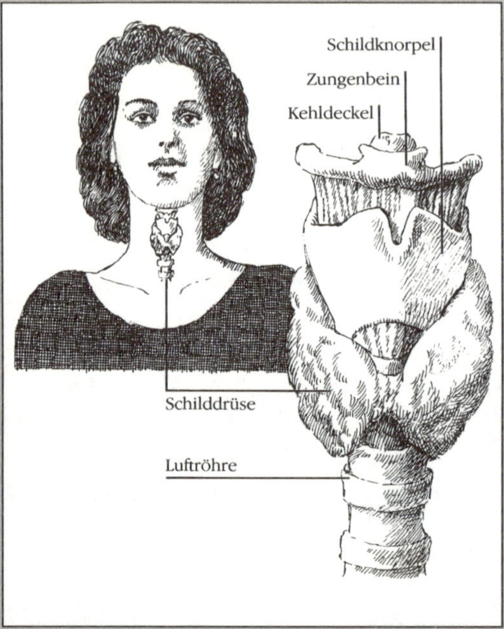

Die Schilddrüse ist ein kleines, schmetterlingsförmiges Organ unter dem Schildknorpel vor der Luftröhre. Sie steuert mit ihren Hormonen zahlreiche lebenswichtige Vorgänge. So regulieren die Schilddrüsenhormone vor allem die Körpertemperatur, den Wasserhaushalt und den Sauerstoffverbrauch. Außerdem sind sie für die regelrechte Tätigkeit der Muskeln und des Nervensystems von Bedeutung. Sie spielen weiterhin eine Rolle im Stoffwechsel von Kohlenhydraten, Fett und Eiweiß. Sie beeinflussen somit die gesamte körperliche Entwicklung. Auch die seelische Verfassung des Menschen hängt wesentlich von der Funktion der Schilddrüse ab.

Da „freut" sich die Schilddrüse

Iodiertes Salz ist jetzt überall leicht erhältlich. Es sollte grundsätzlich – am besten mit zusätzlichem Fluorgehalt – statt des einfachen Kochsalzes eingesetzt werden. Aber erst beim Servieren der Speisen und zum Nachsalzen, weil beim Kochen selbst und durch das Kochwasser viel Iod verloren geht. Ganz reicht das iodierte Salz für den Tagesbedarf aber noch immer nicht aus, denn mehr als sechs Gramm sollen aus anderen Gründen nicht genommen werden. Iodiertes Viehfutter und Trinkwasser wie in der ehemaligen DDR sind verfassungsrechtlich bei uns nicht möglich. Also ist die Selbstverantwortung des mündigen Bürgers gefragt. Zunächst müssen Sie wissen, wie es um Ihre Schilddrüse steht. Das sagt Ihnen der Arzt, der auch die oft (noch) nötigen Arzneimittel verschreibt.

Ganz entscheidend verbessert wird Ihre Iodbilanz, wenn Sie häufiger eines oder mehrere der folgenden Nahrungsmittel bevorzugen oder vorbeugend iodhaltige Brausetabletten oder **Meeres**algentabletten verwenden.

Iodreiche Nahrungsmittel und Getränke

Bei Verzehr von je 100 g enthält	ungefähr µg* Iod
Schellfisch	410
Seelachs	260
Scholle	190
Brathering	130
Kabeljau	120
Rotbarsch	100
Goldbarsch oder Makrele	75
Feldsalat	60
Bückling	55
Thunfisch	50
Rinderherz	30
Spinat	20
Brokkoli, Möhren	11-15
Getränke:	
Kaiser-Friedrich-Quelle (1 l)	150
Bad Wildunger Helenenquelle (1 l)	100

*µg = Mikrogramm = tausendstel Milligramm

Zusatzvorteil beim Verzehr von Meeresfischen, vor allem aus kalten Ozeanbereichen (Hering): Aufnahme von reichlich Omega-3-Fettsäuren. Diese vermindern im Blut die Triglyzeride und die Blutviskosität, verbessern so die Durchblutung und beugen dem Herzinfarkt vor. Siehe auch Extra-Kapitel „Fischölkapseln".

Zum Schluß ein aktuell gebliebenes Zitat des amerikanischen Schilddrüsen-Forschers Davis Marine aus dem Jahr 1923: „Die Struma (Iodmangelkropf) ist von allen bekannten Krankheiten die am leichtesten zu verhütende. Sie kann von der Liste menschlicher Krankheiten gestrichen werden, sobald die Gesellschaft dies zu tun beschließt." Dem ist nichts weiter hinzuzufügen.

Schlafprobleme ohne Tabletten bewältigen! 20 Tips

Warum schläft der heutige erwachsene und ältere Mensch oft schlecht, selbst wenn er alles in allem noch einigermaßen gesund ist? Weil die Lebensumstände ein „artgerechtes" Verhalten erschweren oder gar unmöglich machen. Hierüber jammern bringt nichts. Schon eher eine Liste bewährter Schlaftips. Da ist ganz sicher auch für Sie einiges Brauchbare dabei, selbst wenn lieb gewordene Lebensgewohnheiten auf dem Spiel stehen.

Wege zum gesunden Schlaf

1. Streß und Frust des Arbeitstages ganz bewußt am Garderobenhaken mit auf hängen.
2. Nicht zu spät und zu „schwer" essen.
3. Nur das dritte Bier trinken und die ersten beiden weglassen. (Rauchen Sie noch immer?)
4. Wer Sport treibt, soll damit wenigstens zwei Stunden vor dem Zubettgehen aufhören.
5. Den Feierabend nicht mit Streß aus dem Fernseher (Krimis, Psycho-Thriller, Krieg) fortsetzen. Auch zu langes Fernsehen nicht aufregender Sendungen strengt an. Lesen ist besser. Musik ist noch besser. Beides zusammen ist schon wieder Streß.
6. Bei *jedem* Wetter abends mindestens 15 Minuten spazierengehen.
7. Ein *kühles* Melissen-Ölbad (z.B. Kneipp) nehmen. Melisse ist besser als Hopfen. Nicht *heiß* duschen.
8. Zum Tagesabschluß einen Apfel verzehren. Apfelpektin ist ein für die Verdauung nützlicher Ballaststoff.
9. Schlafzimmer im Winter zwei Minuten, im Sommer fünf Minuten lüften.
10. Nicht zu früh ins Bett gehen und ungeduldig auf den Schlaf warten. Im Alter braucht man weniger Schlaf. Eventuell den Mittagsschlaf ausfallen lassen, damit man abends genügend müde ist.
11. Im Bett nicht Radio hören oder fernsehen, auch nicht lesen. Das Schlafzimmer soll kein „verlängertes" Wohnzimmer sein.
12. Kalte Füße sind absolute „Schlafkiller". (Wärmflasche, Heizkissen)
13. Zwar ausreichend warme, aber zugleich *leichte* Bettdecke nehmen. Hochwertige Kunststoffüllungen sind nicht schlechter und hygienischer als Federn.
14. Schlafzimmertemperatur zwischen 14 und 18 Grad Celsius.

15. Lärm und sogar leichte Dauergeräusche möglichst meiden (Schallschutzfenster).
16. Bei völliger Dunkelheit schlafen.
17. Vorsorglich Bettabstand zu Elektrogeräten und -leitungen.
18. Statt Tabletteneinnahme lieber eine Tasse Schlaf-/Nerventee trinken.
19. Autogenes Training lernen. Arzt oder Krankenkasse nach Kursen fragen.
20. Ein Nachtgebet ist keineswegs altmodisch, sondern auch wegen seiner unter anderem autosuggestiven Wirkung auf die Psyche oft hilfreich.

Siehe auch Kapitel „Schlaf und Kaffee? …" Seite 192.

Achtung: Bei Schlafstörungen an Bluthochdruck und Schilddrüsenüberfunktion denken!

Schlankheitstee mit Tang ist gefährlich!

Schlankheitstees mit iodhaltigem Blasentang oder anderen Meerestangen waren früher beliebt zur Entfettung. Viele alte Kräuterbücher enthalten noch entsprechende Hinweise und Rezepturen. Die Anwendung solcher Teemischungen ist riskant, weil infolge Aufnahme unkontrollierter Iodmengen Schilddrüsen- und Herzschädigungen möglich sind. Vorsicht beim Kauf ausländischer Schlankheitstees!

Blasentang (oben)
Knotentang

Schluckauf verschwindet meist rasch, wenn …

- ❑ sehr tief eingeatmet und die Luft unter „leerem" Schlucken möglichst lange angehalten wird, dann noch mehrmals nacheinander
- ❑ schnell ausgeatmet und sofort wieder tiefst eingeatmet und gehalten wird,
- ❑ ein Teelöffel voll Zucker trocken hinuntergeschluckt wird.

Wenn dies alles nicht hilft, können mehrere, auch ernste Ursachen, für den Schluckauf in Frage kommen. Dann muß der Arzt konsultiert werden.

Schmerzmittel gibt es viele. Welches wann wählen?

Sieht man einmal vom Coffein ab, das nur in einigen Kombinations-Präparaten enthalten ist, so sind in all den vielen rezeptfreien Schmerzmitteln nur *fünf* Arzneistoffe vorzufinden (siehe 1. Spalte der Tabelle). Sie alle wirken schmerzlindernd, fiebersenkend und entzündungshemmend. Die letztgenannte Eigenschaft entfällt lediglich beim Paracetamol. Trotz dieser Gemeinsamkeiten sind bezüglich der Gegenanzeigen (2. Spalte) und Nebenwirkungen* (3. Spalte) teilweise gewichtige Unterschiede zu verzeichnen, was zu kurzen Bemerkungen (4. Spalte) Anlaß gibt. Die Angaben beziehen sich ausschließlich auf die Anwendung in der *Selbst*behandlung. SIE ERSETZEN NICHT DAS SORGFÄLTIGE LESEN DES BEIPACKZETTELS. Diesem müssen weitere Gegenanzeigen, Neben- und Wechselwirkungen, ferner die Dosierung, die Art und Dauer der Anwendung sowie Hinweise bei Schwangerschaft und Stillzeit entnommen werden. Die Gefahr von Nebenwirkungen kann bei *Mono*-Präparaten (nur *ein* Wirkstoff) geringer sein.

Für *rasche Wirkung* werden *Brausetabletten* empfohlen.

ARZNEISTOFF 1	**Hauptgegenanzeigen** 2	**Hauptnebenwirkungen** 3	**Bemerkungen** 4
AcetylSalicylSäure = A S S (Aspirin)	Magen-, Darmgeschwüre, Allergien, Asthma, Anwendung v. Blutgerinnungshemmern u. Sulfonylharnstoffen (Diabetes), Kinder unter 7 Jahren	Magenbeschwerden, sehr selten Ausschläge, Atemnot, Magen-, Darmblutungen, Schwindel	als Brausetablette leichter magenverträglich oder als Aspirin Direkt Kautablette
Ibuprofen (Aktren, Dolormin)	ähnlich wie bei A S S; Nierenschäden, nicht für Kinder unter 6 (10) Jahren	kein wesentlicher Unterschied zu A S S	als Lysin-Salz (Dolormin) gut verträglich und schneller wirksam!
Paracetamol (Benuron)	Leber- und Nierenfunktionsstörungen	sehr selten Überempfindlichkeitsreaktionen	nicht entzündungshemmend, gut verträglich, auch für magenempfindliche Patienten und Kinder geeignet
Phenazon (Eumed)	Allergie gegen Pyrazolone, nicht für Kinder unter 7 Jahren	gelegentlich Überempfindlichkeitsreaktionen; sehr selten allergischer Schock, Blutbildveränderungen	Schock ist zwar sehr selten, aber eine schwere Nebenwirkung
Propyphenazon (u. a. in Optalidon N)	wie bei Phenazon	wie bei Phenazon	wie bei Phenazon

Nach Ausschluß der jeweiligen Gegenanzeigen haben sich in der *persönlichen* Beratung folgende Empfehlungen bewährt:

Entzündungsbedingte Schmerzen: Ibuprofen, Acetylsalicylsäure (Aspirin)
Fieber: Paracetamol (Benuron)
Kopfschmerzen: Kinder, ältere Menschen, *magenempfindliche* Erwachsene: Paracetamol; Erwachsene in mittleren Jahren: Acetylsalicylsäure, Ibuprofen, Paracetamol
Krampfartige Schmerzen: Buscopan plus (enthält neben Paracetamol ein abgewandeltes Stechapfelalkaloid)

Menstruationsbeschwerden: Ibuprofen (Aktren, Dismenol, Dolormin)

Tip: Häufig sind die Beschwerden geringer, wenn drei Tage vor und während der Regelblutung jeweils zwei Tassen **Schafgarben-Blütentee** getrunken werden (1 gehäufter Teelöffel pro Tasse, 10 Minuten bedeckt ziehen lassen).

Zahnschmerzen: Ibuprofen, Acetylsalicylsäure, Paracetamol. Bei Schmerzen nach gezogenem Zahn nur Paracetamol! Grund: Die beiden anderen Arzneistoffe können eine Nachblutung auslösen. Dies gilt generell bei Wunden mit Blutungsneigung.

Tip: Da die Schmerzempfindlichkeit nachmittags geringer ist als morgens, sollten Sie den nächsten **Zahnarzttermin** möglichst **ab 14 Uhr** vereinbaren. Weniger Schmerzen verspürt auch, wer körperlich und seelisch fit ist.

---

* **Abschätzung der Häufigkeit von Nebenwirkungen**
Beim Lesen der Gebrauchsinformation sorgen sich viele Patienten unnötig, weil sie Begriffe wie „häufig" oder „selten" zahlenmäßig zu hoch ansetzen. Laut Lehrbuch müssen mit unerwünschten Wirkungen rechnen bei Angabe

– „häufig":	**1 bis ca. 5 von**	**100 Patienten**
– „gelegentlich":	**1 von 1.000**	**bis 10.000**
– „selten":	**1 von 10.000**	**bis 500.000**
– „extrem selten":	**1 von mehr als**	**500.000**

Schmerzmittel mit Kaffee, Tee oder Mate verstärken

Aspirin, Benuron und Aktren sind rezeptfreie Markenschmerzmittel, die aus nur *einem* Wirkstoff bestehen. Mit den Bezeichnungen ASS, Paracetamol und Ibuprofen oder ähnlich sind auch entsprechende Generika auf dem Markt. All diese Einstoffpräparate eignen sich für den Tag und ebenso für die Nacht, weil sie frei sind von Coffein.

Tagsüber kann Coffein allerdings als Wirkungsverstärker und Kreislaufanreger durchaus erwünscht sein. Um dies zu erreichen, müssen die Tabletten nur mit einer Tasse Kaffee, Schwarztee oder Mate eingenommen werden, wobei der Matetee stärker aufgebrüht werden muß, weil er coffeinärmer ist. Mit dem Kauf eines der modernen Einstoffpräparate verfügen Sie so über *zwei* Schmerzmittel – eines mit Coffeingetränk für den Tag und eines ohne für abends und die Nacht.

Kombinationsschmerzmittel wie das bewährte Thomapyrin und Neuralgin enthalten Coffein bereits in ihrer Rezeptur. Wer eines dieser Tablettenpräparate zusammen mit Kaffee etc. anwendet, muß mit einer evtl. unerwünscht starken Coffeinwirkung (Unruhe, Erregung) rechnen. Da bei allen Schmerztabletten (wie generell bei Fertigarzneimitteln) die Angabe der Wirkstoffe vorgeschrieben ist, kann auch der Laie sofort erkennen, ob Coffein enthalten ist. Achtung! Wer Coffein und die entsprechenden Getränke nicht gewohnt ist, muß mit bis zu zehnstündiger Wirkung rechnen.

Schnupfen/Husten: Kamillen-, Salz-, Soleinhalation

1. Kamille

Ein altbewährtes, auch wissenschaftlich abgesichertes Hausmittel ist der „Kamillen-Kopfdampf", also die Einatmung des ätherischen (= flüchtigen) Kamillenöles mit Wasserdampf. Diese Prozedur kostet praktisch nichts, wenn Sie gewohnt sind, jedes Jahr im Juni Ihre Kamille selber zu zupfen. Deutschlands Weg- und Feldränder wimmeln zu dieser Zeit von Kamillenblüten bester Qualität. Für wenig Geld gibt es die stark duftenden Blüten bekanntlich auch zu kaufen, wobei allerdings auf die hochwertige **Arzneibuchqualität** zu achten ist. Sie kostet zwar mehr als die sogenannte Lebensmittelkamille, ist dieser aber normalerweise überlegen.

Zubereitung: Man erhitzt in einem kleinen Topf mit Deckel zwei Tassen voll Leitungswasser zum Kochen, rührt einen gehäuften Eßlöffel voll Blüten dazu, bedeckt das Gefäß und beginnt nach Wegnahme vom Herd sofort mit der zehnminütigen Inhalation: Frotteetuch über den Kopf legen (Dauerwellen mit Plastikhaube schützen!), Deckel anfangs nur einen Spalt, mit fortschreitender Abkühlung immer weiter öffnen und den Dampf täglich drei- bis viermal tief durch die Nase ein- und den Mund ausatmen. Die Regulierung der Dampftemperatur gelingt leicht, indem der Kopfabstand zum Topf zu Beginn größer, später immer geringer gehalten wird. Pro Tag ist stets ein neuer Aufguß zu bereiten, damit die Kamille einerseits genügend Ätherischöl enthält und andererseits Keimwachstum vermieden wird.

2. Salz und Sole

Inhalationen von Wasserdampf und Salz können nicht wie der Kamillen-Kopfdampf ausgeführt werden, weil Salz hier nicht verdampfen kann. Bei der Salzinhalation ist ein Zerstäubergerät, mit dem winzige salzhaltige Wassertröpfchen erzeugt werden, unerläßlich. Bekannte Apparate: Pari Turbo Boy und Micro Inhalator Mi 6000.

Zubereitung: Man löst einen gehäuften Kaffeelöffel (= ca. 8 g) feinkörniges Kochsalz in 400 bis 500 Milliliter kochendem destilliertem oder entmineralisiertem Wasser auf und inhaliert drei- bis viermal täglich einige Milliliter. Die Lösung kann verschlossen und gut gekühlt bis zu fünf Tage benutzt werden.

Statt Kochsalz kann (besser) auch Emser Inhalationslösung (und *ohne* Gerät Emser Nasenspray) verwendet werden. Deren natürliches Salzgemisch enthält unter anderem Natriumbikarbonat, welches das entzündungsbedingt saure Schleimhautmilieu zu neutralisieren vermag.

Kamillenaufgüsse und industriell hergestellte Kamillenkonzentrate wie Kamillosan sollen nach neueren Erkenntnissen nicht mit Zerstäubergeräten, sondern wegen der besseren Verträglichkeit nur mit Wasserdampf, wie am Kapitelanfang beschrieben, inhaliert werden.

Achtung: Vor jeder Inhalation müssen die Nasenwege offen sein. Deshalb ist zuvor ggf. ein abschwellendes Mittel nötig.

Eine gute Erkältungsvorbeugung ist feuchte Raumluft. Dies ist im Winter oft ein Problem, weil – im Gegensatz zur warmen Jahreszeit – auch die Außenluft trocken ist, besonders bei Frost. Deshalb sind Wasserverdunstungsbehälter (wöchentlich reinigen!) wichtig. Feuchte Atemluft schützt nämlich die Schleimhäute vor Austrocknung und damit auch vor Infektionen. Gut für gesundes winterliches Klima in geschlossenen Räumen ist auch die täglich zweimalige „Stoßlüftung", das heißt der nur etwa eine Minute dauernde, energiesparende Luftaustausch. Ausdünstungen und von der Heizung aufgewirbelter Staub gelangen damit regelmäßig ins Freie.

Schnupfentropfen und -sprays: Anwendungsfehler

Hauptfehler: zu lange Benutzung der abschwellenden Mittel. Folgen: Schon nach einer Woche kann es zum Teufelskreis des sog. „Privinismus" kommen. Das heißt: stärker verstopfte Nase gerade *wegen* Gebrauch solcher Produkte. Die Schleimhaut trocknet außerdem aus und nicht selten bilden sich Krusten und Borken (siehe hierzu Kapitel „Verstopfte/trockene Nase: was tun?").

Vermeidung weiterer Fehler:

- Nasen*tropfen:* Es ist falsch, die Tropfen bei zurückgelegtem Kopf am Nasenboden einzubringen, weil das meiste oft nur nach hinten in den Rachen fließt. Mit der halben Tropfenmenge, wie bisher gewohnt, kommen Sie folgendermaßen aus: Bei entsprechend schief gehaltenem Kopf die *halbe* Tropfenmenge seitlich oben im jeweiligen Nasenflügel plazieren. Dann Nasenflügel antippen und dabei hochschniefen. Die Flüssigkeit gelangt dadurch vollständiger und feiner verteilt zu den Schwellkörpern. Durch diesen Trick reicht das Schnupfenmittel fast doppelt so lange und kostet somit nur die gute Hälfte. Zusatzvorteile: geringere Gefahr von Nebenwirkungen wie Blutdruckerhöhung, Herzklopfen und Schädigung der Nasenschleimhaut.

- ❑ Nasen*sprays:* Wählen Sie statt der gewöhnlichen Kunststoff-Quetschflasche lieber einen Dosierspray. Er bringt gleich mehrere Vorteile: genau definierte Dosis pro Sprühstoß, hygienischer, längere Haltbarkeit im Anbruch, etwas höhere Ergiebigkeit infolge der geringeren Sprühmengen, dadurch weniger Nebenwirkungen möglich. Probieren Sie außerdem als Erwachsener auch einmal die schwächeren, billigeren Dosiersprays für *Kleinkinder:* Nicht selten reicht die hierin enthaltene halbe Wirkstoffdosis aus.

Gleichgültig, ob Sie nun Nasentropfen bevorzugen oder – trotz obiger Empfehlungen – bei Sprays in Quetschflaschen bleiben wollen: Bitte darauf achten, daß der zusammengedrückte Pipettengummi bzw. der Kunststoffbehälter erst **nach Herausziehen** der Pipetten-/Behälterspitze aus der Nase entspannt werden dürfen. Sonst wird Sekret eingesaugt.

Kochsalzlösung, die milde Alternative

Versuchen Sie, ob Sie oder Ihre Kinder zumindest beim Abklingen der akuten Erkältung mit der völlig unschädlichen isotonischen Kochsalzlösung (0,9 prozentig) auskommen. Dazu ein Sparvorschlag: in der Apotheke eine leere Dosiersprayflasche und 100 ml Isoton(isch)e Natriumchlorid (= Kochsalz)-Lösung der Firmen Braun oder Fresenius etc. kaufen. Daheim die Sprayflasche selbst füllen und mit Inhaltsangabe sowie Datum versehen. Angebrochene 100-ml-Flasche verschlossen im Kühlschrank aufbewahren. Gebrauchte, leere Sprayflasche vor Nachfüllung gut mit Heißwasser reinigen.

Wußten Sie übrigens, daß junge Säuglinge „obligate Nasenatmer" sind, das Atmen durch den Mund also erst erlernen müssen? Aus diesem Grund ist eine Erkältung im ersten Lebensquartal immer eine vom Kinderarzt oder Hausarzt zu behandelnde Erkrankung. Achtung: Ätherischölmischungen wie Babix-Inhalat N und Liniplant niemals in das Gesicht oder die Nase geben.

Rezeptfreie Schnupfentropfen bzw. -sprays aus der Apotheke
– Naturheilmittel: Emser Nasenspray, Rhinomer Nasenspray etc.
– synthetisch: Nasenspray Ratiopharm (auch Tropfen), Nasivin, Olynth, Otriven etc.

Schuppen: Die trockenen sind oft vermeidbar!

Es gibt zwei Schuppenarten, **fette,** die oft mit Hautrötung und Juckreiz einhergehen, und die harmloseren **trockenen.** Ursache für erstere ist meist der Hefepilz Pityrosporum ovale. Er ist gut zu bekämpfen mit dem rezeptfreien, leider teuren Schampon Terzolin. Preiswerter, aber mit einigen Nebenwirkungen behaftet sind die ebenfalls rezeptfreien selenhaltigen Mittel Selsun und Selukos.

Weniger kosten dagegen ein paar einfache **Maßnahmen gegen die viel häufigeren trockenen Schuppen.** Man muß nur

1. das gewaschene Haar an der Luft, also ohne Fön trocknen,
2. die Haare wöchentlich nicht öfter als zweimal waschen, **auch bei häufigerem Duschen,**
3. dem Haarboden nicht so viel „Chemie" durch Färben, Dauerwellen, Festiger etc. zumuten,
4. bestens verträgliche Schampons benutzen, die
   a) unkonserviert und
   b) ungefärbt sind,
   c) schwach sauer eingestellt sind,
   d) leicht rückfetten,
   e) keinen oder möglichst wenig Duftstoff enthalten. Und wenn schon, dann hautgetesteten, denn sonst können Allergien auftreten.

Alle diese Forderungen erfüllt beispielsweise das preisgünstige pH5-Eucerin Shampoo. Bei Beachtung der genannten vier Punkte kann zumindest eine Verringerung der Bildung trockener Schuppen erwartet werden.

Schwedenkräuter: für Verdauung und Wohlbefinden

Die Geschichte der Schwedenkräuter-Mischungen reicht zurück bis ins Mittelalter. Eine alte Rezeptur wurde bekannt unter dem lateinischen Titel „Species ad longam vitam" (= Kräutermischung für ein langes Leben).

Was haben die Kräuter mit Schweden zu tun?

Mit dem kühlen skandinavischen Land nichts, aber mit zwei schwedischen Ärzten des 17. Jahrhunderts: Dr. Hjärne und Dr. Samst. Sie übernahmen vom bekannten Naturforscher-Arzt Paracelsus (1493–1541) aromatisch, scharf und bitter schmeckende Elixierrezepte, verfeinerten sie und gaben ihnen den Namen Schwedenkräuter. Allerdings ohne die Absicht, damit eine genau definierte Rezeptur zu verbinden. So ist es bis heute geblieben, das heißt die Zusammensetzungen der diversen Hersteller sind nicht identisch, sondern einander nur ähnlich.

Woraus bestehen Schwedenkräuter und wie wirken sie?

In Schwedenkräuterrezepturen findet man eine *Auswahl* aus folgenden Heilpflanzen etc.: Angelikawurzel, Anis, Eberwurzwurzel, Enzianwurzel, Fenchel, Galgantwurzel, Gelbwurzel, Kalmuswurzel, Kampfer, Kardamom, Kümmel, Manna, Medizinalrhabarber, Muskat, Myrrhe, Orangenschalen, Safran, Senna, Theriak*, Wacholderbeeren, Wermut, Zimtrinde, Zitronenschalen, Zitwerwurzel etc.

Schwedenkräuter beziehungsweise der daraus bereitete Schwedenbitter unterstützt vor allem die Funktionen der Speicheldrüsen, des Magens und der Galle. Völlegefühl und Blähungen werden vermieden oder gemildert. Je nach Zusammensetzung kann eine milde Darmanregung erwartet werden.

Wie werden Schwedenkräuter zubereitet und angewendet?

Der Packungsinhalt muß mit der angegebenen Menge Kornschnaps oder Obstler angesetzt und nach mehrmaligem Umschütteln sowie einer Woche Wartezeit abgesiebt werden. Trübung oder Bodensatz haben keine Bedeutung. Kosten spart, wer beim ländlichen Kornbrenner kauft und den Schnaps mit Wasser auf völlig ausreichende 30 Volumenprozent verdünnt.

Der in Eßlöffelmenge einzunehmende Schwedenbitter ist jahrelang haltbar. Er entfaltet kräftigere Wirkungen als die zuckerhaltigen Magenbitter des Handels und ist im Gegensatz zu diesen auch für Diabetiker geeignet.

***Theriak,** geschätztes mittelalterliches „Allheilmittel" bestand aus über 50 meist pflanzlichen Komponenten, darunter Opium. Obwohl die Rezeptur später auf nur noch etwa zehn Substanzen verkürzt und modernisiert wurde, ist Theriak (auch die Version ohne Opium) heute kaum mehr gefragt.

Schweißfüße mit Walnußblättern kostenfrei behandeln

Unser Walnußbaum ist ein Zuwanderer aus wärmeren Regionen. Er ist ein besonders fleißiger „Gastarbeiter": Seine Nüsse schmecken uns, das Holz ziert die Möbel, die unreifen grünen Früchte kurieren Magenbeschwerden (siehe „Magenbeschwerden: Rhöner Walnußschnaps") und seine gerbstoffreichen Blätter bekämpfen ohne Geld den Fußschweiß, wenn wir sie im Herbst vom Boden selbst auflesen. Nach kurzem Abwaschen mit Kaltwasser und Entfernen der Stiele werden sie in flacher Schicht rasch getrocknet. Von den manuell fein zerbröselten Blättern werden reichlich zwei Hand voll in einem alten Topf mit einem Liter Wasser kalt angesetzt und einige Minuten lang leicht gekocht. Der nicht abgeseihte Sud wird mit eineinhalb Litern Kaltwasser aufgegossen. Fertig ist das gut zehnminütige Fußbad.

Auch **Frostbeulen** können so therapiert werden. (Geschnittene Eichenrinde erfüllt die gleichen Zwecke).

Als Badegefäß sollte eine billige Plastikschüssel dienen, die braune Gerbstoffablagerungen verschmerzen läßt.

Bei starkem Fußschweiß wäre zusätzliches Trinken von kaltem Salbeitee einen Versuch wert (siehe Kurzbeitrag „Schweißhemmung mit Salbei").

Walnußblätter sind genau wie Eichenrinde und Salbei selbstverständlich auch im Fachhandel erhältlich.

Schweißhemmung mit Salbei

Gartensalbei

In erster Linie sind die Blätter des Gartensalbeis bei Zahnfleisch-, Mund- und Rachenentzündungen geläufig. Hier ist jedoch der noch wenig bekannte Dreilappige Salbei vorzuziehen (siehe Kapitel „Mundentzündung: Dreilappiger Salbei ist überlegen"). Es gibt für den Gartensalbei aber noch eine weitere, seltener genutzte Heilanzeige: übermäßiges z.B. **wechseljahrbedingtes Schwitzen**. Hierbei wird der Tee *kalt* getrunken. Zubereitung: knapp zwei Teelöffel Droge pro Tasse mit siedendem Wasser übergießen, nach Umrühren zehn Minuten bedeckt ziehenlassen, dann nach nochmaligem Umrühren abseihen und bedeckt auskühlen lassen. Dreimal täglich eine Tasse trinken, davon bei **nächtlichem Schwitzen** eine kurz vor dem Schlafengehen. Achtung: Nicht über längere Zeit trinken. Stillende sollen Salbeitee meiden, weil er den Milchfluß mindert.

Rezeptfreies Salbei-Fertigarzneimittel: Sweatosan

Sodbrennen: Zur *Not* hilft auch mal Natron!

Den Naturstoff Natron (Natriumhydrogenkarbonat) kennen Generationen von Hausfrauen als Zusatz zum Kochwasser von Gemüsen und Hülsenfrüchten, weil damit alles schneller weich und besser verträglich wird. Deshalb ist dieses laugig schmeckende weiße Pulver in vielen Küchen vorrätig – und damit ein billiger Nothelfer bei Sodbrennen. Natron schmeckt nämlich nicht nur laugig, sondern *ist* eine Lauge, geeignet zur schnellen Neutralisierung von zuviel Magensäure.*

Man trinkt einfach eine „runde Messerspitze" voll (ca. 2 g) in Wasser gelöst. Bei der Reaktion im Magen entsteht unter anderem Kohlendioxid, erkennbar am Aufstoßen. Wegen der Gasbildung darf Natron bei Magengeschwür nicht genommen werden. Bei zu starker Abstumpfung der Magensäure infolge Überdosis des Natrons wird allerdings die Neubildung des sauren Magensaftes angeregt, so daß wenig später erneut Sodbrennen auftreten kann. Dies gilt auch für das seit über 150 Jahren erhältliche **Bullrichsalz**, das im Prinzip nichts anderes als Natron ist.

Durch geringere Dosierung (z.B. nur 1 g) kann die geschilderte Säureneubildung gemindert werden. Bei den neueren und teureren Säurebindern wie Talcid und den freiverkäuflichen Magnesiumtrisilikat-Tabletten tritt diese unerwünschte Nebenwirkung praktisch nicht auf. Fehlt jedoch eines dieser (empfehlenswerteren) Mittel, dann ist Natron zur ausschließlich kurzzeitigen Behandlung jedenfalls mehr als der „Spatz in der Hand".

Eine dem Natron ähnlich zusammengesetzte Natursubstanz ist das **Kalziumkarbonat**. Unter der Bezeichnung **Kreide** kennen sie bereits die Schulkinder.
Wegen ausgezeichneter Verträglichkeit ist das weiße, zu Tabletten gepreßte Pulver auch außerhalb der Apotheken erhältlich.
Das preiswerte Kalziumkarbonat besitzt neben der Heilanzeige **Magenübersäuerung** zwei Zusatzvorteile: Es schützt die Magenschleimhaut und mindert vorbeugend die Nebenwirkungen schwerverträglicher Rheumamittel. Außerdem wird für den Knochenaufbau wichtiges Kalzium zugeführt.
Eines freilich vermag Kreide nicht: eine rauhe Stimme zur lieblichen zu wandeln. Das gelang nur im Märchen „Der Wolf und die sieben Geißlein".

Wußten Sie übrigens, daß alle Mittel gegen Sodbrennen erst etwa 1 1/2 Stunden nach dem Essen eingenommen werden sollen? Der Grund: Vorher reicht normalerweise der Speisebrei zur Neutralisierung der Säure aus. Da Vorbeugen bekanntlich besser als Heilen ist, nachstehend ein paar Tips, wie Sodbrennen vermieden werden kann:

Verzichten Sie auf Alkohol, Kaffee, Scharfgewürze (auch Meerrettich), Gebratenes, Gegrilltes, Tabak, Süßigkeiten (u.a. Schokolade), zu fette und zu reichliche Mahlzeiten.

Übergewicht ist ebenso schädlich wie **seelische Verstimmung.** Das nicht seltene **Schwangerschafts-Sodbrennen** kann zumindest abgeschwächt werden, wenn – unabhängig von der Tageszeit – nur bei Appetit gegessen wird. Vor dem Aufstehen helfen oft ein paar Bissen Weiß- oder Knäckebrot.

Gegen **nächtliches saures Aufstoßen** soll das Bett am Kopfende ca. 15 cm erhöht werden.

Sodbrennen infolge **Arzneimitteleinnahme** darf nicht sofort, sondern erst nach mindestens einer Stunde behandelt werden, weil es sonst zur gegenseitigen Wirkungsbeeinflussung (Interaktion) kommen kann.

Die Selbstbehandlung sollte bei ausbleibendem Erfolg spätestens nach einer Woche enden. Dann nämlich muß die Ursache der Beschwerden ärztlich geklärt werden. Auch bei häufigerem kurzen Sodbrennen ist die Ursache vom Arzt zu ermitteln.

---

*Magensaft enthält unter anderem 0,1%ige Salzsäure. Er ist deshalb stark sauer. Saures Aufstoßen beruht somit auf der ätzenden Wirkung einer der stärksten anorganischen Säuren.

Sonnenbrand mit vier Naturmitteln behandeln

Drei der vier Mittel entstammen heimisch-ländlichem Wissen, das vierte, Aloefrischsaft, südostasiatischen Medizinmannkenntnissen. Es ist nur scheinbar weit entfernt, weil die exotische Aloe als Zierpflanze auf vielen deutschen Fensterbrettern steht.

Buttermilch wird früh und abends zart auf die gerötete Haut gebracht. Vor jeder neuen Anwendung die angetrockneten Reste der vorherigen sanft abwaschen. Keine reibende Kleidung über den betroffenen Stellen tragen, sofern es die Außentemperaturen zulassen.

Gurkenscheiben eignen sich, geschält und dann quer oder längs geschnitten, für kleinflächige Verbrennungen. Mit Mullbinde locker fixieren.

Kamillenumschlag: Ein frisches, weiches Handtuch wird mit täglich neu bereitetem Kamillenaufguß getränkt und aufgelegt. Zubereitung des Aufgusses: vier Teelöffel voll Kamillenblüten mit 1/2 Liter kochendem Wasser überbrühen, fünf Minuten bedeckt ziehenlassen und abseihen.

Aloe

Aloesaft ist eine viskose, wasserklare Flüssigkeit, die als Aloevera-Gel gegen Bares zur Verfügung steht, oder umsonst, wenn ein paar Blätter der Zierpflanze geopfert werden. Die am Stamm abgetrennten Blätter werden nach Abwaschen quer in ca. drei Zentimeter breite Stücke geschnitten, der dicke Saft an beiden Schnittstellen herausgepreßt und auf der Haut dünn verteilt. Der nicht nur entzündungswidrige, sondern auch antibakterielle Aloesaft wurde erst im Zweiten Weltkrieg in der westlichen Medizin bekannt: Medizinmänner verrieten den sonnenverbrannten Marines der US-Pazifikflotte das Geheimnis der zu den Liliengewächsen zählenden stacheligen Pflanze.

Der bis zur Trockene eingedampfte Blattsaft einiger Aloearten ist übrigens ein dickdarmwirksames Abführmittel (mit Anwendungsbeschränkungen).

Alle vier Tips eignen sich nur bei Verbrennungen 1. Grades, das heißt leichterer Art. Darüber hinausgehende Hautschäden müssen ärztlich behandelt werden.

Rezeptfreie Sonnenbrandmittel aus der Apotheke
Brand- und Wundgel – Medice, Fenistil, Soventol H

Sonnenschutz: professionelle UV-Abwehr

Mühelos könnte zu diesem *brennenden* Thema ein umfangreicher wissenschaftlicher Bericht vorgelegt werden. Am Ende wäre der Laie wohl eher verwirrt. Dies soll vermieden werden, indem nur praxisorientierte Empfehlungen für den richtigen Umgang mit der Sonne gegeben werden.

FRY NOW – PAY LATER

Die Amerikaner sind bekannt als Meister treffend kurzer Formulierungen. Einschlägiges Beispiel siehe oben. Auf Deutsch: **BRATE JETZT – ZAHLE SPÄTER.** Stimmt leider auch bei uns, denn der Anstieg der Hautkrebsrate und anderer Hautschäden ist erschreckend.

Bitte beachten Sie folgende Tips und Fakten:

- ❑ Die Haut „vergißt" keinen einzigen Sonnenbrand. Lebenslang nicht!
- ❑ Säuglingshaut ist besonders lichtempfindlich. Im Sommer soll sie deshalb direkter Besonnung möglichst überhaupt nicht ausgesetzt werden.
- ❑ Für alle anderen Lebensalter (vor allem Kleinkinder) gilt nach Möglichkeit:

  ZWISCHEN ELF UND FÜNFZEHN UHR MEIDE SOMMERSONNE PUR!
- ❑ Nasse, zwangsläufig gequollene Haut entwickelt besonders leicht einen Sonnenbrand. Deshalb bei Hitze nicht alle paar Minuten zur Abkühlung ins Wasser gehen und triefnaß gleich wieder in die Sonne legen – auch nicht bei Verwendung einer Sonnenmilch etc. Außerdem: Auf eingecremter Haut bilden Wassertropfen kleine Brenngläser. Am Meer schadet beim Abdunsten zusätzlich eine immer stärker werdende Salzlake – bis hin zur Auskristallisation von Meersalz auf der gereizten Haut.
- ❑ Luftige, dichte, helle Kleidung und breitkrempiger Sonnenhut sind – vor allem auch für Kinder – ein guter Lichtschutz, ein sehr guter sogar, wenn die Textilien UV-imprägniert sind.
- ❑ Auch bei bedecktem Himmel erreichen noch ca. 50 % der Ultraviolettstrahlen den Boden. (Bienen mit ihren UV-sensiblen Augen sehen die Sonne auch hinter Wolken). Tritt zur Bewölkung noch leichter Wind, dann ist die Selbsttäuschung einer vermeintlich geringen Strahlendosis perfekt.
- ❑ Heller Sand steigert durch Reflexion die UV-Belastung um ca. 15 %, Wasser um etwa 5 %, Schnee um „...zig" %, Grund für die Schneeblindheit.
- ❑ Wählen Sie vor allem für Kinder, im Süden und in den Bergen von vornherein Produkte mit dem hohen Lichtschutzfaktor (= LF) 20. Definitionsgemäß, aber **nur theoretisch** können Sie damit 20mal länger in der prallen Sonnen bleiben als mit ungeschützter Haut. In Wirklichkeit dürfen aber nur zwei Drittel dieser rechnerischen Schutzzeit genutzt werden, um vorzeitige Hautalterung zu vermeiden.
- ❑ Mehrfaches Eincremen verlängert die Schutzzeit *nicht!*
- ❑ Eincremen direkt vor dem Sonnenbad ist falsch. Richtig: 1/2 Stunde vorher.
- ❑ Die Zusicherung „wasserfest" auf vielen Packungen sollte nicht allzu wörtlich genommen werden. Zutreffender wäre „wasserabweisend" und richtig ist auch hier leichtes Nachcremen nach jedem Schwimmen.
- ❑ Lichtschutzfaktoren über 20 bringen unter normalen Bedingungen kaum einen Zusatznutzen. Hier können sogar eher die Nachteile überwiegen durch ver-

stärkte Hautirritationen seitens der konzentrierteren chemischen UV-Filter (mehr phototoxische und photoallerigsche Reaktionen).

- ❑ Vor allem für den besonders lichtsensiblen Hauttyp 1 (rothaarig, Sommersprossen) kommen LF bis maximal 30 in Frage. Solche Mittel sollten als Wirkstoffe hauptsächlich die als hautfreundlicher eingeschätzten sog. Mikropartikel (Titandioxid, Zinkoxid etc.) enthalten, die auch schon bei geringeren LF sinnvoll sind. Auch blonde, helläugige (Hauttyp 2) *Hoch*alpinisten und *Tropen*urlauber sind mit LF 30 wohl besser bedient.
- ❑ Parfüm auf nackter Haut ist zwar sexy, kann aber bei langer Besonnung allergische Reaktionen hervorrufen.
- ❑ Generell werden parfüm-, fett- und emulgatorfreie Hydrodispersionsgele heute als optimale Wirkstoffträger angesehen. Sie verhüten auch die juckende sog. **Mallorca-Akne.**
- ❑ Der jeweils angegebene Lichtschutzfaktor darf sich nicht mehr nur auf den kurzwelligen „B"-Anteil des UV-Lichtes (Hauptverursacher von Sonnenbrand und Hautkrebs) beziehen, sondern er muß auch den längerwelligen, tiefer eindringenden Bindegewebsfeind UV**A** (Elastose, Hautfalten etc.) einbeziehen. UVA durchdringt sogar Fensterglas. Das kurzwelligste UV**C** wird normalerweise von der Ozonschicht absorbiert. Zum Glück kann UVC die oberste Hornschicht der Haut nicht überwinden und wird deshalb als harmloser angesehen.
- ❑ Mikropartikel (Pigmente) enthaltende Produkte schützen gegen alle drei UV-Arten.
- ❑ Manche Arzneimittel bewirken Lichtallergie. Lesen Sie daher nochmals den jeweiligen Beipackzettel oder fragen Sie Ihren Arzt oder Apotheker.
- ❑ Vergessen Sie bei angeborener Lichtempfindlichkeit nicht, entsprechende deutsche Arzneimittel einzupacken.
- ❑ Lassen Sie sich von Fachleuten ergänzend beraten, weil dieses Kapitel nicht alle möglichen Fragen beantworten kann.

***Weiße* Haut ist schön.**

„Gesunde Bräune" ist vor allem ein Werbeslogan. In Wirklichkeit ist Bräune (Lichtschwiele, Melaninbildung, Reparaturmechanismus, Immunsystem) eine Körperreaktion auf UV-Licht. Nur wenige Minuten Sonnenlicht täglich reichen für uns Europäer zur Bildung von genügend Vitamin D3 in der Haut.

Bis zum Ersten Weltkrieg galt Blässe als unverzichtbar für bessere Kreise. *„Gesunde Blässe"* sollte die künftige Devise für *alle* Schichten werden. Man muß ja nicht gleich übertreiben, aber **dunkel**braune Haut könnte „dank" Ozonschwund wohl bald „mega-out" sein.

Gegen **leichte** Hautbräunung bestehen auch weiterhin wohl keine Bedenken. Vorsichtige (Ausnahme Raucher!) können ja mit **Beta-Carotin** nachhelfen. Dieses tönt die Haut nicht nur unschädlich von innen heraus, sondern hilft obendrein noch aktiv mit als antioxidativer Zellschutzstoff gegen UV-bedingte freie Radikale. Beta-Carotin verbessert die Strahlentoleranz. Es muß aber bereits drei bis vier Wochen vor dem Badeurlaub täglich eingenommen werden. In dieser Zeit können häufigere Möhrengerichte die Kosten für ß-Carotin-Präparate senken helfen.

Splitter (= Span, Spreißel, Schiefer) leicht entfernen

Gleich nach dem Malheur gelingt die Entfernung oft nicht so gut wie nach einem Tag. Dann nämlich hat sich etwas Flüssigkeit rings um den Eindringling gesammelt und seinen Halt gelockert. Zunächst sollte die Haut evtl. an der Eintrittstelle mit einer über einem Feuerzeug erhitzten Nadel etwas angeritzt werden. Mit der Spitz- oder Schrägpinzette ist der Quälgeist unter leichtem Drücken dann rasch herausgezogen. Bei tiefer eingedrungenen Splittern ist ärztliche Hilfe nötig. Dies auch wegen einer evtl. nötigen Wundstarrkrampf(Tetanus)-Spritze.

Bei besonders wehleidigen Kindern können feine Glassplitter oder Kaktusstacheln etc. versuchsweise mit dem Staubsauer berührungslos und praktisch schmerzfrei entfernt werden: Engste (gereinigte) Düse aufstecken und mit höchster Leistungsstufe sowie geringstmöglichem Hautabstand die Fremdkörper einfach absaugen.

Tabletten oder Tropfen einnehmen?

Von vielen Arzneimitteln gibt es mehrere Darreichungsformen wie Salben, Zäpfchen, Ampullen, Tabletten und Tropfen. Den beiden letztgenannten gemeinsam ist die *gleiche* (perorale) Einnahme durch den Mund. Deshalb konkurrieren Tabletten und Tropfen miteinander besonders eng. Es gibt aber auch hier Gründe für die Bevorzugung der einen oder anderen Form. Sehen Sie anhand der tabellarischen Gegenüberstellung auf der nächsten Seite die Vor- und Nachteile.

Zu den Tropfenpräparaten vorab noch ein technischer Hinweis:

Je nach Kunststoffeinsatz oben im Behälter werden zwei Tropfertypen unterschieden, der *Zentraltropfer* und der *Randtropfer*. Ist ersterer montiert, muß das Fläschchen *senkrecht* nach unten, beim andern *schräg* gehalten werden. Der Beipackzettel informiert über die Handhabung.

Tabletten oder Tropfen wählen?

Darreichungsform	Tropfen	Vorteil		Tabletten (Dragees, Kapseln)
Herstellung	billiger, weil einfach	+	–	teuerer, weil komplizierter
Preis	könnte billiger sein	+	–	*ist* eher höher
Ergiebigkeit	reicht eher etwas weiter	+	–	eher begrenzt, da Stückzahl-Limit starrer
Haltbarkeit	meist geringer	–	+	meist länger
Konservierung	bei wässerigen Lösungen nötig	–	+	entbehrlich (Ausnahme Weichgelatinekapseln)
Verteilung im Magen	schnell	+	–	langsamer; Tablette muß erst zerfallen
Magenbelastung	gering, da Wirkstoff schon gelöst und verdünnt	+	–	größer, da bis zum Zerfall und zur Verteilung stärkere lokale Konzentration
Wirkungseintritt	schnell	+	–	langsamer
Wirkungs-verlängerung	schwierig	–	+	leicht möglich (Retard-, Depotformen)
Schutz vor Magensäure	nicht möglich	–	+	säurefeste Überzüge möglich und somit Wirkung erst im Dünndarm
Dosier-genauigkeit	etwas geringer	–	+	besser, solange Einnahme ungeteilt
Individuelle Dosierung	auf plus/minus einen Tropfen möglich	+	–	Tablettenteilen endet beim Vierteln, Dragees und Kapseln sind unteilbar
Zahl der Hilfsstoffe	oft nur Wasser (plus Konservierung)oder mit Weingeist gemischt	+	–	einige bis mehrere nötig (z.B. Gleit-, Füll- und Sprengmittel)
Haltbarkeit im Anbruch	im Prinzip kürzer	–	+	wegen Fehlens von Wasser länger
Handhabung	komplizierter	–	+	leichter, wenn die Einnahme ohne Teilen möglich ist
Einnahme-bereitschaft (Compliance)	eher besser, weil Einnahme leichter	+	–	geringer, bei Schluck-schwierigkeiten schlecht

Im Bereich der Selbstbehandlung und der gerade hier bevorzugten Naturheilmittel sind Tropfenpräparate seit jeher besonders geschätzt. Die leicht überwiegenden positiven (+) Bewertungen der Darreichungsform Tropfen rechtfertigen die Beibehaltung dieser Tradition auch unter modernen Gesichtspunkten. Bei verordneten Mitteln legt selbstverständlich der Therapeut die Darreichungsform fest.

Apothekertip

für Menschen mit schlechten Augen: Die Tropfendosierung kann auch akustisch festgestellt werden, indem man aus ca. 20 Zentimeter Höhe in einen leeren Plastik-Joghurtbecher tropft. Jeweils ein gut hörbares „Klack" entspricht einem Tropfen. Nach Verdünnen und Umschütteln kann der Becher dann gleich zur Einnahme verwendet werden.

Tablettenschlucken – kein Problem

Tablettenschlucken ist für nicht wenige Menschen schwierig. Sofern die Tabletten keinen magensaftfesten Überzug haben, können sie nach Auflösen oder Anschlämmen in Wasser einfach *getrunken* werden. Bei Aspirin und ASS-Generika ist das sogar empfehlenswert.

Filmtabletten, Dragees und Kapseln bieten diese Möglichkeit nicht. Hier hilft man sich, indem die Arznei zusammen mit einem Bissen gut gekautem Brot hinuntergeschluckt wird. Noch besser gleitfähig wird der Arzneibissen zusammen mit 1/4 Banane. Psychologisch hilfreich ist auch die Tatsache, daß Erwachsene beim Verzehr von beispielsweise Gulasch Brocken von mehr als doppelter Tablettengröße ohne Schwierigkeiten verschlucken. Achtung: Tabletten etc. nicht im Liegen einnehmen.

Tablettenteilen leicht gemacht

Viele Tabletten haben keine Bruchrille, müssen gemäß ärztlicher Vorschrift aber trotzdem geteilt oder gar geviertelt werden. Ein gezähntes Messer ist lediglich Notbehelf, denn zum einen ist die Schneideprozedur nicht gerade hygienisch und zum anderen gelingt die *exakte* Halbierung selten. Ergebnis: Die beiden Hälften sind in

Tablettenteiler Exakt

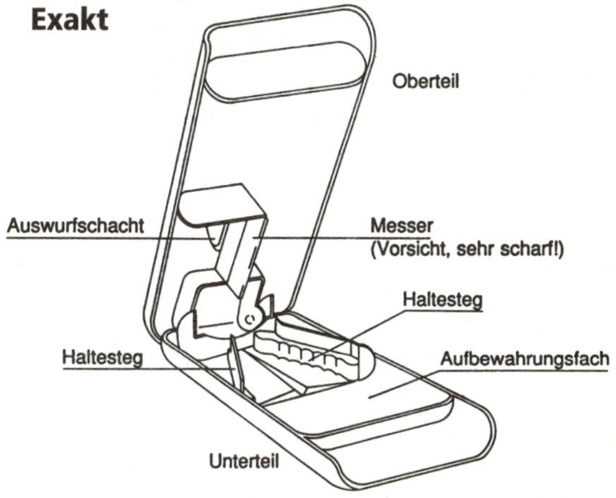

Wirklichkeit gar keine, sondern nur Teilstücke irgendwo zwischen 40 und 60 Prozent, statt fifty-fifty. Bei der Wirksamkeit heutiger Arzneistoffe bereits im Bereich von nur *einem* Milligramm sind solche Streuungen inakzeptabel. Außerdem ist nicht jedermann/frau für solche Sägeschnitte genügend geschickt. Derlei Probleme meistert der „Tablettenteiler Exakt" (Abb.), der seinem Namen alle Ehre macht. Denn er teilt runde Tabletten aller üblichen Größen und Dicken leicht, genau und sauber. Selbst an die Aufbewahrung erst später benötigter Tablettenhälften ist mit einem kleinen Extrafach gedacht. Der Erfinder dieses Mini-Fallbeiles hat möglicherweise unbewußt eine gedankliche Anleihe bei der Guillotine aus der Französischen Revolution aufgenommen.

Für ein paar Mark gibt es den Tablettenkiller im Fachhandel. Er arbeitet unblutig, solange er nicht in Kinderhand gelangt.

Teebaumöl bei Hautproblemen

Die Bezeichnung „Teebaum" muß zunächst kurz erläutert werden, weil sie auch für den Lieferanten des Grünen und des Schwarzen Tees (botanischer Name Camellia sinensis) gelten könnte. Über diesen ostasiatischen, in den Plantagen zur Buschform verkürzten Baum beziehungsweise seine Blätter wird im Kapitel „Grüner Tee: kein Stiefbruder des Schwarzen Tees" berichtet.

Hier jedoch geht es um den nicht näher verwandten, in Australien heimischen **Teebaum** (botanischer Name Melaleuca alternifolia), dessen **Blätterauszug ebenfalls als Teeaufguß getrunken*** wird. Wichtiger noch ist das aus den Blättern destillierte ätherische Öl. Sein intensiver Geruch erinnert an ein Gemisch aus Eukalyptus- und Wacholderöl. Nicht ohne Grund, denn unter den zahlreichen Bestandteilen des Teebaumöls finden sich ein paar gemeinsame Komponenten.

Teebaumöl, Melaleukaöl: *zwei* Namen für *ein* Produkt

In beiden Fällen handelt es sich um ätherisches Öl der Teebaumblätter, ein durch Wasserdampfdestillation gewonnenes dünnflüssiges Konzentrat. Verdickte Flüssigkeiten sind durch Zusätze viskos gemacht, also keinesfalls das hundertprozentige Naturprodukt.

Wirkstoffschwankungen

Je nach Herkunft können die prozentualen Anteile der Ölkomponenten etwas variieren. Dies ist ein typisches Zeichen für Naturheilmittel. Zwecks Einengung dieser Schwankungsbreite regelt ein „**A**ustralischer **S**tandard" (= AS) die prozentualen Mengen wichtiger Ölkomponenten. Gute naturreine Destillate, selbst solche mit günstigen Preisen, können auch ohne besonderen Hinweis solche Forderungen leicht erfüllen. Wichtig ist auf dem Flaschenetikett vor allem der Hinweis, daß der Inhalt ein **reines Destillat** ist.

Breiter Anwendungsbereich

Die bakterien- und pilzbekämpfenden Eigenschaften der Teebaumblätter waren schon den australischen Ureinwohnern lange vor unserer Zeitrechnung bekannt. Zahlreiche moderne Untersuchungen haben die guten antiseptischen Wirkungen des Öls z.B. bei Akne, Ausschlag, Ekzem, Furunkulose, Nagelpilz und Warzen bewiesen. Vereinzelt kann die Haut überempfindlich reagieren.

Dieses Geschenk des fünften Kontinents ist eine echte Bereicherung unseres Naturheilmittelschatzes.

---

*Als erste Europäer tranken 1770 die Matrosen des britischen Entdeckers James Cook den Teebaumtee.

Teezubereitung: Heißwasser ist nicht heiß genug!

Hier ist nicht die Rede von Instant-Pulvertees, für deren Zubereitung sogar Kaltwasser ausreichen würde, sondern von Kräutertees direkt aus den getrockneten Pflanzen. Dabei spielt es keine Rolle, ob es sich um Grobschnitte in Tüten oder Feinschnitte in Aufgußbeuteln handelt. Alle haben eines gemeinsam: Es sind Naturprodukte, die von Natur aus mit Keimen behaftet sind – genau wie Salat (auch gewaschener).

Keimfrei nur durch Brühen

Diese Keime können Sie binnen Minuten beseitigen durch einfaches **Überbrühen** des Kräutertees und zehnminütiges Ziehenlassen. Kochendes Wasser läßt zwar mehr Ätherischöl verdunsten als heißes, was aber durch Bedecken des Gefäßes vermindert werden kann.

Was soll „heiß" bedeuten?

Heißes Wasser reicht für die bei Kochtemperatur ohne weiteres erreichbare praktisch hundertprozentige Keimabtötung *nicht* aus, auch wenn auf manchen Teepackungen solche niedrigeren Temperaturen genannt sind. Allein schon der Begriff „heißes Wasser" ist viel zu unscharf, umfaßt er doch den breiten Temperaturbereich zwischen 50 und 90 Grad Celsius.

Kaltansätze erhitzen!

Bei einigen Heilpflanzen (z.B. Mistel) wird *Kaltwasser* zum mehrstündigen Ansatz empfohlen. Das ist noch schlimmer, weil sich unter diesen Bedingungen die bereits vorhandenen Keime sogar noch vermehren können. Aber selbst eine solche Methode ist unbedenklich, wenn der Auszug nach dem Abseihen kurz auf wenigstens Siedetemperatur gebracht wird.

Übelkeit: Vermeidung, Behandlung

Mittel gegen Unwohlsein sind im Buch in verschiedenen Zusammenhängen und deshalb verstreut genannt. Sie werden nachstehend zusammengefaßt und ergänzt: Pfefferminztee, Ingwer kandiert und als Pulver (siehe Seite 106); rezeptfrei in der Apotheke: Emesan, Rodavan, Vomex etc.

Bei trotzdem erfolgtem Erbrechen sollten möglichst bald ein paar kleine Schlucke Wasser getrunken werden, damit die Magen(Salz-)säure die Speiseröhre nicht unnötig lange verätzt.

Veilchenwurzel fürs zahnende Kind? Lieber nicht!

Besonders in ländlichen Gegenden wird Veilchenwurzel immer noch als Kaumittel für zahnende Kleinkinder gekauft. Gegen eine **einmalige** Anwendung wäre im Prinzip noch nicht viel einzuwenden. Aber dann! Durch Speichel und Mikroorganismen wird nämlich die reichlich vorhandene Wurzelstärke zersetzt und die „Bakterienzucht" kann Durchfall bewirken.

Der guten Ordnung halber sei angefügt, daß die „Zahnwurzel" gar nicht von Veilchen, sondern von Schwertlilien stammt, aber trotzdem ein wenig nach Veilchen riecht.

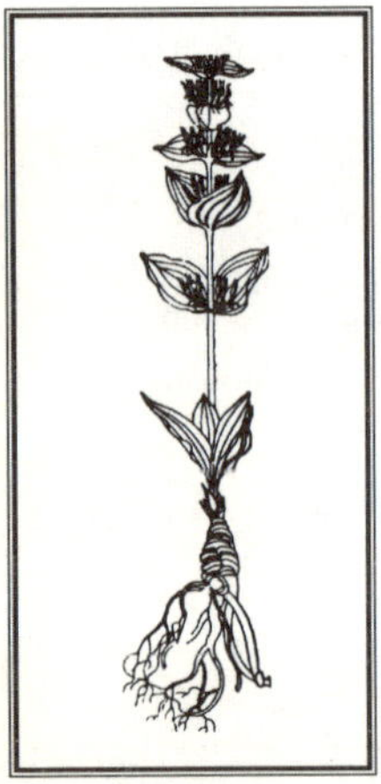

Gelber Enzian

Verdauungsschwäche: Enzian – zwei Magenmittel

Nur selten schenkt uns eine Heilpflanze gleich *zwei* Heilmittel. Der bei uns geschützte *Gelbe* Enzian kann es: Je nachdem, ob seine Kinderarmstärke erreichenden Wurzeln im Frühjahr oder im Spätherbst geerntet werden, erhalten wir eine intensiv bittere Wurzeldroge oder – nach Vergärung – einen herben Magenschnaps.

Blaue Blüten – eine Schnapsidee

Die notorisch falsche Abbildung *blauer* statt *gelber* Enzianblüten auf den Schnapsflaschen mag man der im Übermaß auch Grafiker benebelnden Wirkung dieses Hochprozenters anlasten. Im rechten

Quantum, das heißt Stampervolumen (20 ml) genossen, ist Enzianschnaps jedoch ein urig-bayerischer „Schweinshaxen- und Gansbraten-Verdauer", dessen Fähigkeiten dem etwas edler schmeckenden preußischen Steinhäger nicht nachstehen.

Im Herbst Magenschnaps – im Frühjahr Magentee

Warum die zeitversetzten Erntetermine? Weil die Enzianwurzel im Spätherbst besonders viel vergärbare Zucker und im Frühjahr besonders reichlich Bitterstoffe enthält. Darunter den Rekordhalter Amarogentin, der in über 50millionenfacher (!) Verdünnung noch bitter schmeckt.

Entsprechend wenig, nämlich nur knapp ein Gramm (= 1/4 Teelöffel voll) grob gepulverte Enzianwurzel wird für den zehnminütigen Kochendwasser-Aufguß gebraucht. Außerdem werden immer noch Kaltwasseransätze empfohlen, wozu aus hygienischen Gründen jedoch nicht geraten wird.

Magenbeschwerden, Appetitmangel, Untergewicht

Bei Magenbeschwerden, beispielsweise infolge zu geringer Magensaftbildung, wird eine halbe Stunde vor den Mahlzeiten eine Tasse warmer Tee getrunken. Auch bei Appetitmangel eignet sich das Bittergetränk. Sofern gleichzeitig Untergewicht behandelt werden soll, wird die Zugabe von zwei Teelöffeln Honig pro Tasse empfohlen. Wem dies zu süß ist, der erreicht das gleiche durch zwei gehäufte Teelöffel nur knapp halb so süß schmeckenden Traubenzucker mit Vitaminen (Dextropur plus).

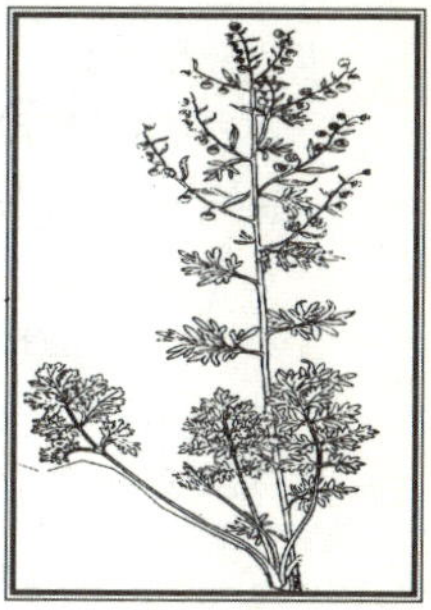
Wermut

Nur bei Magen- und Darmgeschwüren sollen Enziantee und -schnaps nicht getrunken werden. Der Verzicht auf diese erstklassige Heilpflanze schmerzt besonders in der vergorenen Version doppelt, weil dann selbstverständlich auch Schweinehaxen und Gänsebraten entfallen müssen.

Anmerkung: Wegen der sehr geringen Drogenmenge pro Tasse ist die ätherischölfreie Bitterstoffdroge Enzianwurzel ein preisgünstiger Tee. Noch billiger ist das ätherischölhaltige, ebenfalls sehr bittere **Wermutkraut.** Die beiden Heilpflanzen sind in ihrem Wirkungsspektrum allerdings nicht völlig deckungsgleich, weil Wermut zusätzlich gallenwirksam ist.

Verfalldaten richtig bewerten

Manchmal sind die Haltbarkeitsangaben auf Arzneimitteln beinahe Unfug. Beispiele: Vaseline, Iodtinktur, Zinksalbe und -paste, eingesiegelte Kohletabletten,

Bullrichsalz, Ichthyolsalbe. Bei all diesen Mitteln ist eine zumindest maßvolle Laufzeitüberschreitung unbedenklich.

Das sind zugegebenermaßen Ausnahmen.

Übertriebene Vorsicht

Manche ängstlichen Verbraucher weisen Arzneimittel mit nur noch kurzer Haltbarkeitsdauer als bereits wertgemindert zurück. Diese Einstellung ist unbegründet, weil schon die Hersteller eine laufzeitverkürzende Sicherheitsspanne abziehen. Beachten Sie bitte auch folgende gesetzliche Regelung: *Wird als Laufzeitende nicht das genaue Datum, sondern nur der Monat angegeben, dann ist stets noch der **ganze** Monat in den Haltbarkeitsbereich einbezogen.*

Verfalldatum meist kein Alles oder Nichts

Andere nicht minder ängstliche Verbraucher glauben, ein Mittel sei *einen* Tag nach Ende der Laufzeit wertlos oder gar schädlich. Auch das ist in den weitaus meisten Fällen falsch. Beispiel Kamille. Hier sinkt der für die Wirkung maßgebliche Ätherischölanteil gleichmäßig und nur langsam ab. Drei Monate *nach* dem Verfall sind die Blüten bei sachgerechter Lagerung (siehe unten) ohne weiteres noch brauchbar, auch wenn der Ölgehalt vermutlich nur noch ca. 90 % der Sollmenge erreicht. (Als **Lebensmittel** verwendete Kamille hat oft von vornherein weniger Öl.)

Eigenverantwortung ist gefragt

Über die *„wahre"* Haltbarkeit Ihrer Medikamente entscheiden häufig Sie selbst. Forderung: kühl, dunkel, verschlossen (trocken) lagern! Beim Verstoß hiergegen kann die aufgedruckte Haltbarkeit sogar zu lang sein, beispielsweise bei monatelanger Lagerung des Mittels an der Sonne, im Handschuhfach oder über der Heizung. Der in der Chemie geltende Richtwert, wonach eine Erhöhung der Temperatur um zehn Grad Celsius in etwa zur Verdoppelung der Reaktionsgeschwindigkeit führt, gilt auch hier. Unter ungünstigsten Voraussetzungen kann es dann nicht mehr nur um die drastische Kürzung des Anwendungszeitraumes, sondern sogar um die Wertlosigkeit bis hin zur Schädlichkeit gehen.

Von den Folgen solcher laufzeitverkürzender Aufbewahrungsfehler können Sie sich am Beispiel von Aspirin und der ASS-Generika per Riechprobe selbst überzeugen: Wenn die Tabletten nach Essig riechen, sind sie verdorben – trotz gegenteiliger Packungsangabe.

Keine Einladung zum Leichtsinn

Zusammenfassend können und dürfen diese Zeilen keine Verführung zum leichtfertigen Umgang mit Verfalldaten sein, aber doch ein Plädoyer gegen die Wegwerfmentalität. Im Zweifel ist der Rat der Fachleute unverzichtbar.

Verstopfte/trockene Nase: Was tun?

Das nicht seltene Problem ist häufig die Folge zu langer Anwendung schleimhautabschwellender Schnupfenmittel (siehe „Schnupfentropfen und -sprays: Anwendungsfehler").

Mit drei Maßnahmen können Sie sich selbst helfen:

1. Die „Einloch-Methode". Hierbei wird immer nur *eine* und zwar die gleiche Nasenöffnung mit Nasenspray oder -tropfen behandelt. Möglichst nur vor dem Schlafengehen! Dann ist wenigstens nachts eine ausreichende Nasenatmung gewährleistet und die Gefahr einer Halsentzündung infolge Mundatmung (Austrocknung des Rachens) minimiert. Die unbehandelte Nasenöffnung schwillt dann zwar zu, hat aber mehrere bis viele Tage lang Zeit, sich in nicht zu schweren Fällen ohne Hilfe von Medikamenten selbst zu regenerieren. Wenn nicht, dann brauchen Sie
2. Coldastop Nasenöl. Hiermit müssen beide Nasenöffnungen gemäß Gebrauchsanweisung behandelt werden. Das bisher vor dem Schlafengehen eingesprühte Nasenloch erhält abends weiter ein bis zwei Sprühstöße oder entsprechend Tropfen und erst nach fünf Minuten mehrere Tropfen Coldastopöl. Diese einfache Prozedur muß leider bis drei Wochen lang durchgeführt werden. Häufig ist dann der ungesprayte/ungetropfte Nasenteil saniert. Er erlaubt freie Atmung ohne jegliche Hilfsmittel und die Regenerierung der bisher weiter mit Spray / Tropfen traktierten anderen Öffnung durch wochenlanges Einträufeln nur noch des Nasenöles. Asthmatiker dürfen das Coldastop Nasenöl leider nicht benutzen. Für Sie und alle anderen Patienten, denen das Öl nicht ausreichend geholfen hat, bleibt als sehr wirksame, jedoch etwas „robuste" weitere Maßnahme
3. das alleinige beidseitige Einbringen von Nisita Nasensalbe. Die hierin enthaltenen Salze bessern die Durchblutung und Befeuchtung der Schleimhaut.

   Schonender und praktisch gratis sind salinische Spülungen der Nase mit einer Lösung von gut 1/2 Teelöffel (ca. 3 g) Kochsalz in einem kleinen Trinkglas voll Wasser: Man zieht davon mehrmals täglich einen Eßlöffel voll aus der hohlen Hand durch die Nase. Nach jeweils kurzem Warten sanft ausschneuzen. Wer das „Hochziehen" aus der Hand nicht mag, kann sich angenehmer helfen, indem er die kurz aufgekochte, in einem Vorratsfläschchen eiskalt gelagerte Salzlösung täglich frisch in eine zuvor heiß ausgespülte Sprayflasche füllt. Damit ist die „Meeresgischt-Brise" zur häufigen Nasenbefeuchtung immer verfügbar.

Tip: Wenn die verstopfte Nase nicht Folge von Schnupfentropfenmißbrauch (Privinismus), sondern lediglich eines abklingenden Schnupfens ist, sollte vor allen anderen Maßnahmen ein Versuch mit reinem Pfefferminzöl unternommen werden: Mehrere Tropfen auf ein Taschentuch und das Öl in kurzen Zeitabständen „schnüffeln".

Damit die geschilderten Probleme nicht so leicht auftreten können, abschließend eine effektive und zugleich kostenlose Empfehlung zur Vorbeugung: **Meiden Sie im Winter trockene Raumluft** – auch am Arbeitsplatz. Einige mit Leitungswasser gefüllte Gefäße mit möglichst großer Verdunstungsoberfläche auf Heizkörper, Öfen etc. gestellt verbessern das Raumklima wesentlich. Einzige Arbeit: Gefäße vor dem Nachfüllen mindestens **jede Woche** reinigen, um Keimwachstum zu vermeiden. Die geringe Mühe der konsequenten Luftbefeuchtung lohnt sich auf jeden Fall. Komplizierte elektrische Luftbefeuchter sind nicht erforderlich und unter Vorbehalt (Energieverschwendung, Umwelt) nur zu tolerieren, wenn sie leicht zu reinigen sind.

Vitamin C : „Grüne" Ernährung reicht nicht immer

Das „Allerweltsvitamin C" (= Ascorbinsäure) wird heutzutage bei uns wie ein Lebensmittel gehandhabt. Dabei wird häufig vergessen, daß sein Mangel früher den gefürchteten Skorbut auslöste. Zahllose Matrosen starben auf hoher See infolge Mangels an C-reicher frischer Kost.

Unser billigster C-Lieferant könnte die Kartoffel sein, wenn wir sie regelmäßig statt der C-freien Nudeln essen würden. Wer zusätzlich häufig frische Salate, Gemüse, Orangen und andere Früchte bzw. Beeren verzehrt, der braucht im normalen Alltag kein zusätzliches C, weil er damit die tägliche Mindestmenge von 100 Milligramm erreicht.

Mehr Vitamin C benötigt der Körper vor allem bei:

Erkältungen, Leistungssport, (Dys-)Streß, Nikotin- und Alkoholkonsum, Krebs, in Schwangerschaft und Stillzeit sowie im Alter. Hier sollten täglich bis zu 500 Milligramm zugeführt werden. Mäßige Überdosierungen sind – im Gegensatz zu den Vitaminen A und D – ungiftig, aber eine Verschwendung. Langfristig excessiv überdosiertes Vitamin C kann zu Oxalat-Nierensteinen führen.

Am meisten spart, wer das reine, zitronensaure **Pulver** kauft und davon knapp 1/4 Teelöffel voll in Wasser, Tee oder Süßspeisen gelöst verzehrt. Metallgefäße oxidieren das Vitamin und sind deshalb ungeeignet.

Vielseitige Wirkungen

Vitamin C ist an vielen wichtigen Stoffwechselvorgängen beteiligt. Es wirkt mit beim Aufbau von Knochen, Zähnen, Knorpeln und Bindegewebe. Die Aufnahme von Eisen wird ebenso wie die Wundheilung gefördert. Das Immunsystem wird stimuliert – Schlagwort „Zellschutz".

Spartip: Verlangen Sie beim Kauf stets Arzneibuchqualität und vergleichen Sie die Preise. Das lohnt!

Aufbewahrung verschlossen, kühl und trocken.

Vitamin D gibt's kostenlos, wenn ...

eine ausreichend große Hautfläche oft genug, aber nicht zu lange, mit Sonnenlicht bestrahlt wird. Die darin enthaltenen, teilweise auch die Wolken durchdringenden UV-Strahlen wandeln nämlich dann die in der Haut vorhandene Vitamin-Vorstufe (7-Dehydro-Cholesterin) in das für den Knochenaufbau und für das Wachstum etc. unerläßliche Vitamin D3 um.

Aus Erfahrung wissen dies Naturvölker wie die Eskimos und deshalb schicken sie trotz eisiger Kälte an sonnigen Herbst- und Frühjahrstagen (im Sommer haben sie zuviel und im Winter keine Sonne) ihre Kinder vor den Iglu, damit sie ein paar Strahlen der tiefstehenden Sonne auf Gesicht und Händen einfangen.

Warzen gratis beseitigen

Mit Schöllkraut-Milchsaft geht es! Das Schöllkraut (Chelidonium majus) gehört zur botanischen Familie der Mohngewächse, bei denen Milchsaft typisch ist. Berühmtester und berüchtigter Vertreter ist der Schlafmohn, dessen weißer Milchsaft nach Anritzen aus den unreifen Samenkapseln austritt und zu Opium, Morphin, Codein und Heroin weiter verarbeitet wird. Das Schöllkraut hat dagegen einen makellosen Ruf. Sein wie die Blüten gelber Milchsaft quillt aus abgerissenen Stengeln und Blattstielen hervor. Er wird dreimal täglich etwa eine Woche lang auf die Warzen aufgetupft. Die Wirkung äußert sich meist durch leichtes Pieksen. Die Prozedur ist nur in den Sommermonaten ausführbar, weil die frische Pflanze nötig ist. Zu finden ist sie an alten Mauern, feucht-schattigen Wegrändern und Schuttplätzen.*

Hinweis: Warzen dürfen nicht wie Hornhaut mit einer Schere oder Rasierklinge entfernt werden, da es sich um eine Viruserkrankung handelt. Es könnte leicht zu einer Hautverletzung kommen, die möglicherweise eine Vermehrung der Warzen zur Folge hätte.

* Ein Schöllkrautstrauß beeindruckt zwar weder optisch noch geruchlich, aber er erleichtert für jeweils zwei bis drei Tage den Milchsaft-Nachschub.

Schöllkraut

Wespen- und Bienenstiche richtig behandeln

Die Folgen eines Stiches können Sie wesentlich mildern, wenn Sie

❑ **sofort** handeln, und zwar

❑ Stichstelle leckend kräftig aussaugen (lassen) und ausspucken,

❑ gleich anschließend mit Salmiakgeist (=10%ige Ammoniaklösung) mehrmals betupfen. Ein Fläschchen mit dieser intensiv riechenden Flüssigkeit gehört in jede Hausapotheke. Oder, wenn Salmiakgeist nicht zur Hand ist,

❑ eine dicke Scheibe Zwiebel eine Stunde lang auf die Stichstelle binden und (daheim) eine eiskalte Kompresse auflegen, oder (beim Wandern)

❑ einige zwischen den Fingern zerriebene Spitzwegerichblätter (siehe Abbildung) auflegen und leicht andrücken, oder (in der Stadt)

❑ in die nächste Apotheke gehen, wo man Ihnen in unkomplizierten Fällen fachmännisch hilft bzw. bei schweren allergischen Reaktionen den Arzt ruft. Wer mit solchen Extremreaktionen zu rechnen hat, der muß unterwegs stets Notfallmedikamente nach ärztlicher Anweisung griffbereit halten.

❑ bei Stich in den Hals oder vor allem im Mund rasch den Arzt aufsuchen.

Bienenstiche sind in gleicher Weise zu behandeln, nur muß hier zuerst der steckengebliebene Stachel ohne Zusammendrücken der anhängenden Giftdrüse entfernt werden. Da Wespenstachel und übrigens auch Hornissenstachel (Hornissen zählen zu den Wespenarten) nur selten in der Haut hängenbleiben, kann nachträglich erkannt werden, ob Wespe/Hornisse oder Biene der Übeltäter war. Entgegen verbreiteter Ansicht ist der Stich der größeren Hornisse nicht gefährlicher oder schmerzhafter. **Hummeln** haben übrigens auch einen Stachel, nur benutzen sie ihn erst in schwerer Bedrängnis, also seltener.

Schutz vor Wespen- und Bienenstichen im Freien:

- ❑ keine bunte Kleidung tragen
- ❑ in Wiesen nicht barfuß gehen
- ❑ Speis und Trank abdecken
- ❑ auf Parfüm etc. verzichten
- ❑ zur Insektenabwehr nicht herumfuchteln

Da die Stichverhinderung am besten ist, nachstehend eine Anleitung zur gefahrlosen Beseitigung eines Wespennestes.

Vorausgeschickt sei, daß Beseitigung nicht von vornherein Vernichtung bedeuten darf. Dies muß sogar die Ausnahme sein. Wespen schaden dem Menschen nämlich nicht nur durch Stiche, sondern sie sind als große Insektenvertilger auch sehr nützlich.

Die Entfernung eines Wespennestes, beispielsweise vor einem Kinderzimmer oder im Balkonbereich kann trotzdem zwingend erforderlich sein (Allergiker). Hierzu ein paar erprobte Hinweise:

Spitzwegerich

- ❑ Vorsorglich Jacke, lange Hose, Kopfbedeckung und Handschuhe tragen.
- ❑ Nur bei völliger Dunkelheit früh morgens mit der Taschenlampe ans Werk gehen. Wespen sind nämlich nur tagaktiv.
- ❑ Frei hängendes Nest in Plastiksack einhüllen und diesen zubinden. Erst dann die Nestanheftung abschneiden. Plastiksack in freier Natur z. B. in einem Reisighaufen bei völliger Dunkelheit entfernen.
- ❑ Bei unerreichbarem Nest Zugänge mit Stahlwolle, Glaswolle oder Gips verschließen. Nicht mit Papier, weil dieses durchgebissen wird. Achtung: Eine kleinere Anzahl Wespen übernachtet im Freien. Ab Beginn der Morgendämmerung schwärmen sie vor dem verschlossenen Nesteingang sehr aggressiv!
- ❑ Die heute noch erlaubten Insektensprays sind gegen Wespen kaum wirksam.
- ❑ Allergiker etc. dürfen Wespen nicht selbst beseitigen. Ihnen helfen Feuerwehr und Naturschutzbehörde. Auch bei schwer zugänglichen Nestern wende man sich an die Fachleute. Kosten vorab erfragen!

Kardinalfehler: Vorgehen gegen den Nesteingang bei Tage. Die intelligenten Insekten markieren Sie nämlich unbemerkt mit einem Warnstoff. Damit erkennt Sie das ganze Volk als Feind und wehrt sich mit Stichen.

Rezeptfreie Mittel bei Insektenstich aus der Apotheke: Azaron, Fenistil, Soventol (H), Tavegil etc.

Wunde Haut: Ringelblumensalbe!

Ringelblume

Die gelborange blühende Ringelblume, ein häufiger Gartenschmuck, ist botanisch und bezüglich der Heilwirkungen verwandt mit der geschützten, seltenen Arnika. Folgende Heilanzeigen sind anerkannt: schlecht heilende Hautwunden, Unterschenkelgeschwür.

Bessere Wirkung durch moderne Grundstoffe und Herstellung

Manche althergebrachte Naturarznei wie die mit siedendem

Schweinefett selbst herstellbare Ringelblumensalbe kann durch neuzeitliche Produktionsverfahren und Grundstoffe in der Wirkung verbessert werden.

Schweinefett siedet bei beachtlichen 220 Grad Celsius. Solche Temperaturen sind Gift für das ätherische Öl, den Hauptwirkstoff Faradiol und viele der Begleitsubstanzen in den Ringelblumenblüten. Auch dem Schweinefett selbst schadet die Hitzeprozedur, erkennbar an der binnen kurzem ranzig riechenden Salbe.

Moderne Ringelblumenrezepturen lassen viel niedrigere Temperaturen zu. Sinnvolle Zusätze wie das entzündungswidrige Bisabolol der Kamillenblüten etc. können die Heilwirkung noch zusätzlich verstärken. Gute Erzeugnisse sind auch ohne Konservierung haltbar.

Medizinische Kosmetika

Manche dieser Salben, Cremes und Lotionen werden als *Kosmetika* angeboten. Hier dürfen laut Gesetz keine direkten Heilaussagen getroffen werden. Trotzdem kann der Verbraucher davon ausgehen, daß die eingangs genannten Heilanzeigen auch hier gelten.

Kostengünstiger Zusatzvorteil: Da hier der Pflegeaspekt gleichrangig neben dem medizinischen steht, sind solche Ringelblumenzubereitungen als Hautschutzmittel zum *Dauergebrauch* besonders geeignet.

Rezeptfreie Mittel bei wunder Haut aus der Apotheke: Bepanthen, Calendumed, Kamillosan, Linola und Linola fett etc.

Wunden: Selbstbehandlung – Vorsicht!

Bei diesem Thema ist Selbstüberschätzung der größte Feind der Selbstbehandlung.

Mit guten Erfolgsaussichten und ohne fachlichen Rat können Sie sich selbst helfen bei **Schnittwunden**. Aber es darf sich nur um flache (nicht klaffende), saubere, kleine und gut blutende handeln. Viel zu tun haben Sie hier nicht: Ohne Auswaschen und ohne Entfernung der Blutkruste wird einfach etwas PVP-Iod-Lösung aufgeträufelt und ein *nicht* luftdicht abschließender Schnellverband angebracht. Erst bei verzögertem Heilungsverlauf durch beispielsweise Eiterbildung ist der Arzt zu fragen.

Strenge Einschränkungen der Selbstbehandlung gelten bei **Brandwunden**.

Selbst kurieren dürfen Sie nur kleinflächige Verbrennungen *ersten* Grades, erkennbar an Rötung und Schwellung des betroffenen Hautteils. Sobald zusätzlich Blasen entstehen, liegt schon eine Verbrennung zweiten Grades vor und ärztliche Hilfe ist – wie erst recht bei Schäden dritten oder gar vierten Grades – vonnöten.

Bleiben wir also bei Verbrennungen ersten Grades. Auch hier treten bereits erhebliche Schmerzen auf. Durch sofortiges minutenlanges Kühlen mit Leitungswasser oder Eintauchen in sauberes Kaltwasser können sie deutlich gemildert werden. Anschließend wird ein Brand *g e l* (keine Salbe, kein Öl, kein Mehl) dick aufgetragen und locker verbunden.

Vom ersten Augenblick an reichlich keimbefallen sind alle **Schürfwunden**.

Hier kann 3%iges Wasserstoffperoxid (=...superoxyd) seine beiden Trümpfe ausspielen, nämlich

1. seine praktisch schmerzlose **mechanische** Wundreinigungskraft durch Aufschäumen beim Beträufeln und
2. seine **chemische** desinfizierende Eigenschaft durch frei werdenden Sauerstoff. Schaum und Sauerstoff entstehen durch Kontakt mit dem Blutenzym Katalase.

Nach Aufbringen von PVP-Iod-Salbe (brennt nicht) und lockerem Verbinden muß der Impfpaß zur Hand genommen werden. Zeigt der Eintrag der letzten Wundstarrkrampfimpfung (=Tetanus) ein länger als 10 Jahre zurückliegendes Datum, dann ist der Arztbesuch Pflicht. Siehe auch „Wundstarrkrampf – die unterschätzte Gefahr".

Von vornherein ärztlich behandelt werden müssen **blutende Quetschungen**.

Gleiches gilt für prinzipiell extrem keimbelastete **Bißwunden**.

Hier ist sogar Eile geboten. Unter Umständen muß über eine Tollwutimpfung entschieden werden.

Achtung: *Kleine,* aber tiefe Schürf-, Quetsch-, Stich- und Bißwunden verleiten den Laien oft zur Bagatellisierung der Verletzung. Blutvergiftung (Sepsis), Wundstarrkrampf und Tollwut etc. können aber auch hier unbehandelt ihren tödlichen Ausgang nehmen.

*Wund*schmerz: weder ASS noch Ibuprofen!

Nichts gegen die anerkannten Schmerzmittel ASS (Aspirin) und Ibuprofen (Aktren etc.)! Aber: Bei Wunden, auch gezogenem Backenzahn oder Magen-Darmgeschwür, sind sie nicht geeignet, weil beide die Blutgerinnung verzögern. Auch wer „blutverdünnende" Mittel auf Cumarinbasis (z. B. Marcumar) oder Heparin benötigt, darf sie wegen erhöhter Blutungsneigung nicht verwenden. Marcumar-Anwender wissen dies zwar in aller Regel. Oft wird aber nicht bedacht, daß aus mehreren Wirkstoffen zusammengesetzte Schmerzmittel nicht selten den Aspirinstoff ASS ebenfalls enthalten. Bekannte Beispiele: Neuralgin, Spalt A+P, Thomapyrin.

Mittel der ersten Wahl bei Wunden mit Blutungsgefahr: Paracetamol (z. B. Benuron).

Näheres siehe Kapitel „Schmerzmittel gibt es viele…" Seite 118.

Wundstarrkrampf – die unterschätzte Gefahr

Der Erreger des Wundstarrkrampfs ist eine Bakterie mit dem wissenschaftlichen Namen Clostridium tetani. Hiervon abgeleitet ist die in Fachkreisen bevorzugte Alternativbezeichnung Tetanus. Die schlanken, beweglichen Erreger leben unter anderem im Darm von Pferd und Rind und sind über deren Ausscheidungen im Erdboden als Dauerformen (Sporen) weit verbreitet. Bei der Garten- und Landarbeit zugezogene Verletzungen – auch kleine! – sind deshalb immer infektionsbedroht. Gefährlich wird es, wenn sich in Wundtaschen oder abgestorbenem Gewebe unter Luftabschluß aus den Sporen die sauerstoffempfindlichen, Gift produzierenden Keime bilden. Tückischerweise bricht die schwere Erkrankung erst nach knapp einer bis zwei Wochen aus, weshalb der/die Betroffene oft nicht mehr an die bereits mehrere Tage zurückliegende Verletzung denkt, besonders wenn diese geringfügig war. Das Tetanusgift verursacht unter anderem Muskelstarre, Kieferklemme, Atem- und Kreislaufstörungen mit oft tödlichem Ausgang. In Deutschland und anderen Staaten mit gut entwickeltem Gesundheitswesen sind Kinder so gut wie nie gefährdet, weil sie in aller Regel gegen Wundstarrkrampf geimpft sind. **Kritisch wird es bei Jugendlichen und noch mehr bei Erwachsenen, wenn die spätestens alle zehn Jahre nötige Auffrischimpfung unterblieben ist.** Wer hierauf verzichtet und beispielsweise einen Abenteuerurlaub antritt, handelt grob fahrlässig.

Der vom Laien für diese Wundinfektion häufig verantwortlich gemachte rostige Nagel ist nicht das Hauptproblem, sondern Schürf-, Quetsch- und Stichwunden etc. plus „Dreck". Solche Verletzungen dürfen nicht luftdicht verbunden werden. Siehe auch „Wunden: Selbstbehandlung – Vorsicht!" Seite 144.

Zäpfchenanwendung – ein paar Apothekertips

Auch wenn die Engländer das Zäpfchen als „impossible way of application" (unzumutbare Art der Anwendung) schmähen, muß am Ort der Handhabung die Hygiene nicht „auf der Strecke" bleiben. Man braucht lediglich für ein paar Pfennige Untersuchungsfingerlinge. Die britische Reserviertheit gegenüber dem Zäpfchen (Suppositorium) ist außerdem unlogisch, weil die rektale Fiebermessung akzeptiert wird. Und längst ist auch bei den Enkeln Queen Viktorias bekannt, daß der Mastdarm ein geeignetes Resorptionsorgan für Arzneistoffe ist. Nur muß auf diesem Wege **doppelt soviel** Wirkstoff wie bei der Einnahme durch den Mund enthalten sein. Wenn also versehentlich oder aus Unkenntnis ein Zäpfchen gegessen wurde, was durchaus vorkommt, dann ist das zwar im allgemeinen nicht gefährlich, aber dem Körper steht nun die immerhin doppelte Wirkstoffmenge zur Aufnahme bereit. Die Zäpfchenmasse selbst – eine Art Hartfett oder Kakaobutter – ist lediglich etwas schwerverdaulich, was bei der geringen Menge vernachlässigt werden kann.

Die unbestreitbaren Vorteile des Zäpfchens sind:

- ❑ Schonung von Magen, Darm und (teilweise) Leber
- ❑ eventuelle Vermeidung einer Injektion
- ❑ Behandlung innerer Hämorrhoiden
- ❑ gut geeignete Darreichungsform für Säuglinge und Kinder

Manchmal, besonders bei Kindern und einer bestimmten Zäpfchenform (Torpedo), kommt es trotz korrekter Anwendung zum „Herausflutschen". Abhilfe: angefeuchtetes, neues Zäpfchen einfach andersherum einschieben!

Was tun, wenn der Mutter in einer Notfallsituation (z. B. Auslandsurlaub) die richtige Zäpfchen**stärke** fehlt?

Fall 1: *Schulkind* fiebert. Nötig wären 500 mg Paracetamol (z. B. Benuron). Vorhanden ist nur die 250-mg-Version. Lösung: zwei Stück nacheinander einführen.

Fall 2: *Kleinkind* fiebert. Nötig wären 250 mg Paracetamol. Vorhanden ist nur die 500-mg-Version. Lösung: Zäpfchen in der Mitte quer durchschneiden und nur die spitze Hälfte einführen.

Zahnhygiene mit dem Silberblatt

Ein früher mehr benutztes Hilfsmittel zur Zahnpflege droht zu Unrecht in Vergessenheit zu geraten: das Silberblatt (siehe Abbildung).

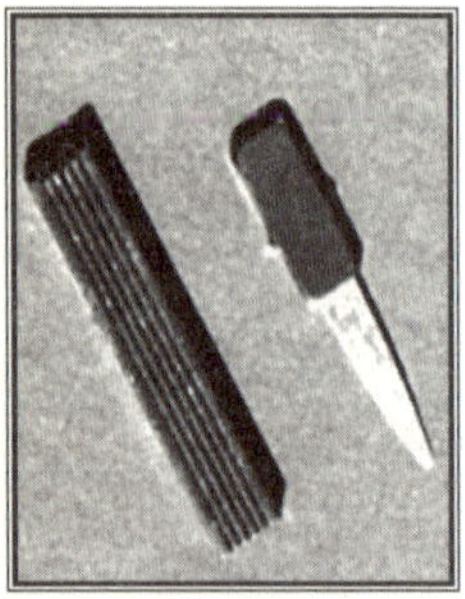
Silberblatt

Um welche Art von Blatt handelt es sich hier? Um ein dünnes, weiches, nur zwei Zentimeter langes und zwei bis fünf Millimeter breites Stückchen Silberblech mit abgerundeter Spitze, Griff und Metallhülse – eine Art Kurzschwert gegen Liliputaner. Und diese Winzlinge attackieren als Mikroorganismen (Bakterien etc.) in Armeestärke den Schmelz in den Zahnzwischenräumen. Keine Zahnbürste dringt bei Zahn-Engstand tief genug vor. Selbst der umständlicher anzuwendenden Zahnseide ist hier der Zugang oft verwehrt.

Das ist – bei Fehlen einer Mundddusche – die Domäne des Silberblatts.

Zum mechanischen Reinigungsvorgang tritt hier noch ein antibakterieller, denn Silber hat einen sogenannten oligodynamischen Effekt, der sogar bei der Wasserentkeimung eingesetzt wird (Katadyn-Verfahren).

Unverwüstlicher Zahnstocher

Das Silberblatt erfüllt auch die Funktionen eines unbegrenzt nutzbaren **Zahnstochers**. Samt Hülse nur gut fünf Zentimeter lang und weniger als 10 Gramm schwer, ist es ein diskreter Begleiter in der Hand- und Hosentasche. Für wenig Geld können Sie das Silberblatt im Fachhandel erwerben.

Zeckenstich: Doppelgefahr!

Die Zecke ist ein Spinnentier, erkennbar an den typischen acht Beinen. Der Blutsauger heißt auch Gemeiner Holzbock, wobei „gemein" zwar im Sinne von „allgemein verbreitet" zu verstehen ist, aus medizinischer Sicht aber auch als „besonders schlimm", weil er bei uns gleich *z w e i* gefährliche Krankheiten übertragen kann: **FSME** und (Lyme-)**Borreliose** (in anderen Weltgegenden noch weitere Infektionen). **FSME** heißt **F**rüh**S**ommer**M**eningo**E**nzephalitis. Die beiden letzten Buchstaben der allgemein geläufigen Abkürzung bedeuten Hirnhautentzündung. Die beiden ersten sind irreführend, denn die Krankheit tritt nicht nur im Frühsommer auf, sondern – je nach Witterung – von März bis einschließlich November. In diesen Monaten gibt es lediglich Perioden mit höherem Risiko, eben im Frühsommer (aber auch im Herbst). In südlichen Ländern besteht ganzjährige Bedrohung.

FSME: gefährlich, aber nicht häufig

Gegen die *virus*verursachte Krankheit gibt es bis jetzt kein gezieltes Heilmittel, aber eine Schutzimpfung, bestehend aus drei Injektionen. Auch Ungeimpften kann der Arzt bis vier Tage nach dem Stich mit einer Spritze noch helfen. Glücklicherweise sind bis jetzt in den gefährdeten Regionen bei weitem nicht alle Zecken von dem Virus befallen.

Risikogebiete in Deutschland

Aufpassen muß, wer in folgenden süddeutschen Gegenden in Wald und Flur unterwegs ist:

Bayern:

Nordwestlich von Würzburg im Raum Karlstadt/Lohr und viel weiter südlich im Bereich Ingolstadt, Landshut, Deggendorf, Passau, Altötting.

Baden-Württemberg:

Vom Bodensee bis Reutlingen, Stuttgart und Karlsruhe, also grob vereinfacht der gesamte südwestliche Landesteil. Alle Angaben sind nur als „Momentaufnahmen" zu verstehen, das heißt, in Zukunft ist mit Ausdehnung zu rechnen.

Zum Glück verlaufen über 50% der FSME-Infektionen eher wie eine Sommergrippe, aber immerhin einige wenige Prozent tödlich.

Borreliose ist häufiger

Borreliose ist eine praktisch weltweit auftretende *bakterielle* Erkrankung, gegen die es bei rechtzeitiger Erkennung gut wirkende Antibiotika, aber noch keine Schutzimpfung gibt. Die Behandlungsmöglichkeiten sind also genau umgekehrt wie bei FSME. Die korkenzieherartig gewundenen, beweglichen Erreger haben eine besonders miese Verwandtschaft, nämlich die Syphilis auslösenden Spirochäten. Grob gerechnet 50% der Zecken – und damit Milliarden – enthalten Borrelien. In Deutschland ist jährlich mit einigen 10.000 Erkrankungen zu rechnen. Nicht oder zu spät behandelte Patienten können an Nervenentzündungen, Lähmungen und Rheuma etc. leiden. Typisches Merkmal einer Borreliose: sich vergrößernde Hautrötung (Wanderröte) an der anfangs oft unbemerkten Stichstelle.

Damit nichts passiert

Zecken lauern am Waldrand, im Gebüsch und Gras, selten über Schulterhöhe. Gefährdet sind vor allem Wanderer, Jogger, Golfer, Pilzesammler, Jäger und Landwirte. Bewährte Vorsorgemaßnahmen sind:

1. FSME-Spritzen in Gebieten besonderer Gefährdung.
2. Lange Hosen und Hemden, einfarbig und hell wegen der dann leichteren Entdeckung der nur etwa zwei Millimeter messenden Tiere.
3. Breitkrempige Kopfbedeckung.
4. Einsprühen nackter Hautstellen mit geeigneten Sprays. Das Wort „Zecke" muß auf der Packung stehen. Spätestens alle drei Stunden erneut sprühen.
5. Daheim Körper sofort genau absuchen (lassen). Erfahrungsgemäß werden etwa 50% der Zecken übersehen, dies auch, weil der Zeckenspeichel Hautjucken weitgehend unterbindet und obwohl die Blutsauger bis über eine Woche am Körper haften können. Duschen allein reicht nicht!
6. Kleidung im Freien energisch ausschleudern oder waschen.

Und wenn's doch passiert ist?

Dann müssen einige weitverbreitete Irrtümer vermieden werden.

1. Total falsch ist das Beträufeln des Tieres mit Öl, Klebstoff, Alkohol, Benzin, Nagellackentferner oder dergleichen. Grund: Das Tier erbricht in Panik noch mehr Krankheitserreger in die Stichwunde.
2. Gleiches passiert auch durch Drücken des Hinterleibes. Die Zeckenpinzette vermeidet solches Pressen. Sie muß aber *ganz tief*, fast zwickend angesetzt werden. Wenn Sie über *lange* Fingernägel an Daumen und Mittelfinger verfügen, dann ist zur Not, zum Beispiel unterwegs, die Zeckenpinzette entbehrlich. Nur muß dann zusätzlich die befallene Hautstelle kräftig auseinandergezogen werden, damit die beiden Fingernägel seitlich so weit wie möglich *unter* den Saugrüssel greifen können.
3. Heraus*drehen* der Zecke bringt nichts, weil das Stechorgan nicht wie ein Drillbohrer funktioniert, sondern wie ein Spreizdübel verankert ist. Das Tier wird daher am besten geduldig, unter leichtem Lockern ohne Pressen senkrecht heraus*gezogen*, nicht herausgerissen, weil sonst der Rüssel abgetrennt wird und steckenbleibt.
4. Stichstelle sofort desinfizieren, am besten mit Iodtinktur oder PVP-Iod (z. B. Betaisodona-Lösung) und mehrere Tage beobachten, um eine Entzündung zu erkennen.
5. In diesem Fall und bei steckengebliebenem Saugrüssel muß unverzüglich der Arzt aufgesucht werden.

Die Kenntnis all dieser unangenehmen Dinge soll Sie lediglich vorsichtig machen, aber nicht die Freude an der Natur trüben.

Hinweis: Auch Hunde (nicht Katzen!) können durch beide Erreger erkranken, diese jedoch auf den Menschen nicht übertragen.

Sportsfreund Holzbock
(vollgesogen; Karikatur aus „Apotheken-Praxis")

Zinksalbe – der modern gebliebene Oldtimer

Weder die neueren Hautantibiotika noch Kortison etc. vermochten die seit Generationen gebräuchliche Zinksalbe aus dem aktuellen Deutschen Arzneibuch zu verdrängen. Die geruchlose, weiße Hauteinreibung hemmt unter anderem Mikroorganismen, wirkt mild zusammenziehend und fördert die Heilung.

Offizielle Heilanzeigen: Ekzem, wunde Haut durch Scheuern oder Feuchtigkeit, Hautrisse, Windeldermatitis.

Die wasserfreie, pastöse Salbe ist trotz fehlender Konservierung sehr haltbar und kann deshalb in kostengünstigen größeren Packungen (z. B. Dosen ab 100 Gramm) erworben werden.

Da die Salbe nur als industriell hergestelltes sogenanntes Fertigarzneimittel freiverkäuflich ist, hat der Verbraucher die Möglichkeit, ohne Qualitätsrisiko preisorientiert zu kaufen.

Neben der Zinksalbe des Arzneibuches sind auch Produkte mit Lebertranzusatz im Handel. Sie wirken zusätzlich heilungsfördernd. Nachteile: Eigengeruch, geringere Haltbarkeit und Temperaturbeständigkeit.

„Zuckertee“: Finger weg! Diät ist besser.

In vielen unkritischen Kräuterbüchern wurde und wird leider noch immer diversen Heilpflanzen eine nutzbare blutzuckersenkende Wirkung zugeschrieben. Vor allem Bohnenschalen und Heidelbeerblätter gelten als „Zuckertee". Doch weder einzeln noch miteinander gemischt sind überzeugende Effekte festzustellen. Die Behandlung der Zuckerkrankheit (Diabetes) ist ausschließlich Sache des Arztes! Beim (Typ 2) Altersdiabetes können Sie durch Gewichtsabnahme allerdings oft wesentlich zum Erfolg mit beitragen – in geeigneten Fällen bis hin zur Absetzung der Arzneimittel.

Wohlstandsdiabetes tritt folgerichtig in Mangelzeiten kaum auf.

Schmalhans als Küchenmeister? Diese Ernährungsrichtung stimmt zwar, jedoch darf die Straße zum oft fernen Ziel namens Normalgewicht nicht mit zuvielen Frustschlaglöchern, Schweißpfützen und gebrochenen Vorsatzsteinen übersät sein.

Aber gerade obwohl wahr ist, daß Sport und körperliche Arbeit „Fettfresser" sind und Fasten mit Lustgewinn belohnt werden kann, nachstehend

sechs erleichternde Schlankheitstips von Mensch zu Mensch

1. Nehmen Sie sich nicht zuviel und in zu kurzer Frist vor.
2. Registrieren Sie freudig selbst kleinste Erfolge.
3. Erkennen Sie nicht eingehaltene Absichten als typisch menschlich.
4. Schlagen Sie – mit langsam größer werdenden zeitlichen Abständen – auch mal mit einem Stück Buttercremetorte etc. über die Stränge.
5. Erfüllen Sie sich am frustreichen Tag danach einen kleinen Wunsch (Blumen, Kino, Buch).
6. Meiden Sie allzu radikale Kostumstellung. Weniger unnötige Askese steigert die Erfolgsaussichten.

Beispiele: Statt Hering lieber Kabeljau, statt Nudeln besser Kartoffeln verzehren. Trotz Ähnlichkeiten große Kalorienunterschiede, wie aus der Tabelle auf Seite 194 hervorgeht. Wegen weiterer Tips zur Diäterleichterung bitte gleich anschauen!

Damit haben Sie sich dann bereits tief in den gleich nebenan beginnenden Buchteil II „Ernährung und Gesundheit" begeben.

Teil II

Ernährung und Gesundheit

„Eure ***Heilmittel*** sollen Nahrungsmittel und eure ***Nahrungsmittel*** Heilmittel sein." (Hippokrates, griechischer Arzt, ca. 460–370 vor Christus)

Hinweise und Unterscheidungen

Arzneien einschließlich der im vorangegangenen Hauptteil des Buches erörterten Heilpflanzen unterliegen dem Arzneimittelgesetz (AMG)[1], Nahrungsmittel dem Lebensmittelgesetz (LMBG)[2]. Doch im wirklichen Leben gibt es nach wie vor Übergänge. Verunsicherung des Verbrauchers ist die beinahe zwangsläufige Folge. Beispiele: Auf Nahrungsmittelverpackungen (samt Nahrungsergänzungsmitteln) dürfen keine Heilaussagen stehen, bei Diätmitteln, die eindeutig Lebensmittel sind, jedoch durchaus. Zwar zählen Kamille und Pfefferminze etc., wenn sie gemäß Packungsangaben bei Entzündungen und Krämpfen gebraucht werden, zum Arzneibereich, als aromatische Durstlöscher getrunken, sind sie aber Lebensmittel. Trotzdem ist das Urteilsvermögen der heutigen mündigen Bürger durch die Medien und die ungebrochene „Grüne Welle" viel besser als früher. Er bzw. Sie weiß sehr wohl, daß z. B. die Wechseljahre genau wie graue Haare keine Krankheit sind und daß ein „Wechseljahrtee" den Hormonmangel nicht beseitigt, dennoch aber die Befindlichkeit bessern kann. Ähnlich ist es bei der Mistel, deren blutdrucksenkende Eigenschaft bis dato unbewiesen ist. Dessen ungeachtet trinken viele Menschen den Tee aus Tradition und zunehmend, weil sie seinen herbaromatischen Geschmack mögen. Solcher sich wandelnder Verbraucherdynamik wird auch in der Praxis Rechnung getragen, beispielsweise über die „Leitlinien für Tee und teeähnliche Erzeugnisse".

Die nachstehende Tabelle weist den Weg zur richtigen Zuordnung. Am schnellsten gelingt die Unterscheidung Arzneimittel/Lebensmittel, wenn auf die gesetzlich vorgeschriebenen unterschiedlichen Worte bei der Haltbarkeitsangabe (Verfallformulierung) gesehen wird. Nun können Sie selbst entscheiden, ob Sie ein Arzneimittel oder Lebensmittel brauchen, besonders wenn Sie zusätzlich erfahren, daß Lebensmittelkamille neben Blüten auch Blätter und Stengel enthalten darf, Arzneikamille aber nur Blüten und selbst die nur von besonderer Güte. Betrug?

Keinesfalls! Lediglich unterschiedliche Zweckbestimmungen: Auf der einen Seite ein durch Blattanteile wohlschmeckenderes Getränk (=Lebensmittel), auf der anderen ein leicht bitterer, reiner Blütentee zum Heilen, der nicht so billig sein kann.

Was liegt vor:	**Fertigarzneimittel oder**	**Lebensmittel?**
rechtliche Grundlage	Arzneimittelgesetz (**AMG**)[1]	Lebensmittel- und Bedarfsgegenständegesetz(**LMBG**)[2]
Anwendung als	Arzneimittel	Lebensmittel
Arzneibuchqualität	ja	nicht vorgeschrieben
Wirkstoffgehalt	hoch	nicht vorrangig
Packungstext (u. a.)	Heilanzeigen nötig Zulassungs–Nr. (=Zul.–Nr.) Warnhinweise nötig Chargenbezeichnung (Ch.–B.) **Zusammensetzung**: Mengenangabe nötig	Heilaussagen verboten (außer bei Diätmitteln) fehlt fehlen Los–Nummer, abgekürzt L... **Zutaten**: Mengenangabe nicht nötig* Ausnahme (u.a.): Alkohol über 1,2 Vol %
Verfallformulierung	**verwendbar bis...**	**mindestens haltbar bis...**

* Bei Lebensmitteln sind zwar die einzelnen Ingredienzen,nicht aber deren Menge anzugeben. Hier genügt die bloße degressive Aufzählung. Das bedeutet: Der gleich nach dem vorgeschriebenen Wort „Zutaten" genannte Bestandteil entspricht dem Hauptanteil, der zuletzt genannte dem kleinsten. Im Gegensatz zu Arzneimitteln kann der Verbraucher bei Lebensmitteln die Zusammensetzung somit nur grob abschätzen.

Wie oben dargelegt, stehen Nahrungsmittel und Naturheilmittel wegen teilweise gemeinsamer Ausgangsstoffe einander nahe. Dies ist aber nur *ein* Grund für die folgenden Ernährungsratschläge. Ein weiterer: Oft verursachen Ernährungsfehler Krankheiten, die mit natürlichen Arzneien in Selbstbehandlung therapiert werden können – und sei es auch nur unterstützend zu ärztlichen Verordnungen.

Meist beginnen die Fehler mit der Aufnahme viel zu gehaltreicher Nahrung. Übergewicht ist dann häufig nur der Anfang. Diabetes, Gicht und Arteriosklerose etc. können daraus folgen. So gesehen sind Messer, Gabel und Löffel, über Jahre mißbräuchlich benutzt, wirksame Geräte zum Schaufeln des eigenen Grabes. Hier zeigt sich insbesondere vorbeugend großer Beratungsbedarf mit der Möglichkeit, den Krankenkassen erhebliche Summen zu ersparen.

Die hauptsächlich aus der Beratungspraxis des Apothekers entstandenen folgenden Kapitel können das umfassende Thema Ernährung nur punktuell behandeln.

Wer sich anhand von Broschüren breiter orientieren will, sei verwiesen auf die Deutsche Gesellschaft für Ernährung, Postfach 930201 in 60457 Frankfurt/Main. Und wen eingehendere Informationen über Gewürze interessieren, der kann im

Kräuterhandel die im Kaulfuss-Verlag 97355 Abtswind erschienene preiswerte Schrift **„Gewürze sind gesund"** erwerben. Sie wurde vom Autor dieses Buches verfaßt, behandelt 150 Gewürze und Würzmittel und gibt u. a. im Kapitel „Zu welcher Speise welches Gewürz" viele praktische Tips.

Selbstbehandlung durch angepaßte Ernährung

Ausgaben für Medikamente kann – in Abstimmung mit dem Arzt – einschränken, wer bei …

- ❑ **Alkoholkonsum** an die geringen erlaubten Tagesmengen von nur noch 20 g (Frauen) bzw. 40 g (Männer) denkt und sich vitamin- sowie magnesiumreich ernährt. Das Genußmittel sollte trotzdem nicht täglich getrunken werden. Gegen **Kater** sind 1–2 Äpfel besser als sauerer Hering.
- ❑ **Appetitmangel und Untergewicht** die zwei- bis dreifache Dosis Traubenzucker mit Vitaminen (Dextropur plus) statt der gewohnten Haushaltszuckermenge verwendet.
- ❑ **Blähungen** Hülsenfrüchte, Kohl (Sauerkraut) und Pflaumen meidet, Joghurt bevorzugt (und Gymnastik treibt).
- ❑ **Bluthochdruck** sich nicht nur kalorien- und kochsalzarm, sondern zugleich kaliumreich, das heißt vermehrt pflanzlich verköstigt. Keine Lakritze!
- ❑ **hohen Cholesterinwerten** beherzigt, daß es *kein tierisches Nahrungsmittel ohne Cholesterin* und *kein pflanzliches mit Cholesterin* gibt. Zusätzlich hilfreich: kein Alkohol, mehr Ballaststoffe und weniger Fett ingesamt.
- ❑ **Durchfall** neben Zwieback Bananen und vor allem geriebene Äpfel verzehrt, sowie als Getränk täglich mehrere Tassen lang gezogenen (ca. 10 Min.) Schwarztee wählt.
- ❑ **Gallenbeschwerden** sich vor fetten, gebratenen, fritierten Speisen und Alkohol hütet.
- ❑ **Gicht** Innereien, Sardellen und Alkohol vom Speisezettel streicht, Fleisch und Wurst reduziert sowie abnimmt und reichlich Mineralwasser, Kräuter- oder Früchtetee trinkt.
- ❑ **Hämorrhoiden** auf scharfe Gewürze und Speisen verzichtet und mehr „Grüne Kost" aufnimmt.
- ❑ **Husten** täglich mindestens zwei Liter trinkt.
- ❑ **Magenleiden** sich kein heißes, scharf gewürztes Essen zumutet, desgleichen weder Säurelocker (Kaffee, Gebratenes, Geräuchertes) noch Alkohol und Tabak.

- ❑ **Nieren- und Blasenerkrankungen** Scharfgewürzen einschließlich Senf und Meerrettich entsagt.
- ❑ **Pilzinfektionen** Zucker, Süßwaren und gesüßte Getränke vermeidet.
- ❑ **Prostataleiden** Bier, Kaffee und Spargel ablehnt.
- ❑ **Schilddrüsenvergrößerung** (infolge Iodmangel) Iodsalz und Lebensmittel mit dem Iodsiegel bevorzugt sowie zweimal wöchentlich Seefisch zubereitet.
- ❑ **Sodbrennen** dessen Hauptursachen Übergewicht, Rauchen, Alkoholmißbrauch, Scharfgewürze, saure Früchte und Speisen sowie sehr süße Nahrungsmittel kennt.
- ❑ **Tabakgenuß** unter anderem mehr Vitamin C zuführt.
- ❑ **„verdorbenem Magen"** Haferschleimsuppe mit gedünsteten, passierten Zwiebeln ißt.
- ❑ **Verstopfung** reichlich Ballaststoffe aufnimmt und mehr trinkt.
- ❑ **Zahnfleischentzündung** alles wegläßt, was heiß, scharf, sauer, hart, knusprig ist.

Zu mehreren der hier nur kurz aufgeführten Punkte sind an anderer Stelle ausführlichere Angaben zu finden. Siehe Inhaltsverzeichnis und Stichwortverzeichnis.

Ernährungswissen kurz gefaßt

Artischocken werden unterstützend bei hohen Cholesterinwerten empfohlen.

Eiklar (ungekochtes Hühnereiweiß) nicht verzehren. Deshalb auch keine rohen Eier austrinken. Gleich drei Gründe sprechen dagegen: Das Vitamin Biotin wird inaktiviert und das eiweißspaltende Enzym Trypsin wird gehemmt mit der Folge von Verdauungsstörungen. Außerdem besteht die Gefahr einer Salmonelleninfektion.

Essig und Öl sollten im Kühlschrank aufbewahrt werden. Bei Zimmertemperatur und längerer Lagerung können sich im Essig die sogenannten Essigälchen entwickeln. Das sind nur ca. 1mm kleine Fadenwürmchen. Und beim Öl, besonders den mehrfach ungesättigten Sorten wie Distel-, Sonnenblumen- und Leinöl tritt durch Ranzigwerden Geschmacks- und Nährwertverlust ein. Nur das vorwiegend einfach ungesättigte Olivenöl ist weitgehend unempfindlich gegenüber Temperaturen um 20 Grad.

Fleisch ist bekanntlich ein vorzüglicher Eiweiß- und Eisenlieferant etc. Es hat aber auch Nachteile, weil zu hoher Fleisch- und Wurstkonsum Voraussetzung für Gicht sein kann und weil es keinerlei Ballaststoffe enthält.

Gewürze verlieren im gemahlenen Zustand sehr viel Aromastoffe. Sie sollen deshalb ungepulvert aufbewahrt und erst bei Bedarf zerkleinert werden (Pfeffermühle, Muskatreibe etc.)

Heidelbeeren (Blaubeeren) aus Wildsammlung können den gefährlichen Fuchsbandwurm übertragen, weil Füchse die reifen Beeren gerne fressen und hier auch ihren Kot absetzen. Abhilfe: Gewaschene Beeren nur gekocht (!) verzehren.

Honig besteht fast vollständig aus Invertzucker. Das ist ein natürliches Gemisch aus Traubenzucker und Fruchtzucker. Beide Zucker gehen besonders rasch „ins Blut" und sind daher schnelle Energiespender.

Kalbfleisch ist in der leider bevorzugten blassen Farbe nicht so wertvoll wie das eisenreichere naturfarbene.

Kartoffeln sind unser billigster Kohlenhydrat- und Vitamin-C-Lieferant mit zugleich gutem Kaliumgehalt. Vitamin- und Mineralgehalt bleiben am besten erhalten bei der Bereitung von *Pell*kartoffeln im Dampfkochtopf.

Kochdauer möglichst kurz halten, weil Mineralstoffe und alle wasserlöslichen Vitamine (B-Komplex, C) aus den Lebensmitteln ausgelaugt werden.

Lakritze wegen Kaliumverlust und Bluthochdruckgefahr etc. nicht im Übermaß verzehren. Wichtig vor allem für Schwangere, Diabetiker und Herzkranke.

Leber und Nieren sollten monatlich nur ein- bis zweimal verzehrt werden.

Margarine ist bei erhöhten Cholesterinwerten der Butter klar überlegen.

Mehle: Die Sorten mit niedriger Typenzahl (Type 405 oder 550) sind ungünstiger als solche mit hoher Typenzahl, weil sie weniger Ballast- und Mineralstoffe enthalten.

Milch und Milchprodukte (Käse, Quark, Joghurt) dürfen nicht zusammen mit Natriumfluoridpräparaten (Karies, Osteoporose) aufgenommen werden. Gilt auch für bestimmte Antibiotika. Zeitabstand zwei Stunden!

Orangensaft erleichtert die Eisenaufnahme aus pflanzlicher Nahrung.

Pampelmusen- und vor allem **Grapefruitsaft** können bei bestimmten Antiallergie- und Bluthochdruckmitteln etc. zu gefährlicher Wirkungsverstärkung führen.

Pilze reichern Cadmium, Quecksilber und Blei an und sollen deshalb nur ein- bis zweimal wöchentlich gegessen werden. Wenn vom Pilzgemüse etwas übrigbleibt, dann muß es entgegen früherer Ansicht aber nicht gleich weggeworfen werden. *Ein*maliges Aufwärmen binnen längstens 24 Stunden ist gestattet, wenn das Gericht sofort gut gekühlt wird.

Pilzsammeln: Die Silberlöffelprobe zur Unterscheidung zwischen eßbaren und giftigen Pilzen ist sinnlos, weil *jeder* (ältere) Pilz in Spuren das Gas Schwefelwasserstoff ausdünstet, das Silber schwarz färbt. Besser: Nur sicher bekannte Pilze abschneiden (nicht herausreißen). Vorsicht: Wiesenchampignon und der extrem giftige Knollenblätterpilz ähneln einander. Im Zweifel anerkannten Pilzfachmann fragen. Siehe auch Kapitel „Knollenblätterpilz und andere Giftpilze" Seite 206

Salicylsäure wird z.B. zur Konservierung von Marmeladen gebraucht, obwohl sie aus guten Gründen hier verboten ist (Magenreizung, beim Erhitzen Bildung von giftigem Phenol).

Schimmel auf Brot, Obst und sogar Käse (nachträglich auftretender Schimmel) sollte die Vernichtung des **ganzen** Stückes bewirken. Bloßes Ausschneiden des sichtbaren Schadens reicht also nicht aus, da unsichtbare Pilzfäden meist bereits viel tiefer eingedrungen sein können. Schimmlige *Nüsse* sind besonders gefährlich (Lebergift Aflatoxin).

Schwarztee und **Kaffee** mindern wegen ihres Gerbstoffgehalts die Wirkung vieler Psychopharmaka (seelische Erkrankungen).

Tomaten vermindern durch ihren roten Inhaltsstoff Lycopin das Risiko für Herzinfarkt und Prostatakrebs. *Grüne* Tomaten sind giftig.

Warmhalten von Speisen „ruiniert" den Vitamin-C-Gehalt und mindert viele andere Wertstoffe.

Kapitel-Alphabet

Acerola-Kirsche – d i e natürliche Vitamin-C-Quelle

Saft aus Acerolafrüchten ist bis zu 100mal (!) reicher an Vitamin C als Orangensaft. In dem durch schonende Trocknung und Vermahlung gewonnenen Pulver sind fast 25 Prozent reines Vitamin C enthalten. Wer also wegen der Begleitstoffe Wert legt auf eine natürliche Herkunft dieses Vitamins, ist mit Acerola bestens bedient.

Da das Pulver intensiv sauer schmeckt, sind Kapseln eine besonders verbraucherfreundliche Darreichungsform.

Zusatzvorteil: Neben Vitamin C sind auch Vitamine des B-Komplexes nachgewiesen.

Ein paar Worte zur Botanik und Herkunft: Die Acerolakirsche ist mit unseren heimischen Kirschenarten nicht verwandt. Sie stammt aus dem tropischen Amerika.

Alkoholverträglichkeit bei Frauen geringer

Alkohol wird von Frauen generell schlechter vertragen als von Männern. Bei *täglichem* Alkoholkonsum beträgt die Toleranzgrenze der Frau nur 20 Gramm. Männer dürfen schadlos bis 40 Gramm trinken. Was auch nicht gerade viel ist, denn schon *eine* Maß (=1 Liter) Bier überschreitet geringfügig diese Grenze. Die Flaschenetiketten verraten den jeweiligen Gehalt. Nichts machen Sie als „Mannsbild" falsch beim (nicht täglichen!) Genuß von einem Schoppen (250 ml) Wein. Ihre Frau darf sich ein kleines Schoppenglas (200 ml) gönnen. Wer sich für Rotwein* entscheidet, erweist Herz und Kreislauf sogar Gutes. Im Alter sinkt die Alkoholverträglichkeit bei beiden Geschlechtern.

*Auch die Flavone des **roten Traubensaftes** schützen vor Herzinfarkt.

Apfelpektin: Darmregulans und Schlankmacher

Pektine sind besonders reichlich in fleischigen Früchten enthalten. Das aus Apfeltrestern gewonnene bräunliche Pulver hat einen nur schwachen, angenehmen Eigengeschmack. Es ist ein wertvolles Nahrungsergänzungsmittel, weil hiermit der Darminhalt einerseits besser geformt und andererseits gleitfähiger wird. Daher ist es als Regulator sowohl bei Durchfall als auch bei Darmträgheit verwendbar.

Knöllchenfreie Getränkebereitung

Weder an der Windschutzscheibe noch in einem diätetischen Getränk sind Knöllchen sonderlich beliebt. Beim Pektin*pulver* sind diese nur mit einem elektrischen Küchenmixer vermeidbar. Und zwar wie folgt:

- ❑ eine Tasse Kaltwasser oder kalten Kräutertee in den Mixbecher gießen
- ❑ Rührwerk auf hohe Umdrehung einstellen
- ❑ einen Teelöffel Pulver langsam einstreuen

Das Kaltgetränk muß *sofort* getrunken werden, da sich die puddingartige Verdickung rasch entwickelt.

Pektin*flocken* auch zur Gewichtsreduktion

Die technisch aufwendigere Flockenform ist nicht nur ohne Rührgerät, sondern auch vielseitiger nutzbar. Hinzu kommt hier nämlich neben dem stärker ausgeprägten Apfelgeschmack noch ein Anteil wasserunlöslicher Fruchtfasern. Dadurch eignen sich die Flocken – in Erweiterung der beim Pulver beschriebenen Eigenschaften – vorzüglich zur Unterstützung bei Schlankheitskuren. In eine mit kaltem

Wasser oder besser kaltem Matetee gefüllte Tasse werden fünf gehäufte Teelöffel (= etwa 10 g) Flocken gerührt. Die jeweils frisch bereitete viskose Flüssigkeit wird zweimal täglich eine Stunde vor den beiden Hauptmahlzeiten getrunken.

Auch in Müsli, Joghurt und anderen Speisen kann dieses ballaststoffreiche Nahrungsergänzungsmittel leicht eingerührt werden.

Trocken und kühl aufbewahren

Da beide Apfelpektinformen nur in getrocknetem Zustand lange haltbar sind, müssen die Packungen nach jeder Entnahme sofort dicht verschlossen werden. Zusätzliche kühle Lagerung schont das Aroma.

Artischocke: Gemüse, Fettverdauer, Cholesterinsenker

Daß Artischockenherzen* in ölig-saurer Tunke eine pflanzliche Delikatesse sind, ist weithin bekannt. Naturheilkundlich Interessierte kennen darüber hinaus die guten Wirkungen der bitteren Artischocken*blätter* bei Verdauungsstörungen und als Stimulans der Leberfunktionen. Relativ neu dagegen ist der cholesterinsenkende Effekt von Blattextrakten. Wer synthetische Arzneimittel ablehnt, kann in Absprache mit dem Hausarzt einen Versuch mit dieser pflanzlichen Alternative unternehmen. Fertigarzneimittel: Hepar-SL forte Kapseln. Sie wirken auch bei Übelkeit und Erbrechen.

* Merkwürdigerweise schmecken nach dem Verzehr Mineralwasser und andere ungezuckerte Getränke vorübergehend süß.

Ballaststoffe in der Nahrung: oft Fehlanzeige

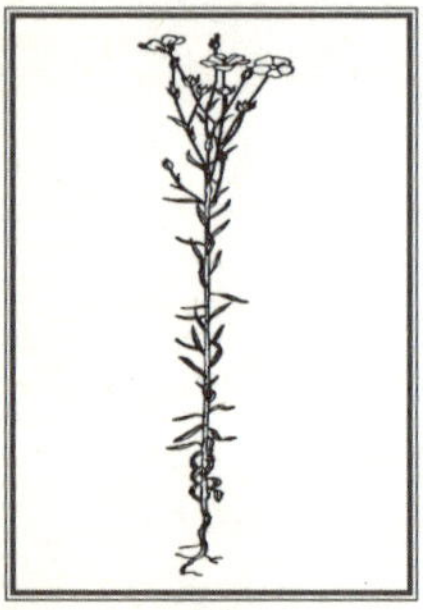

Lein

Unsere Nahrung ist meist viel zu kalorienreich und viel zu ballaststoffarm. Man denke hier nicht nur an zuviel Fett, sondern auch an kalorienreiche Getränke wie Limonade, Cola und Alkohol.

Häufige Folge: Verstopfung und – langfristig – nicht so selten Dickdarmkrebs. Kostensparender Ausweg: mehr pflanzliche Nahrung verzehren! Aber Vorsicht: Nicht alles Pflanzliche ist empfehlenswert. Geschälter Reis und Weißbrot beispielsweise nicht. Vollkorn- oder Schrotbrot dagegen sehr, da es besonders ballaststoffreich ist. Damit ist es zugleich der am einfachsten verfügbare Ballaststofflieferant. Auch Hülsenfrüchte, Wirsing, Sauerkraut und Endivien versorgen den Körper mit zum Teil deutlich über 10 % Unverdaulichem, bezogen auf die jeweilige Trockenmasse. Pilze sind hier ebenfalls zu erwähnen.

Weltmeister ist und bleibt allerdings die **Weizenkleie** mit rund 50% Ballaststoffanteil. Ohne gleichzeitig reichliche Flüssigkeitszufuhr (auf einen Eßlöffel Kleie mindestens ein Glas Flüssigkeit), ferner Apfelbrei, Joghurt etc. kann sie allerdings nicht wirken und schadet eher durch Dickdarmreizung und Blähungen.

Weizenkleie ist auch reich an Zink, einem wichtigen Spurenelement.

Leinsamen hat in der Schale zwar ebenfalls viel unverdauliche Anteile, aber im Sameninneren – nach Schroten den Verdauungssäften zugänglich – zudem nicht wenig hochkalorisches (besonders hochwertiges) Leinöl. Ein Eßlöffel Leinsamenschrot führt dem Körper immerhin ca. 80 Kilokalorien (=335 Kilojoule) zu. Der *Schrot* ist somit für Übergewichtige nicht geeignet, wohl aber die unzerkleinerten Samen. Und hier speziell die meist billigeren kleinsamigen Sorten mit ihrem gegenüber den großsamigen höheren Ballaststoffanteil. Der in den Samenschalen enthaltene quellende Pflanzenschleim kann kalorienmäßig weitgehend außer Ansatz bleiben.

Bierhefe – ein Multitalent

Die Bierhefe meint es mit uns Menschen gleich dreimal gut:

- Zum einen gäbe es ohne ihre Fähigkeit, Zucker zu Alkohol vergären zu können, kein Bier. Und das „Weltdorf" München wäre wohl nur irgendein Dorf der Welt.
- Zum anderen ist sie nach Inaktivierung ein außergewöhnlich hochwertiges Nahrungsergänzungsmittel.
- Und schließlich wird dieser pflanzliche Mikroorganismus als Naturarznei bei Appetitlosigkeit, Akne und Furunkulose verwendet.

Winziger Tausendsassa

Beim Stichwort „Pilz" denkt der Laie normalerweise an Champignon und Pfifferling etc. Zur Darbietung solch hübscher Wuchsformen ist die zu den einfachen Sproßpilzen zählende Bierhefe nicht imstande. Sie übertrumpft dafür gemäß der

Devise „Mehr sein als scheinen" diese prächtigen, aber nährstoffarmen Verwandten durch innere Werte: reichlich Vitamine des B-Komplexes, Mineralstoffe und Eiweiß.

Vorbildliches Nahrungsergänzungsmittel

Unsere heutigen Ernährungs- und Lebensgewohnheiten bergen im allgemeinen zwar kaum die Gefahr eines *schweren* Vitaminmangels (A-Vitaminose), dafür wird aber nicht selten eine Vitaminunterversorgung (Hypo-Vitaminose) festgestellt. So deckt die Nahrung den bei schwerer Arbeit, Leistungssport, im Wachstum, Alter, in Schwangerschaft und Stillzeit etc. erhöhten Bedarf an Vitamin B1 erfahrungsgemäß oft nur zum Teil. Mit Leichtigkeit kann Bierhefe diesen Mangel im ausgewogenen natürlichen Verbund mit anderen Vitaminen des B-Komplexes (vor allem B2 und B6) beheben.

Daß dabei dem Körper neben Phosphor und Eisen auch ansehnliche Mengen Kalium und Magnesium zugeführt werden, ist besonders bei ungenügender pflanzlicher Kost ein willkommener Begleiteffekt.

Der positive Gesamteindruck der Bierhefe wird vervollständigt durch deren 40%igen Gehalt an hochwertigem Eiweiß (alle essentiellen Aminosäuren) bei zugleich fast völlig fehlendem Fett.

Haut- und Schönheitspflege von innen

Durch Umwelteinwirkungen (zuviel Sonne), Ernährungsfehler (auch Süßigkeiten), Genußgifte und Streß wird die Haut, unser größtes Organ, stark beansprucht.

Bierhefe führt ihr bei einer Tagesdosis von etwa fünf Gramm über das Blut wichtige Bausteine zu und wirkt so auch Hautunreinheiten entgegen.

Bedenkt man nun noch, daß dieser wertvolle Naturstoff angenehm schmeckt, gut verträglich und preiswert ist, dann kann bei Vorliegen einer der oben genannten Voraussetzungen zur jährlich mehrmaligen kurmäßigen Anwendung über jeweils vier Wochen nur geraten werden.

Bittermandeln sind für Kinder ungeeignet!

Neben den als Lebkuchenbelag etc. bekannteren **Süßen Mandeln** gibt es eine gleich aussehende Variante, die **Bitteren Mandeln**. Sie werden zwar auch als Lebensmittel gebraucht (Schokoladen, Marzipan, Liköre), sind aber nur in geringer Dosierung unschädlich. Beim Zerkauen entsteht nämlich auf enzymatischem Weg die extrem giftige Blausäure (=Cyanwasserstoff, HCN). Nur 60 Milligramm hiervon können einen Erwachsenen durch innere Erstickung töten. Eine solch geringe Giftmenge wird aus 50 bis 60 Bittermandeln frei. Das entspricht etwa einer Handvoll.

Mandelzweig

Noch viel gefährlicher wird es bei Kindern, weil hier bereits fünf bis zwölf Mandeln tödlich wirken. Der verhältnismäßig breite Schwankungsbereich hängt einerseits vom Alter und Gewicht des Kindes ab, andererseits vom sehr variablen Amygdalingehalt der Mandeln, aus welchem sich das Gift abspaltet.

Fazit: **Bittermandeln sind für Kinder strikt verboten!**

In Ermangelung einer gesetzlichen Vorgabe bietet der Handel Abpackungen bis zu 50 Gramm an. Solche Gebinde müssen für Kinder unzugänglich aufbewahrt werden, zumal der von Kindern im allgemeinen abgelehnte Bittergeschmack wegen des hier zusätzlichen Aromas keinen verläßlichen Schutz vor dem Verzehr einer tödlichen Menge bietet.

Dolomit: Kalzium und Magnesium preiswert

Bei vielen Lesern weckt die Überschrift Ferienerinnerungen an die norditalienischen Dolomiten. Daß hier in einem Gebirge von mehr als 10.000 Quadratkilometern ein für den menschlichen Organismus wichtiges Nahrungsergänzungsmittel, nämlich eine Mischung aus Kalzium- und Magnesiumverbindungen vorkommt, ist den wenigsten Urlaubern bewußt.

Das Mineral entstand als Sedimentgestein vor vielen Millionen Jahren im Meer. Bei der Entstehung der Alpen wurde es kilometerhoch nach oben gepreßt.

Die weißlichen Dolomitkristalle müssen lediglich zu Pulver zermahlen und beispielsweise in Gelatinekapseln gefüllt werden.

Hinweis: In den zur Nahrungsergänzung nötigen geringeren Mengen ist die gleichzeitige Gabe beider Elemente möglich. Sie werden ja auch mit der Nahrung gemeinsam aufgenommen. Nur bei höheren Dosierungen zu therapeutischen Zwecken sollen Kalzium und Magnesium zeitversetzt eingenommen werden.

Durstmangel im Alter

Etwas überspitzt gilt: Kinder haben immer Durst, Senioren immer weniger. Letzteres kann aus vielen Gründen gefährlich sein und erfordert nicht selten sogar Infusionen.

Fest steht, daß 1 1/2 (besser 2) Liter Flüssigkeit als Tagesminimum des Erwachsenen gelten. Hierbei spielt die Getränkeart einschließlich Suppen eine nur untergeordnete Rolle, so daß man wenigstens für etwas Abwechslung sorgen kann. Beste Selbstkontrolle: jeden Morgen die Tagesmenge bereitstellen. Am Abend müssen alle Flaschen etc. leer sein.

Fett: komprimierte Energie

Fett ist mit neun Kilokalorien pro Gramm unser energiereichster Nahrungsbestandteil (Eiweiß und Kohlenhydrate nur ca. vier). Ein geringes tägliches Zuviel hat deshalb besonders nachteilige Folgen. Dies geschieht nur zu oft, weil die in z. B. Wurst, Fleisch und Käse enthaltenen versteckten Fette vergessen werden. Generelle Zurückhaltung ist deshalb eine nahezu allgemein verbindliche Empfehlung. Weitere gravierende Fehler werden durch die Zufuhr unausgewogener Fette gemacht. Die optimale Mischung lautet: ein Drittel versteckte Fette, Koch- und Streichfett, ein Drittel *einfach* ungesättigte Öle (z.B. Olivenöl) und ein Drittel *mehrfach* ungesättigte Öle (z.B. Sonnenblumenöl, Leinöl). Siehe auch Kapitel „Speiseöle". Bei einer Energieaufnahme von täglich 2400 kcal sollten nur 72 Gramm Fett insgesamt gegessen werden.

Früchtetees mit Vitaminen: Doppelnutzen

Bei den im Handel angebotenen vitaminisierten Kräuter- bzw. Früchtetees muß unterschieden werden zwischen solchen nur mit Vitamin-C-Zusatz und anderen mit mehreren Vitaminen. Letztere werden gerne Multivitamintees genannt (multi lateinisch = viele).

In der Regel sind die eingesetzten Vitaminmengen zwar nicht ausreichend, um einen (seltenen) schweren Vitaminmangel zu beseitigen, sie können aber eine (häufigere) ernährungsbedingt nicht ausreichende Vitaminzufuhr ausgleichen helfen. Da dies der typische Aufgabenbereich der Nahrungsergänzungsmittel ist, könnten solche Tees auch bei dem entsprechenden Extrakapitel besprochen werden. Wegen ihres Zusatznutzens als angenehm schmeckende Ganzjahresgetränke haben sie sich jedoch eine separate Darstellung verdient. Tip: Im Winter gut warmen Früchtetee nur mit Vitamin C (und evtl. einem Teelöffel Honig) bevorzugen, im Sommer die gekühlten Multiversionen.

Fuchsbandwurm

ist nicht allein auf Füchse spezialisiert. Durch Verzehr **ungekochter** Wildbeeren und -pilze kann er auch den Menschen befallen – mit der Folge einer lebensbedrohlichen Lebererkrankung. Das Verspeisen ungewaschener Erdbeeren auf nicht eingezäunten Feldern ist ebenfalls nicht ganz risikolos.

Viele Katzen- und Hundehalter wissen nicht, daß sie auch von ihrem vierbeinigen Liebling angesteckt werden können, wenn dieser beim Streunen Mäuse frißt.

Wer einen solchen „Freigänger" besitzt, ist trotzdem weitgehend sicher, sofern das Tier vorbeugend alle drei Monate mit einem speziellen Bandwurmmittel behandelt wird.

Hinweise zur Erkennung eines Bandwurmbefalls:

1. Reiskornähnliche eingetrocknete Bandwurmglieder im Fell der Aftergegend oder auf der Liegefläche.
2. Vermehrtes Lecken des Analbereiches, da durch Austreten der Bandwurmglieder Juckreiz entsteht.
3. Trockener, würgender Husten mit Brechreiz, jedoch ohne Erbrechen.

Gelatine für Haut und Haar, Knorpel und Nägel

Woher kommt Gelatine und woraus besteht sie?

Gelatine wird mit Natronlauge unter Hitzeeinwirkung aus Knorpeln und Bindegewebe etc. gewonnen*. Sie ist ein fett- und kohlenhydratfreies Eiweiß und somit nur aus Aminosäuren aufgebaut. Gelatine enthält von diesen Eiweißbausteinen 17.

Obwohl hier lebenswichtige (=essentielle) fehlen, sind die nötigen Aminosäuren für den Aufbau des körpereigenen Bindegewebes und der Knorpel etc. enthalten. Dazu müssen sie im Verdauungstrakt noch weiter zerlegt werden.

Trinkgelatine besonders empfehlenswert

Als Nahrungsergänzungsmittel am besten geeignet ist enzymatisch aufgeschlossene Gelatine, weil sie ihre Quellfähigkeit verloren hat und besonders gut verdaulich ist. Sie wird speziell als unterstützender „Bausteinlieferant" für Haut, Nägel und Haare angeboten. Da sie geschmacks- und geruchsneutral ist, kann sie z. B. bequem in Fruchtsaft und kaltem Kräutertee getrunken werden.

Trinkgelatine ist als Pulver in dicht schließenden Dosen im Handel. Sie bieten einen guten Schutz vor Feuchtigkeit. Nach jeder Entnahme müssen die Gebinde sofort wieder verschlossen werden. Kühl lagern.

***Die aggressive Art der Herstellung schließt nach heutigem Kenntnisstand eine Übertragung der BSE-Erreger mit Sicherheit aus.**
Das Wort wird sehr oft falsch geschrieben, nämlich Gelantine.

Gewürze: Ältere Menschen sollen mehr nehmen

„Gewürze sind gesund". Unter diesem Titel erschien im Kaulfus-Verlag 97355 Abtswind vom selben Autor eine 80seitige Schrift. Die Richtigkeit dieser Behauptung ist allerdings abhängig von der Gewürzmenge. Im höheren Alter läßt der Geschmackssinn beträchtlich nach. Senioren sollten deshalb beherzter würzen. (Ausnahme Salz). Am besten jedoch erst auf dem eigenen Teller, weil dann die übrigen Familienmitglieder nicht wegen eventueller Überwürzung reklamieren können. Dies gilt vor allem für Kinder, da sie auf Geschmacksreize am feinfühligsten ansprechen.

Nur bei „schlechten Essern" im Schulalter sollte ausprobiert werden, ob Großmutters nachgewürzte Lieblingsspeisen vielleicht auch dem Enkel zusagen. Bei Scharfgewürzen wie Pfeffer, Senf und Paprika (Chillies) wird im allgemeinen wohl jegliche Liebesmühe umsonst sein.

Lediglich die *scharfen* Gewürze (und Speisen) sind übrigens bei Blasen-, Magen- und Darmerkrankungen (einschließlich Hämorrhoiden) in *jedem* Lebensalter untersagt. Süßer, schärfefreier Paprika fällt somit nicht unter das Verbot. Besonders dessen rote Sorten sind im Gegenteil kleine Naturstoff-Apotheken mit viel Vitamin C und Provitamin A, etwas Vitamin E und reichlich Flavonen*****.

*** Flavone sind gefärbte (flavus lateinisch = gelb) Naturstoffe, die im Pflanzenreich sehr verbreitet sind. Sie verstärken u. a. die Wirkung von Vitamin C und erhöhen die Elastizität und Wanddichte der feinen Blutgefäße (Kapillaren). Flavonoide sind von Flavonen abgeleitet.**

Grillen: Genuß ohne Reue

Hier geht es nicht um harmlose Gas- oder Elektro-Grillgeräte mit Hitze von oben, sondern um den klassischen Holzkohlengrill.

Bei Beachtung einiger einfacher Regeln sind auch hiermit gesunde Gerichte zu erzielen:

1. Warten, bis die Holzkohle gut durchgeglüht ist.
2. Auf besonders fettreiches Fleisch verzichten. Das Fett tropft nämlich zum Teil auf die Kohle und verbrennt. Der aufsteigende Rauch enthält unter anderem das Krebs auslösende Benzpyren.
3. Aus demselben Grund keine Kiefern- und Fichtenzapfen etc. zum Strecken der Glut nehmen. Verschwelendes Harz ist sogar besonders reich an Benzpyren und verwandten Substanzen. Man kann natürlich das Grillgut auch auf Metallschalen legen und damit die Benzpyrengefahr drastisch mindern.
4. Gepökeltes Fleisch und ebensolche Wurst, meist erkennbar an der roten Farbe, dürfen keinesfalls gegrillt werden, weil das Pökelsalz in der Hitze Nitrosamine bildet. Sie können ebenfalls Krebs verursachen.

Trotz all dieser Vorbehalte wäre es schade, wenn Sie sich hierdurch die Freude an der Grillparty verderben ließen. Und wenn ein „Quäntchen" Rauch (aber nicht mehr!) das Gegrillte umweht hat, ist das noch kein Grund zur Besorgnis, sondern lediglich die erstrebte Geschmacksverbesserung. Sollten Sie allerdings zur schönen Sommerszeit *häufig* grillen, dann summieren sich die vielen Quentchen zum „Quantum" – und das ist zuviel.

Grüner Tee – *kein* Stiefbruder des Schwarzen Tees!

Zu Unrecht wird Grüner Tee bei uns von der schwarzen Variante weitgehend verdrängt. Die nachstehenden Ausführungen wollen durch Darlegung der Gemeinsamkeiten und der Unterschiede zur vermehrten Nutzung der vernachlässigten Sorte beitragen.

Gemeinsamkeiten

Beide

- ❑ stammen ab vom Teestrauch,
- ❑ enthalten als Hauptwirkstoffe ca. 3% Coffein (=veraltet Thein) und etwa 15% Gerbstoff,

- ❑ verlieren durch Metallkontakt und kalkhaltiges sowie gechlortes Wasser an Aroma,
- ❑ sind reich an Kalium und Fluor (gut für die Zähne und bei Osteoporose),
- ❑ fördern die Herztätigkeit und geistige Aktivität, regen den Harnfluß, das Atem- und Gefäßzentrum an, mindern das Schlafbedürfnis, wirken antidepressiv sowie bei längerer Ziehzeit (10 Minuten) stopfend,
- ❑ scheinen unterstützend gegen Arteriosklerose und Herzinfarkt zu wirken und
- ❑ werden durch manuelles oder maschinelles Pflücken der Spitzenknospen und der zwei (oder mehrerer) folgenden Blätter geerntet.

  Von hier ab trennen sich die Bearbeitungswege.

Unterschiede

Grüner Tee

- ❑ wird keiner farbändernden Fermentation unterworfen und ist deshalb dunkelgrün,
- ❑ ist besser naturbelassen, weil er in weniger Arbeitsschritten hergestellt wird,
- ❑ enthält den Gerbstoff in weniger veränderter Form,
- ❑ hat als Blattdroge ein milderes, etwas krautigeres Aroma und im Aufguß eine angenehmere Bitternote und
- ❑ liefert klare, helle, grünlichgelbe Getränke.

Genuß- *und* Heilmittel

Auf Grund der oben dargelegten gemeinsamen arzneilichen Wirkungen hätte dieses Kapitel auch im ersten Buchteil abgehandelt werden können, zumal es für beide Teevarianten auch Gegenanzeigen gibt. So dürfen zum Beispiel Calcium-, Eisen- und Magnesiumpräparate nicht mit Tee eingenommen werden. Bei Magenempfindlichkeit sollte nur kurz (drei Minuten) gezogener, mit Milch versetzter Tee getrunken werden, weil dann der störende Gerbstoff praktisch vernachlässigt werden kann.

Ganz zu meiden ist das Getränk unter anderem bei Herzjagen, Krampfleiden und Schilddrüsenüberfunktion.

Von diesen insgesamt wenigen Beschränkungen abgesehen ist Grüner Tee ein idealer Fitmacher für Geist, Seele und Körper. Die japanische Teezeremonie setzt dies besser um als die britische tea-time.

Antikrebswirkung von Grünem Tee wahrscheinlich

Für die bisher nur vermutete krebshemmende Potenz des Grünen Tees gibt es inzwischen wachsende Beweise. Amerikanische Forscher fanden in den Blättern eine abgekürzt EGCG genannte Substanz. Sie zählt zur Gruppe der Catechine (=Gerbstoffbausteine). Als Gegenspieler des von Krebszellen stark produzierten Enzyms Urokinase hemmt EGCG die Ausbreitung bestimmter Krebsarten wie Magen-, Darm- und Lungenkrebs. Laut Mitteilung der US-Wissenschaftler müssen allerdings über den Tag verteilt einige Tassen Grüner Tee getrunken werden. Auch *schwarzer Darjeeling*(!)-Tee ist geeignet.

Sorten gibt es viele

Um nicht zu verwirren, seien nur die drei bei uns wohl wichtigsten Grünteesorten genannt: **Japanischer und Chinesischer Sencha** und **Formosa-Gunpowder**. Letztere Bezeichnung bedarf der Erklärung, weil Gunpowder ja eigentlich Schießpulver bedeutet. Der Grund sind die an gekörntes Schießpulver erinnernden schneckenhausartig aufgerollten Teeblätter.

Resümee: Grüner Tee ist eine die Gesundheit mindestens ebenbürtig schützende Alternative zum Schwarztee. Die Zubereitung erfolgt mit kurz aufgekochtem, auf etwa 80 Grad Celsius abgekühltem Wasser.

Pu-Erh Tee: neuer Schlankmacher aus dem alten China
Trotz enger botanischer Verwandtschaft ist Pu-Erh Tee weder ein Grüner noch ein Schwarzer Tee, obwohl er letzterem farblich ähnelt. Wie dieser erhält er sein Aussehen nämlich ebenfalls durch Fermentation, die allerdings milder verläuft und teilweise gewöhnungsbedürftige Geschmacksvarianten liefert. Pu-Erh Tee ist auch deshalb wohl eher ein Gesundheits- als ein Genußmittel.
Zubereitung: Einen Teelöffel voll in einer großen Tasse mit siedendem Wasser übergießen, bedeckt drei Minuten ziehen lassen, umrühren und abseihen. Rückstand nicht wegwerfen, da er in gleicher Weise noch zweimal, dann aber mit zunächst sechs und zuletzt zwölf Minuten Ziehzeit, aufgegossen werden kann.
Die Traditionelle Chinesische Medizin (TCM) kennt den nach der Stadt Pu-Erh in Yunnan/Südwestchina benannten Tee seit über 1500 Jahren.
Westlichen Angaben zufolge soll er den Verdauungsstoffwechsel anregen, entwässern und ernährungsbedingtes Übergewicht sowie erhöhte Cholesterinwerte (?) senken.
Das auch als **Roter Tee** angebotene Lebensmittel ist in mehreren Qualitäten mit deutlichen Preisunterschieden im Handel.

Heißhunger *wegen* süßer Speisen und Getränke

Bei Neigung zu Übergewicht sind süße Speisen und Getränke als gefürchtete Dickmacher bekannt. Die wenigsten Menschen aber wissen, daß dieser unwillkommene Effekt *zwei* Gründe hat.

Zum einen sind es die im Blut rasch anflutenden *süßen* Kohlenhydrate als solche. Damit erfährt der Körper einen schnellen Kalorienschub. Würde die quasi unvermittelt verfügbare Energie nun durch Holzhacken oder eine stressige Prüfung abgearbeitet, wäre alles in Ordnung. In Wirklichkeit wird die ungenutzte Kraft jedoch meist gebunkert – letztendlich als Fett, unserer hauptsächlichen Energiereserve. Bevor das erreicht ist, reizt der Blutzuckerschwall erst einmal die Bauchspeicheldrüse zur vermehrten Insulinabgabe. Pflichtgemäß tut dieses nichts anderes, als die „Überzuckerung" schleunigst zu beseitigen. Folgen: Blutunterzuckerung, Heißhunger, erneute, unsinnige Essensaufnahme mit dem Ziel Fettdepots.

Genau *das* ist der zweite Grund, warum Süßigkeiten so erfolgreiche Hosenbundsprenger sein können.

Ausweg Light-Getränke?
Infolge von Süßstoffzusatz statt Zucker sind sie zwar kalorienarm, weshalb die erste der beiden Voraussetzungen für Übergewicht entfällt. Da jedoch die Geschmacksnerven zwischen Zucker und Süßstoff nicht unterscheiden, kann der Leibesumfang indirekt trotzdem wachsen, weil die somit sinnlose Insulinausschüttung zu noch ausgeprägterem Heißhunger führt.

Eis und Cola: viele Kalorien durch viel Zucker

Alle Zuckerfabrikanten dieser Welt freuen sich, daß die menschliche Zunge bei *kalten* Speisen und Getränken ihre Empfindlichkeit für die Geschmacksrichtung süß teilweise verliert. Daraus folgt: Eis muß stärker gezuckert werden, um die erwartete Süße zu vermitteln. Der Beweis: Lecken Sie doch einmal an einem völlig zerlaufenen zimmerwarmen „Eis". Pappsüß, nicht wahr?

Auch Cola-Getränke sollen laut Werbung *eiskalt** getrunken werden. Also müssen sie ebenfalls gut gezuckert sein. Im Gegensatz zu zerlaufenem Eis schmeckt warme Cola aber nicht so übersüßt, weil sie aus Haltbarkeits- und Geschmacksgründen zusätzlich gesäuert ist (für chemisch Vorgebildete: ca. pH 3).

Trotzdem sind Cola-Getränke – maßvoll genossen – auch für Kinder im Prinzip nicht ungesund, sofern hierdurch das tägliche Milchgetränk als wichtiger Kalziumspender nicht verdrängt wird (Osteoporosegefahr!).

Sonderfall Schokolade?

Amerikanische Forscher fanden im Kakao, Bestandteil dunkler Schokoladen, in geringer Menge einen (weiteren) psychoaktiven Stoff, das auch im menschlichen Gehirn nachgewiesene *Anandamid*. Dieses heftet sich hier an die Cannabinoid-Rezeptoren, wird aber relativ rasch abgebaut. Trotzdem wurde – verbunden mit vorhandenen anderen Psycho-Stoffen wie Coffein, Theobromin etc. – hieraus der häufig feststellbare Heißhunger auf Schokolade zu erklären versucht. Die „Schokoladensucht" beruht aber wohl überwiegend auf dem feinen Aroma und süßen Geschmack sowie dem zarten Schmelz.

---

* Der Genuß von Eis und eiskalten Getränken kann bei hochsommerlichen Temperaturen kurz anhaltende heftige Kopfschmerzen, vereinzelt bis hin zum Migräneanfall, auslösen. Die Amerikaner nennen dieses Phänomen „Brain Freeze" (holperig, aber wörtlich übersetzt „Hirnfrost").

Küchenkräuter sind gesund, aber empfindlich

Wie Pfeffer, Zimt und Curry zählen Küchenkräuter zu den Gewürzen. Von ersteren unterscheiden sie sich aber insofern, als sie häufig im *frischen* Zustand verwendet werden. Und damit sie auch im Magen möglichst unverändert eintreffen, muß man mit ihnen behutsam umgehen.

In die Praxis umgesetzt heißt das:

Küchenkräuter

- ❑ nur kurz unter fließendem Wasser abwaschen,
- ❑ nicht zu fein schneiden,
- ❑ erst beim Servieren zugeben, also
- ❑ nicht mitkochen oder -braten.

Nur so bleiben außer den geruchgebenden ätherischen (das heißt flüchtigen) Ölen auch Vitamine und andere hitzeempfindliche Stoffe weitgehend erhalten.

Wenn Sie es bei der Verwendung von Basilikum, Estragon, Kerbel, Kresse, Liebstöckel, Melisse, Minze, Oregano, Petersilie und Schnittlauch bisher falsch gemacht haben, dann stehen Ihnen beim richtigen Vorgehen demnächst ein paar positive Aha-Erlebnisse bevor.

Außerdem entsprechen Sie damit dem Leitspruch von Werner Kollath, einem der Urväter vollwertiger Ernährung: „Nahrung so natürlich wie möglich belassen."

Migräne: Essen, Trinken und ... können schuld sein

Ein Migräneanfall kann leider viele Ursachen haben. Wer sie kennt, der vermag oft etwas dagegen zu tun. Fangen wir bei Speis und Trank an: Verdächtigt werden Alkohol (v. a. Sekt und Rotwein), Käse, Schokolade und andere Kakaoprodukte. Bitte finden Sie zu Hause Ihre speziellen Migräneauslöser heraus und meiden Sie diese möglichst auch unterwegs in Kantine und Restaurant. Apropos unterwegs: Jede Störung der gewohnten Tagesverläufe kann zum Anfall führen. Als da wären: Lärm, zu helles Licht, zuwenig Schlaf, wechselnde Schichtarbeit, Hunger, Saunieren und Dauerstreß. Selbst Migränemittelmißbrauch kann kurioserweise Migräne auslösen. Und gewissermaßen selbstverständlich muß in allen Lebenslagen vor Tabakgenuß ausdrücklich gewarnt werden.

Die „Wochenendmigräne" wird oft verursacht durch einen veränderten Schlafrhythmus. Empfehlung: Werktagsschlafzeiten in etwa beibehalten, auch wenn es schwerfällt.

Tip bei beginnendem Migräneanfall: Zuerst die Übelkeit bekämpfen und erst nach 30 Minuten das Schmerzmittel einnehmen. Dann wird es nämlich nicht erbrochen. Außerdem: Sofort hinlegen, Augen schließen und evtl. Lärm mit Ohropax etc. fernhalten. Kalten Waschlappen auf die Stirn legen.

Milchzucker bei Darmträgheit, Osteoporose etc.

Der Name dieses aus Glukose und Galaktose bestehenden Zweifachzuckers ist schnell erklärt: Er ist mit ca. 7% Anteil das wichtigste Kohlenhydrat in Muttermilch.

Leider ist die gedankliche Verbindung des auch Laktose* genannten Milchzuckers mit der Säuglingsernährung ein Hindernis für dessen häufigere Verwendung bei Erwachsenen, vor allem bei **Darmträgheit**.

Unterschiede zum Haushaltszucker

Trotz ähnlicher Zusammensetzung und gleichem Nährwert unterscheidet sich Milchzucker in seinen Wirkungen deutlich vom gewöhnlichen Haushalts-Rübenzucker. So schmeckt er nicht einmal halb so süß. Auch ist er schlechter löslich, was sich als Vorteil erweist, weil er bei Verzehr in Eßlöffelmenge dadurch teilweise unverändert bis in den Dickdarm gelangt. Nach Aufspaltung in die beiden eingangs genannten Einfachzucker Glukose (=Traubenzucker) und Galaktose entsteht hier überwiegend Milchsäure. Diese wirkt als solche *direkt* abführend und *indirekt* durch Wachstumsbegünstigung des Milliardenheeres der nützlichen Darmbakterien. Zugleich unterdrückt der angesäuerte Darminhalt das Wachstum von Fäulniserregern.

Gebrauchsanweisung für Erwachsene

Eine halbe Stunde vor dem Frühstück zwei Eßlöffel voll (ca. 25g) in einer großen Tasse kaltem Sprudel, verdünntem Fruchtsaft oder kaltem Kräutertee gut verrührt trinken – auch in der Schwangerschaft. Bei Säuglingen und Kindern reichen geringere Mengen aus. Man halte sich hier, auch wegen der Art der Anwendung, an die Packungsangaben.

Die Abführwirkung des Milchzuckers wird unterstützt durch *Leinsamen, Flohsamen, Weizenkleie, Apfelpektin*, ballaststoffreiche pflanzliche Nahrung (Vollkorn, Obst), reichliche Flüssigkeitsaufnahme (zwei Liter pro Tag) und mehr Bewegung sowie Verzicht auf Süßigkeiten, Weißbrot, Kakao und länger als drei Minuten gezogenen Schwarzen Tee.

Merke: Stuhlgang jeden zweiten Tag ist noch völlig normal!

Weitere Vorzüge von Milchzucker

- ❑ Er fördert die Aufnahme von Kalzium und ist deshalb ein natürlicher Osteoporoseschutz vor allem für Frauen in den Wechseljahren.
- ❑ Nach Durchfällen beispielsweise infolge Antibiotika-Anwendung sorgt er für die schnellere Wiederherstellung einer ausgewogenen Darmflora.
- ❑ Durch optimierte Darmkeimmischung wird die Vitaminbildung stimuliert.
- ❑ Der Galaktoseanteil ist außerdem wichtig für das Immunsystem, das Bindegewebe, den Hirnstoffwechsel und normale Nervenreaktionen.

Angesichts solch vieler positiver Eigenschaften des körpergerechten Naturstoffs Milchzucker ist dessen vermehrter Gebrauch dringend angezeigt, zumal das weiße, geruchlose Pulver preiswert ist und mit vielen Speisen und Getränken gut harmoniert.

Lediglich die wenigen Menschen mit einer Laktose-Unverträglichkeit müssen auf Milchzucker verzichten. Für Diabetiker gelten die vom Arzt festgelegten Mengenbeschränkungen (Broteinheiten). Hiervon abgesehen sind Nebenwirkungen oder Dosissteigerungen infolge Gewöhnung nicht zu befürchten.

Kauftips

Auf der Packung sollte der Hinweis „Arzneibuchqualität" stehen, weil Sie dann ein hochwertiges Produkt erwerben.

Wenn diese Bedingung erfüllt ist, sollte nur noch der Preis kaufentscheidend sein. Erfahrungsgemäß sind Großpackungen ab 500 Gramm besonders günstig. Da Milchzucker bei trockener, verschlossener Lagerung nicht über Zimmertemperatur jahrelang haltbar ist, werden solche größere Gebinde ausdrücklich empfohlen – auch wegen der zwecks guter Wirkung nötigen Dosierungsmenge.

---

* Der Laktose ähnlich ist die rezeptfreie **Lactulose**. Dieser aus Galaktose und Fruktose (statt Glukose) bestehende Zweifachzucker kann vom Körper nicht aufgenommen werden. Er gelangt daher unverdaut in den Dickdarm und wird hier von den Darmbakterien zerlegt. Die Bruchstücke binden Wasser und machen so den Stuhl weicher.

Mineralreiche Pflanzen – Eisen, Kalium, Kalzium, Magnesium

Oft schon geringe Änderungen der Ernährungsgewohnheiten vermögen die Zufuhr der vier (neben Natrium) mengenmäßig wichtigsten metallischen Elemente **Eisen, Kalium, Kalzium und Magnesium** zu erhöhen. Und das praktisch kostenlos sowie ohne nennenswerte persönliche Opfer. Bitte, wählen Sie selbst Ihre Nahrungsfavoriten aus:

Eisen

Dieses Element ist Bestandteil des Blutfarbstoffes. Die nötige Tageszufuhr für Erwachsene liegt zwischen 12 mg (Männer) und 15 mg (Frauen vor den Wechseljahren). Der tägliche Verlust an Eisen beträgt 1 mg. Gründe für Eisenmangel sind unter anderem: einseitige Ernährung (Vegetarier), Alkoholmißbrauch, Menstruation, fortgeschrittene Schwangerschaft, Blutspende, Verletzungen (auch Magengeschwür). Die nachstehenden Pflanzen(teile) enthalten in je 100 g eßbarer Substanz mindestens 4 mg Eisen: Bierhefe (getrocknet), Erbsen (getrocknet), Feigen (getrocknet), Haselnüsse, Kakao, Knäckebrot, Linsen, Mandeln, Petersilie, weiße Bohnen, Weizenkeime. Auch Spinat ist mit über 3 mg relativ eisenreich!

Zusammen mit Vitamin C (z. B. ein Glas Orangensaft) ist Eisen pflanzlicher Herkunft besser verwertbar. Fleisch ist und bleibt allerdings unsere hauptsächliche Eisenquelle.

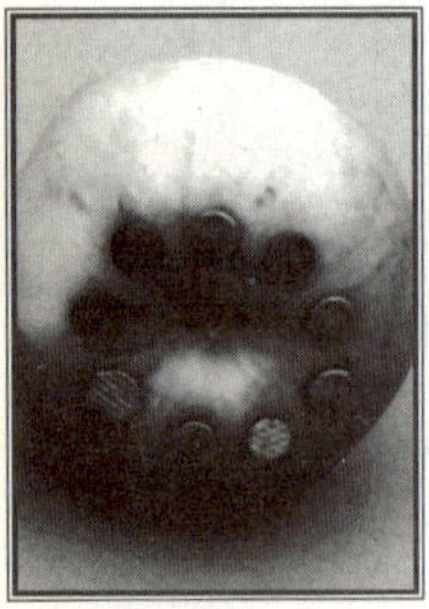
genagelter Apfel

Anmerkung: Wegen Medikamentenknappheit im Zweiten Weltkrieg und danach wurde damals **Eisenmangel** oft mit **genagelten Äpfeln** behandelt. Gemäß Abbildung wurden ca. zehn gleich lange große Nägel so durch einen Apfel gedrückt, daß sie auf der anderen Seite ein wenig aus der Frucht herausragten. Nach einem Tag wurden die Nagelspitzen auf ein Brettchen gestoßen, wodurch die Eisenstifte dank angehobener Köpfe leicht herausgezogen werden konnten. In den 24 Stunden hatten die Fruchtsäuren resorbierbare Eisensalze, erkennbar am typischen Geschmack, gebildet. Diese rustikale Eisenanwendung ist nicht grundsätzlich verschieden von der tropfenweisen Einnahme **Apfelsaurer Eisentinktur** des Deutschen Arzneibuchs von 1926 (DAB6).

Kalium

Täglicher Bedarf für Erwachsene ca. 2 Gramm. Mangel kann unter anderem auftreten bei zuwenig „grüner" Nahrung, Abführmittelmißbrauch, schweren Durchfällen, Einnahme harntreibender Mittel und nach andauernd starkem Schwitzen. Mit der möglichen Folge von Herzrhythmusstörungen etc*. Dies tritt nicht ein bei reichlichem Verzehr von Aprikosen, Artischocken, Bananen, Bierhefe, Blumenkohl, Brokkoli, Datteln, Endivien, Erbsen, Feldsalat, Karotten, Kartoffeln, Kirschen, Knäckebrot, Kohlrabi, Kürbis, Linsen, Mangold, Meerrettich, Nüssen, Pflaumen, Pilzen, Rosenkohl, Rosinen, Spinat, Weißen Bohnen, Weizenkeimen. Schon aus der großen Zahl kaliumreicher Nahrungsmittel ist ersichtlich, wie einfach die ausreichende tägliche Versorgung gerade hiermit ist.

*Kaliumsalze als Nahrungsergänzungsmittel können auch erhöhten Blutdruck mild senken. Mangel steigert die Empfindlichkeit gegenüber Fingerhutpräparaten („Giftung"). Dies ist wichtig bei entsprechend behandelten Herzkrankheiten.

Kalzium

Nötige Tageszufuhr für Erwachsene ca. 800 mg. Daß dieses Element für den Knochenaufbau unverzichtbar ist, darf als Allgemeinwissen angenommen werden. Es ist unter anderem aber auch für die Muskel- und Nervenfunktionen unerläßlich.

Relativ kalziumreich (mindestens 50 mg bzw. **100 mg**) sind, bezogen auf 100 g eßbare Substanz:

Bierhefe, **Brokkoli**, **Brunnenkresse**, Datteln, **Endivien**, Erdnüsse, **Feigen** (getrocknet), Grüne Bohnen, **Grünkohl**, Haferflocken, Lauch, Linsen, Mandeln, **Mangold**, **Meerrettich**, Oliven, **Nüsse** (alle gängigen Sorten), **Petersilie**, **Rhabarber**, Rosinen, Schnittlauch, Sellerie, Sojabohnen (getrocknet), **Spinat**, Steckrüben, **Weiße Bohnen**, Weizenkeime.

Auf den Verzehr von Milch und Milchprodukten kann trotzdem nicht verzichtet werden.

Die ermüdenden Aufzählungen sollen durch eine kleine, angesichts der nur vermeintlichen Überflußgesellschaft hoffentlich etwas nachdenklich stimmende Ablenkung unterbrochen werden:

Kalziumversorgung in Notzeiten
Daß der Zweite Weltkrieg verloren war, erahnte man ab Ende 1943 auch an den immer dürftigeren Lebensmittelkarten. Selbst in ländlichen Gegenden waren Eier oft Mangelware. Entsprechend sorgsam gingen die Menschen sogar mit deren Schalen um. Den damals noch unbekannten Begriff Recycling hatten sinngemäß die meisten Leute längst erfaßt, und so wurden die gesammelten Schalen den Hühnern zurückgegeben. Manche der bekanntlich kalziumreichen Eihüllen wurden ihnen allerdings vorenthalten, weil sie in Ermangelung entsprechender Kalktabletten *feinst* gepulvert ein wichtiger Knochenaufbaustoff für die Kinder waren.
Während draußen auf der Straße die „Hajot" (damals übliche Abkürzung für „Hitlerjugend") schon wieder einmal das Lied „Es zittern die morschen Knochen" schmetterte, wurde für deren Kräftigung zu Hause das weiße Pulver ins Breilein der Kleinen gerührt. Zum Nulltarif und durchaus hygienisch, weil nur die gut gereinigten Schalen *hart*gekochter Eier verwendet wurden.

Magnesium

Der Erwachsene benötigt täglich ca. 300–350 mg. Unsere oft unausgewogene Ernährung enthält häufig zuwenig Magnesium. Mangel bewirkt u. a. Muskelzuckungen und Krämpfe. Basilikum, Bierhefe, Haferflocken, Kakao, Sonnenblumenkerne, Spinat, Weiße Bohnen und Weizenkeime enthalten relativ viel.

Reich an allen vier Mineralstoffen zugleich sind somit: Bierhefe, Mandeln, Nüsse, SPINAT, WEISSE BOHNEN und WEIZENKEIME.

Möhren: Vitamin-A-Spender fürs ganze Jahr

Bei der Essensvorbereitung sollten Möhren (=Karotten, Gelbe Rüben) nicht geschält, sondern mit einer groben Bürste nur gründlich geschrubbt und gewaschen werden. Beim und/oder nach dem Kochen muß etwas Speiseöl oder ein „Stich" (=Dessertlöffel voll) Butter zugegeben werden, weil dann das fettlösliche Beta-Carotin(= Provitamin A) vom Organismus leichter aufgenommen werden kann. Aus dieser Vorstufe bildet der Körper bedarfsgerecht das eigentliche Vitamin.

Fein geriebene, frische Möhren sind zwar auch geeignet, jedoch etwas weniger gut verträglich. Dafür besitzen sie aber den volksmedizinisch erprobten Zusatzeffekt eines **Wurmmittels** (Madenwürmchen* bei Kindern), das sogar vorbeugend völlig unbedenklich gegessen werden kann. Täglich ein paar Teelöffel voll Möhrenraspel reichen aus.

Möhren besitzen darüber hinaus auch Antikrebseigenschaften.

Tip für ältere **Autofahrer**: Öfter Möhren essen, vor allem im Winter. Die **Sehkraft** in der **Dämmerung** wird hierdurch verbessert. Weitere Wirkungen des in Möhren angereicherten Beta-Carotins siehe Seite 43.

Die **Winter-Haltbarkeit** zur Haupterntezeit billig eingekaufter Möhren wird um viele Wochen verlängert, wenn die vom Kraut befreiten Wurzeln bald im kühlen, dunklen Keller in feuchten Sand gesteckt werden.

* Madenwürmer (Oxyuren) werden vom Laien oft verwechselt mit Spulwürmern (Ascariden). Erstere sind fadendünn, weiß und etwa 1 cm lang, letzere bleistiftdick und mindestens 15 cm lang.

Muskatnuß: gutes Gewürz, übles Rauschgift!

Zunächst sei klargestellt, daß es sich hier botanisch korrekt nicht um eine Nuß, sondern um einen Samenkern handelt.

Das Tropengewürz entfaltet mittels Muskatreibe frisch gepulvert den intensivsten Duft. Es eignet sich ebenso für sauere wie gesalzene und süße Speisen und wird ob dieser Vielseitigkeit bei uns immer noch unterschätzt.

Muskatzweig und längsgeschnittene Nuß

Mißbrauch wird prompt bestraft

In mißbräuchlicher Überdosis eingenommen wird das Spitzengewürz wegen seiner Nachwirkungen allerdings zum miesen Rauschmittel. In der „Szene" ist das längst bekannt. Damit jugendliche Lust am Ausprobieren hier unterbleibt, sei dies nachstehend kurz erläutert.

Zwar ruft die Einnahme von ein bis zwei gepulverten Nüssen stundenlange halluzinogene und narkotische Wirkungen hervor, aber nach deren Abklingen verbleibt so gut wie immer eine starke Abneigung gegen den Muskatgeschmack. Schon deswegen führt Mißbrauch über ein kurzes Probierstadium nicht zur Sucht. Hinzu kommt, daß die Verdauung mit Übelkeit und Erbrechen und der Kreislauf mit Herzjagen etc. reagieren.

Also Kids, merkt Euch: Als Gewürz ist die Muskatnuß Spitze, als Rauschmittel zum Kotzen.

Nahrungsergänzungsmittel zum Gesundbleiben

Zu diesem Thema allein könnte leicht ein *Buch* verfaßt werden. Da hier jedoch nur ein *Kapitel* möglich ist, der Stoff aber dennoch einigermaßen umfassend dargestellt werden sollte, wurden mehrere Nahrungsergänzungsmittel (nachfolgend öfter auch als NEM abgekürzt) in die beiden großen Alphabete „ausgelagert" und teilweise in anderem Zusammenhang mitbesprochen. So finden Sie dort direkt oder nach Aufschlagen des Stichwortverzeichnisses Näheres über **Acerola, Apfelpektin, Ballaststoffe, Beta-Carotin, Bierhefe, Blütenpollen, Dolomit, Eisen, Früchtetee mit Vitaminen, Gelatine, Iod, Kieselerde, Kürbiskerne, Leinsamen, Milchzucker, Schwarzkümmelöl, Vitamin E** und **Weizenkleie**.

Was sind Nahrungsergänzungsmittel?

Nur aus rechtlicher Sicht ist die Antwort auf diese Frage einfach: Sie sind *Lebensmittel.* Und deshalb dürfen sie – Ausnahme Diätetika – nicht mit Heilaussagen versehen und beworben werden, obwohl sie oft arzneilich genutzte Stoffe enthalten. Aber im allgemeinen nicht in größeren (therapeutischen) Mengen, wie sie zu Heilzwecken nötig sind, sondern nur in geringeren (prophylaktischen) zum Ausgleich eines Defizits infolge unausgewogener oder unangepaßter Ernährung. Ein Beispiel: *Dolomit* (gebirgsbildendes Sedimentgestein, siehe Seite 163) ist ein preiswertes natürliches Kalzium- und Magnesiummineral. Starker Mangel an Kalzium führt unter anderem zu erhöhter Knochenbrüchigkeit (Osteoporose) und an Magnesium zu Wadenkrämpfen etc. Die Behandlung solcher krankhafter Zustände gelingt nur mit höheren Dosierungen der beiden Elemente, oft in Verbindung mit zusätzlichen medikamentösen Maßnahmen. Das ist Sache des Arztes. Vorbeugend können dagegen Sie selbst eigenverantwortlich Dolomit in geeigneten Darreichungsformen (z. B. in Kapseln) langfristig einnehmen.

Wann sind Nahrungsergänzungsmittel besonders wichtig?

Die zusätzliche Einnahme kann aus drei Gründen nicht nur empfehlenswert, sondern sogar geboten sein. Zum einen wegen der bereits erwähnten

- ❑ unausgewogenen Ernährung, aber auch bei
- ❑ erhöhtem Bedarf und schließlich infolge
- ❑ verminderter Aufnahme.

Erläuterungen zum ersten Punkt: Aus guten Gründen wurden NEM zuerst in den USA entwickelt. Sie heißen dort *Food Supplements* und sind wegen der häufigen Ernährung in Fast-food-Restaurants unter Umständen lebenswichtig.

Auch bei uns breitet sich diese hochkalorische, ballaststoffarme Ernährungsweise aus. Der deutsche *Arbeitskreis lebensmittelchemischer Sachverständiger* (ALS) nennt folgende Anwendungsanlässe: „Ergänzung der Nahrung bei häufigem Kantinenessen, … einseitige Ernährung" und „hohen industriellen Verarbeitungsgrad der Lebensmittel". Folgerung: Millionen Mitbürger sind betroffen!

Zu Punkt zwei: Erhöhter Bedarf kann aus verschiedenen Gründen entstehen. Fangen wir an mit Menschen, die von ihrer gesunden Ernährung überzeugt sind, den Vegetariern. Solange sie ihre „grüne Kost" mit Milch, Milchprodukten und Eiern aufwerten, besteht hauptsächlich nur die Gefahr eines Eisenmangels. Bei rein vegetabilischer Nahrung kann unter anderem zusätzlich Kalzium knapp werden.

Daß Blutspende, Regelblutung und Schwangerschaft erhöhte Eisenaufnahme erfordern, liegt auf der Hand. Für Alkoholmißbrauch gilt dasselbe, was weniger bekannt ist.

Wer raucht, benötigt insbesondere mehr Vitamin C und E.

In der Stillzeit, im Wachstum, bei schwerer körperlicher Arbeit, Leistungssport und kräftezehrenden Krankheiten braucht der Körper selbstverständlich „von allem" mehr.

Zu Punkt drei: Verminderte Aufnahme von Nahrungsbestandteilen ist im höheren Lebensalter fast die Regel. **Während bezüglich des Verzehrs von Kohlenhydraten und Fett wegen meist geringerem Energieverbrauch (Grund für Übergewicht) Zurückhaltung ratsam ist, gilt dies keinesfalls für die Vitalstoffe.** Dazu zählen unter anderem Enzyme, essentielle Aminosäuren, Mineralstoffe, Spurenelemente und essentielle Fettsäuren (Pflanzenöle). Hiervon sollte im Gegenteil lieber etwas mehr verzehrt werden, als dem Tagesbedarf entspricht. Auch nach größeren Operationen an den Verdauungsorganen (vor allem Magen und Darm) sowie entsprechenden chronischen Erkrankungen und medikamentenbedingt (zum Beispiel Abführmittelmißbrauch) sollte so verfahren werden.

In vielen Fällen sind NEM die geeignete Basisversorgung. Darauf aufbauend können, wo nötig, mit ärztlichen Verordnungen gezielt Verstärkungen bewirkt werden.

Weitere wichtige Nahrungsergänzungsmittel

Die eingangs genannten 18 NEM von Acerola bis Weizenkleie sind eine nur unvollständige Aufzählung. Sie wird vervollständigt durch weitere sieben Kapitel:

Coenzym Q 10: zum Erhalt der Dynamik

Folgende Nahrungsmittel enthalten diesen verbreiteten Naturstoff in relativ größeren Mengen:

Coenzym Q 10 - reiche Nahrungsmittel	Milligramm in 100 g (ca.)
Geflügel	2,1
Erdnüsse	2,7
Rindfleisch	3,1
Sesamöl	3,2
Schweinefleisch	2,7-4,1
Makrelen	4,3
Sardinen	6,4
Sojaöl	9,2

Wer hiervon in ausgewogener Mischung mit vegetabilischer Kost regelmäßig genügend verzehrt, braucht keine nahrungsergänzende Q 10-Zufuhr.

Indes bestätigen Ausnahmen bekanntlich die Regel, und wegen deren Umfang sind hier die Ausnahmen eher die Regel selbst.

Zunächst einmal sei die ausgeglichene Ernährungsweise bei vielen Berufstätigen und Vegetariern in Frage gestellt. Auch wer, davon abgesehen, regelmäßig Alkohol trinkt und/oder raucht, körperlich schwer arbeitet oder Dauerstreß ertragen muß, kann ein Q10-Defizit entwickeln, obwohl die menschliche Leber (im Alter abnehmend) die Substanz in Teilmengen selbst zu bilden vermag.

Gleiches gilt bei kraftzehrenden Sportarten, Schlankheitskuren und für Menschen ab 40. In all diesen Fällen ist die tägliche Nahrungsaufbesserung durch etwa 20 Milligramm Coenzym Q10 zweckmäßig.

Energieaktivator und Antioxidans

Fehlt viel Coenzym Q 10, kann im Körper wenig gehn. So darf etwas vollmundig gereimt werden, weil bei dessen Mangel die Energiebereitstellung gedrosselt wird. Ort des Geschehens sind die sogenannten Mitochondrien in den Zellen (siehe Abbildung). Stark vereinfacht dargestellt werden hier – coenzymabhängig – die zerlegten Nahrungsstoffe unter Energiefreisetzung weiter abgebaut. Die gewonnene Kraft dient zum Aufbau des zentralen Energieträgers Adenosintriphosphat (=ATP). Dieses ist gewissermaßen das „körpereigene Superbenzin", welches die Power zum Betrieb des Lebensmotors liefert. Die Tätigkeit des besonders

Q10-bedürftigen Herzmuskels als Triebfeder komplizierter „biochemischer Räderwerke" ist ein anschauliches Beispiel.

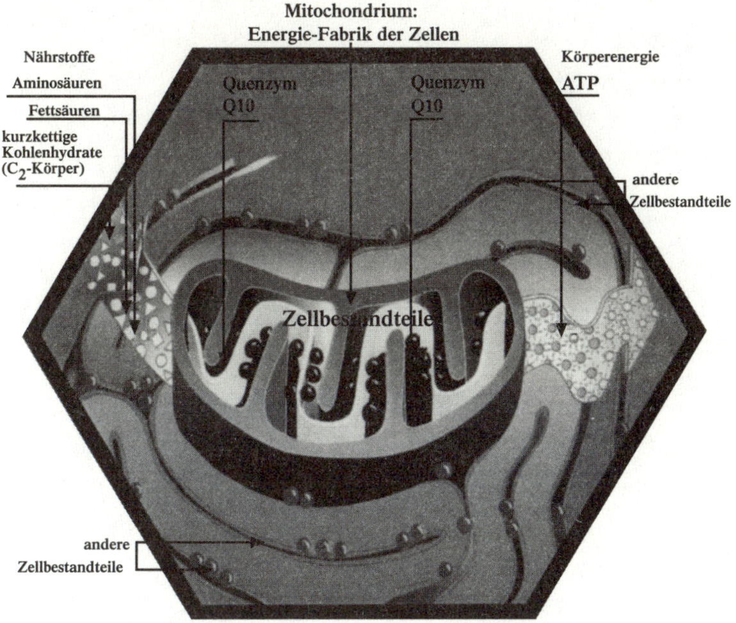

Bildung der Körperenergie in den Zellen
Bildnachweis: Dr. Mann Pharma / Berlin

Darüber hinaus neutralisiert Q10 als Antioxidans freie Radikale (Begriffserläuterung siehe Fußnote am Kapitel „Rheuma: ..."). Daneben aktiviert es auch Vitamin E, das unter anderem ebenso wirkt. Gemeinsam werden Stoffwechselabfälle beseitigt und die Abwehrkräfte des Organismus gestärkt.

Enzympräparate: für die Verdauung

Beliebt und gut wirksam sind rein pflanzliche Mittel in Kapselform.

Inhaltsstoffe: eingedicktes Fruchtmus des Melonenbaums und der Ananas. Die entsprechenden Wirkstoffe heißen Papain und Bromelain. Beide ergänzen sich bei der Eiweißverdauung.

Dosierung: Gegen Ende der beiden Hauptmahlzeiten zwei Kapseln mit etwas Flüssigkeit einnehmen. Die Langzeitanwendung, vor allem im Alter, ist nicht nur unschädlich, sondern vorbehaltlos zu empfehlen.

Fischölkapseln: für das Blut

Hauptsächlich das Öl von Fischen kalter Meereszonen, wie Hering, Lachs und Makrele, ist reich an sogenannten langkettigen **Omega-3-Fettsäuren**. Sie zählen zu den **essentiellen** Fettsäuren, weil sie unser Körper nicht selbst herstellen kann.

Wirkungen bei *lang*fristiger Anwendung:

Günstiger Einfluß auf die Blutfette (Cholesterin etc.), Minderung der Adern„verkalkung", des Bluthochdrucks und der Gefahr eines Herzinfarkts, verbesserte Durchblutung und geistige Leistungsfähigkeit

Dosierung: zu den Hauptmahlzeiten zwei Kapseln.

Spartip: Die Holländer leben infolge häufigeren Fischverzehrs gesünder als wir. Außerdem gelten unsere Nachbarn als sparsame Leute. Da können wir Deutschen angesichts der schwierigeren wirtschaftlichen Verhältnisse gleich zweimal lernen, indem wir *öfter* als preiswertesten Kaltwasserfisch den *Hering* verzehren.

Lecithin: für mehr Kraft

Hier handelt es sich um eine Art Weichwachs, das aus Eigelb, Weizenkeimen und Sojasamen etc. extrahiert wird.

Die bräunliche Masse wird unterstützend zur Senkung erhöhter Blutfette gebraucht. Des weiteren dient Lecithin zur Kräftigung bei Erschöpfung, nach Krankheiten und bei Hirnleistungsstörungen. (Hausmittel: ein Eidotter und ein Teelöffel Honig mit einem Glas Rotwein vermischt.)

In der Lebensmitteltechnik ist Lecithin wichtig als Emulgator beispielsweise bei der Margarineherstellung.

Selen: das unterschätzte Spurenelement

Das chemisch mit dem Schwefel verwandte Element Selen hat bis in die ersten Jahre nach dem Zweiten Weltkrieg medizinisch kaum eine Rolle gespielt, weil man damals seine mannigfachen Wirkungen noch gar nicht kannte.

Wirksam schon im Mikrogrammbereich

Nur maximal ein fünftel Milligramm (=200 Mikrogramm) braucht der Erwachsene täglich. Doch selbst diese praktisch unsichtbare Winzigkeit geben unsere durch Überdüngung und Umweltgifte (z. B. Blei) geschädigten Böden nicht mehr ausreichend her.

Selen-Hefe zum Defizitausgleich

Im Schnitt nehmen wir mit der Nahrung täglich nur 30 bis 50 Mikrogramm auf – mit abnehmender Tendenz. Die Selenzufuhr durch geeignete NEM wird daher immer wichtiger. Bewährt hat sich Selen-Hefe in Kapseln. Je eine zu den Hauptmahlzeiten reicht aus.

Vielfältige Wirkungen

Selen schützt den Körper vor den zellschädigenden Effekten von Sauerstoff-Radikalen (Begriffserläuterung siehe Fußnote am Kapitel „Rheuma: …"). Auch bei der Verhütung von Prostata-, Darm- und Lungenkrebs wurden in Langzeitstudien mit Männern ermutigende Ergebnisse erzielt. Für das starke Geschlecht zusätzlich von Bedeutung: Selen kurbelt die Spermienproduktion an.

Zusammen mit Iod ist es darüber hinaus für die Funktion der Schilddrüse wichtig, des weiteren zur Vermeidung von Stoffwechselerkrankungen. Mangel schwächt schließlich das Immunsystem, so daß die Entstehung vieler Krankheiten bis hin zum Herzinfarkt begünstigt wird.

Noch sind manche Fragen offen und müssen durch ausgedehntere Langzeitversuche geklärt werden. Doch schon heute kann mit Bestimmtheit gesagt werden, daß Selen eines unserer wichtigsten NEM ist.

Selenreiche Nahrungsmittel: Neben Fisch, Innereien, Eiern und Paranüssen ist merkwürdigerweise Schweinefleisch selenreich. Der Grund: Das Spurenelement wird schon lange dem Tierfutter beigemengt.

Vitamine: zur Mangelvermeidung

Da hierzu bereits im Extrakapitel „Früchtetee mit Vitaminen" einiges gesagt wurde, nachstehend nur ein paar Ergänzungen. Dabei soll das Preis-/Leistungsverhältnis im Vordergrund stehen. Bitte lassen Sie sich nicht nur von einer lückenlos erscheinenden langen Vitaminliste beeindrucken, sondern achten Sie auch auf die jeweiligen Mengen. Erst wenn diese bei Einnahme von beispielsweise täglich zwei Kapseln wenigstens den halben Tagesbedarf decken, haben Sie, angemessener Preis vorausgesetzt, günstig und sinnvoll eingekauft, weil die andere Hälfte selbst unter ungünstigen Voraussetzungen wohl meistens mit der Nahrung gedeckt wird.

Bei den Vitaminen A und D hat der Gesetzgeber im Bereich der freiverkäuflichen Mittel Höchstmengen festgelegt, weil hohe Überdosierungen gesundheitsschädlich sind.

Für Vitamin A gelten 6000 Internationale Einheiten (=IE) und für Vitamin D 400 IE als tägliches Limit.

Die Einnahme von Vitamin C pur oder in Verbindung mit anderen Vitaminen, genannt Multivitamine (multi lateinisch = viele), zur Nahrungsergänzung ist keine Plazeboanwendung, wenn einer der drei bereits eingangs aufgezählten Gründe vorliegt: unausgewogene Ernährung, erhöhter Bedarf, verminderte Aufnahme. Einzelheiten dazu siehe am Kapitelanfang bei „Wann sind Nahrungsergänzungsmittel besonders wichtig?".

Zink: das vielseitige Spurenelement

Das silberglänzende, vom Verzinken her allgemein bekannte Element ist an der Aktivität von nicht weniger als 300 Körperenzymen beteiligt. Entsprechend groß sind die Folgen, wenn im Organismus nicht genügend Zink vorhanden ist.

Folgen von Zinkmangel

❑ Schwächung des Immunsystems und hierdurch

❑ vermehrte Neigung zu Infektionen sowie

❑ unnötig lange Erkältungsverläufe

des weiteren

❑ verzögerte Wundheilung

❑ Hautveränderungen (Akne, Ekzem, Schuppenflechte, Herpes etc.)

❑ Kinderlosigkeit, Schwangerschaftskomplikationen

❑ untergewichtige Neugeborene, Wachstumsstillstand

❑ Depressionen und Antriebsmangel

❑ Durchfall, Appetitmangel, Kräfteverfall etc.

Was tun? Zuerst einmal zinkhaltige Nahrungsmittel kennen und regelmäßig verzehren. Am zinkreichsten ist die Weizenkleie. Allein wegen ihres etwa 50%igen Ballaststoffanteils ist sie bereits ein wichtiges NEM. Nun erweist sie sich also als weiterer vorzüglicher Nahrungsergänzer: „Zwei in eins", und das zum fairen Preis! Gute Zinkanteile sind auch in Kalbs-, Rinder- und Schweineleber sowie

Rindfleisch. Bereits deutlich weniger enthalten, in abnehmender Reihenfolge: Tomaten, Blumenkohl, Gouda, Eier, Kabeljau, Huhn und Milch. Obst und kleiearme Mehle verdienen kaum Erwähnung. Und Fette, Öle, Zucker, Süßwaren sowie Honig fallen lediglich negativ auf: Sie sind praktisch zinkfrei.

Zink aus tierischer Herkunft wird vom Körper meist besser verwertet als aus pflanzlicher. Hier machen Leber und Fleisch gegenüber Weizenkleie also Punkte gut.

Unser tägliches Zink gib uns heute

Diese veränderte Vater-Unser-Bitte erfüllt sich für Jugendliche und Erwachsene nur bei durchschnittlich 15 Milligramm Zinkaufnahme pro Tag. Stillende benötigen 22, Säuglinge 5 und Schulkinder 10 Milligramm. Mit den durchschnittlichen Ernährungsgewohnheiten sind solche Mengen oft nicht ausreichend zu erzielen.

Als Nahrungsergänzungsmittel immer wichtiger

Besonders bei erhöhtem Bedarf wie infolge von Leistungssport, Schwerarbeit, Leber- und Nierenerkrankung, Diabetes, Alkohol-, Nikotin- und Abführmittelmißbrauch, Fastenkuren, Tumoren und Einnahme bestimmter Medikamente herrscht häufig Zinkmangel. Hier sollte unbedingt mit geeigneten NEM wie Zink-Hefe nachgeholfen werden.

Leichtere Überdosen innerhalb bestimmter Grenzen „nivelliert" der Körper, weil er bei überreichlichem Angebot die Zinkaufnahme drosseln kann. Andererseits vermag der Organismus erhöhten Zinkbedarf mangels ausreichender Depots ohne Nachschub nur kurz zu decken.

Fazit: Viele Deutsche leben schon jetzt am Rande eines Zinkdefizits – mit langsam weiter zunehmender Verknappung. Deshalb und wegen der vielen, oft schweren Folgen der Unterversorgung ist Zink unter den essentiellen Spurenelementen das neben Eisen wohl wichtigste Nahrungsergänzungsmittel.

Schlußbemerkung zum Gesamtkapitel: Ernährungsfehler, Genußgifte, Streß und die Folgen vergangener wie andauernder Umweltsünden werden auch künftig vor allem unsere westliche Zivilisation kennzeichnen. Glänzende Aussichten also für Nahrungsergänzungsmittel! Besonders auch für solche, die wohlabgestimmte Mischungen mehrerer NEM in nur *einer* Kapsel oder Tablette anbieten. Dies vereinfacht und verbilligt die Einnahme und bessert die Anwendungsbereitschaft (Compliance).

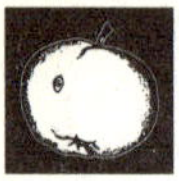

Nahrungsmittelallergie: Sind's die Nüsse?

Alle Sorten Nüsse, insbesondere jedoch Erdnüsse (sogar deren Öl) und Haselnüsse, gelten als Auslöser von Nahrungsmittelallergien. Auch an Mohn, Sonnenblumenkerne, Mandeln und die kleinen Sesamsamen (auf Brötchen) muß man denken. Logischerweise sichere Abhilfe: Verzicht! So einfach ist das aber gar nicht immer, wenn die Nüsse etc. nämlich verarbeitet sind. Beispiele: Marzipan, Gebäckfüllungen, Lebkuchen, süße Snacks.

Nüsse – mit Vorsicht genossen: Prädikat wertvoll

Der Begriff „Nuß" wird der Einfachheit halber hier nur so gebraucht wie ihn der Laie (nicht der Botaniker) versteht.

Keine Frage: Nüsse sind dank ihres hohen Öl- und Eiweißgehaltes energiereiche, wertvolle Nahrungsmittel. Leider hat sich das auch bei den Schimmelpilzen herumgesprochen. Ein besonders gefährlicher Pilz ist Aspergillus flavus beziehungsweise das von ihm abgesonderte Gift, die hitzebeständigen Aflatoxine. Sie können Leberkrebs auslösen.

Mit ein paar einfachen Maßnahmen vermeiden Sie solche Gefahren, wenn Sie nämlich Nüsse

- ❑ nicht zu lange nach der Ernte verzehren,
- ❑ jede Nuß auf Schimmelgespinste untersuchen,
- ❑ keine ranzige oder geschmacklich irgendwie auffällige Nuß essen.

US-Mediziner fanden heraus, daß täglicher Verzehr von etwa 30 g Nüssen vor **Herzinfarkt** schützen hilft.

Übergewichtige Achtung: Nüsse sind „Kalorienbomben"!

Prüfungsstreß und Ernährung

Folge sowohl körperlicher als auch geistiger Arbeit ist der Verbrauch von Energie. Diese je nach Art der Anforderung richtig zu ersetzen, bedarf einiger Kenntnisse. Ein Examenskandidat müßte nach einer fettreichen Schwerarbeiter-Brotzeit mit einem Leistungsabfall rechnen, weil zuviel Blut für die Verdauungsvorgänge in Anspruch genommen würde und somit als Sauerstoff- und Nährstoffspender für die Kopfarbeit nicht verfügbar wäre. Der beste Energielieferant bei Prüfungen ist **Traubenzucker**, weil er als einfach gebautes Kohlenhydrat (Monosaccharid) leicht zu verstoffwechseln und daher schon nach ca. 15 Minuten im Blut nachweisbar ist. Gewöhnlicher Haushaltszucker (ein Disaccharid) ist komplizierter zusammengesetzt und deshalb etwas langsamer parat.

Bedacht werden muß nur, daß Traubenzucker wegen seiner raschen Anflutung die Insulinausschüttung kräftig stimuliert, was nach etwa 1 1/2 Stunden zum Blutzuckerabfall mit Leistungsminderung (und Heißhunger) führt. All dies wird sicher vermieden, indem – bei **langen** Prüfungen – stündlich ein Täfelchen Dextro-Energen gegessen oder einige Schlucke roter Traubensaft oder mit reichlich Traubenzucker gesüßter leichter Schwarztee getrunken werden. Diabetiker nehmen dementsprechend Fruchtzucker (bis zu insgesamt 40 Gramm). Bei **kürzeren** Prüfungen unter zwei Stunden genügen zwei bis drei Traubenzuckertäfelchen kurz nach der „Halbzeit".

Vor Prüfungsbeginn ist leichte, fettarme, knapp bemessene Kost selbstverständlich. Tip aus persönlichen guten Erfahrungen: Bananen.

Bei **angstverstärktem** Streß helfen **Kavain plus Kapseln**. Sie entspannen ohne Dämpfung der Konzentrationsfähigkeit. Das rein pflanzliche, gut verträgliche Mittel gibt es rezeptfrei in der Apotheke. Ein guter Tip für alle „Lampenfiebrigen" vom Examenskandidaten und Führerscheinbewerber über den Festredner, Laienspieler, Hochzeiter und werdenden Vater etc.

Rhabarber und Osteoporose

Hier ist nicht die Rede vom Medizinalrhabarber, der als Abführmittel dient, sondern vom Gartenrhabarber. Seine zu Kompott etc. verarbeiteten Stengel enthalten viel Oxalsäure. Diese bindet im Körper Kalzium, an dem bei Osteoporose (Verminderung der Knochensubstanz) ohnedies Mangel herrscht.

Ältere Menschen (vor allem Frauen sind betroffen) mit dieser Erkrankung sollten deshalb Rhabarber meiden. Gegen ein paar Rhabarberstückchen auf einem gelegentlichen Stück Käsekuchen bestehen keine Einwände.

Rohkostsalate JA – aber ohne rohe Bohnen!

Außer Blähungen verursachen weder Busch-, noch Stangen-, noch Feuerbohnen beim Verzehr Beschwerden – **wenn sie weich gekocht** und dadurch giftige Eiweißstoffe zersetzt sind. Frisch gegessen dagegen lösen bereits kleinere Mengen unreifer Samen und „Schoten" heftiges Erbrechen aus. Das Wort „Schoten" ist bei Bohnen übrigens so falsch wie offenbar unausrottbar. Botanisch richtig muß es „Hülsen" heißen (**Hülsen**früchte!).

Salmonellen im Haushalt wirksam bekämpfen

Salmonellen, winzig kleine bewegliche Bakterien, können Lebensmittel befallen und dadurch schlimme Durchfälle verursachen – bis hin zu Paratyphus und Typhus. Bei uns sind rohe Eier und Hähnchen häufig Salmonellenträger, vor allem in der warmen Jahreszeit.

Ein absolut sicheres Anti-Salmonellen-Mittel gibt es in jedem Haushalt: Hitze.

Alle Speisen, die in ALLEN Teilen für nur wenige Sekunden Kochtemperatur erreichen, sind frei von lebenden Salmonellen.

Das heißt: Kochend heiß muß es auch z. B. **mitten im** Hähnchenschenkel und im Dotter**inneren** gewesen sein. Also Abschied nehmen von rosa Gebratenem, vom Steak, weichen Ei und Rührei? Nein. Aber aufpassen!

Bei Eiern geht das so:

1. Frisch und binnen 14 Tagen verbraucht müssen sie sein. Warum die kurze Frist? Auch frische Eier können im Inneren zwar Salmonellen enthalten, aber es sind für Gesunde nur unbedenklich wenige und die werden durch einen natürlichen Schutzstoff im frischen Ei bis zu 18 Tage nach dem Legen an der erst dann gefährlichen Vermehrung gehindert.
2. Im Zweifel die Frische des Eies ganz einfach selbst beweisen: Topf mit kaltem Wasser füllen und Ei hineinlegen: Wenn es zum Topfboden sinkt = frisch, wenn es untergetaucht im Wasser steht = älter, wenn es oben bleibt oder aufsteigt = alt.
3. In den Sommermonaten auf Speisen mit rohem Ei verzichten, zum Beispiel auf Pudding mit Eischnee und Kartoffelsalat mit selbst hergestellter Majonäse.

Für Fisch, Fleisch, insbesondere Geflügel gilt:

1. Schneidbrettchen aus Holz wegwerfen und durch solche aus hartem(!), glattem Kunststoff ersetzen.
2. Gabeln mit Holzgriffen ebenfalls wegwerfen und entsprechende Messer nur noch in der Hobbywerkstatt benutzen.
3. Spül- und Wischlappen vor allem im Sommer öfter auskochen.
4. Nach jeder Fleisch-/Fischzubereitung Küche (Ausgußbereich) sofort gut reinigen und dauernd feuchte Stellen vermeiden.

Um die Kirche im Dorf zu lassen, das heißt unnötige Salmonellen-Angst zu vermeiden, sei darauf hingewiesen, daß unser Körper (bei intaktem Immunsystem) mit ein paar von den harmloseren Sorten dieser Krankheitserreger leicht fertig wird, auch mit Tausend noch. Aber mit Millionen – und um solche Zahlen geht es im Ernstfall – nicht mehr. Sie müssen nämlich wissen, daß sich praktisch alle Mikroorganismen unter optimalen Lebensbedingungen etwa alle 20 Minuten verdoppeln. Eier, Fisch und Fleisch (vor allem Hackfleisch) bieten den Durchfallerregern bei **Zimmer**temperatur solche Voraussetzungen. Deshalb ist konsequente Kühlschranklagerung so wichtig, denn bei tiefen Temperaturen (möglichst nicht über 7 Grad) fehlt eine wichtige Ursache für schnelle Keimvermehrung. Das weiß die erfahrene Hausfrau selbstverständlich. Kaum bekannt allerdings dürfte ganz allgemein sein, daß auch **Vollkonserven** (Büchsen, Dosen, Gläser) trotz Hitzebehandlung und ggf. zusätzlicher Konservierung nicht **absolut** keimfrei sein müssen. Mikroorganismen können nämlich auch beim Erhitzen im sogenannten Sporenstadium überleben – Grund für die begrenzte Konservenhaltbarkeit. Wenn also ihr Kühlschrank noch ein wenig ungenutzten Platz hat, dann nichts wie hinein mit den Konserven. Und falls das nicht geht, dann ist kühle Lagerung beispielsweise auf dem Keller*boden* immer noch besser als die Aufbewahrung auf dem Küchenschrank, wo es wegen der aufsteigenden Wärme besonders ungünstig ist.

Mit zumindest kühler Lagerung erzielen Sie zugleich eine Verlängerung des **Wohlgeschmacks** von Konserven, denn bei höheren Temperaturen schmecken sie schneller „nach Büchse". Diese temperaturabhängig beschleunigte Minderung der Geschmacksqualität beruht auf chemischen Prozessen, die auch bei *Fehlen* irgendwelcher Keime ablaufen – auch zum Nachteil für den Vitamingehalt.

Kaltlagerung aller Speisen nützt somit dreifach, nämlich

- ❑ der Gesundheit durch Minderung von Salmonellen- und anderem Keimwachstum,
- ❑ der Freude am Essen durch möglichst naturnahen Geschmack,
- ❑ der Qualität durch bessere Erhaltung von Vitaminen und anderer empfindlicher Nährstoffe.

(siehe auch Kapitel „Hygiene im Haus von A bis Z")

Salz: Auch zuwenig ist schädlich

Die Deutsche Gesellschaft für Ernährung (DGE) empfiehlt für Erwachsene eine durchschnittliche Salzzufuhr von täglich etwa sechs Gramm. Sehr viel mehr nehmen die Deutschen entgegen früheren Schätzungen jetzt auch nicht mehr auf!

Ein Salzverbot selbst bei Bluthochdruck ist nur bei knapp einem Drittel aller Patienten sinnvoll, denn höchstens 30% der deutschen Hypertoniker reagieren „salzempfindlich". Mindestens ebenso wichtig ist ganz allgemein die Vermeidung von Übergewicht, Bewegungsmangel, hohem Alkoholkonsum, zuwenig Kalium (durch zuwenig vegetabilische Kost) und (Dys-)Streß.

Was ist und wie wirkt der Naturstoff Kochsalz?

Der Wissenschaftler nennt die weißen Kristalle Natriumchlorid. Auch der Laie kann daraus ableiten, daß hier eine Verbindung aus den Elementen Natrium und Chlor vorliegt (und zwar in elektrisch geladener Form als Na^+- und Chlorid = Cl^--Ionen). Natrium-Ionen sind zum Beispiel unerläßlich für die Nervenfunktion und einen naturgemäßen Druck in den Körperflüssigkeiten. Chlorid-Ionen sind Teil der Magensäure.

Besonders ältere Menschen müssen bei zu salzarmer Kost mit geringerer geistiger Leistungsfähigkeit (Kurzzeitgedächtnis, Auffassungsgabe etc.) rechnen. Auch die generelle Empfehlung einer salzarmen Ernährung in der Schwangerschaft gilt als überholt.

Schlußfolgerung

Salz ist somit nicht nur besser als sein Ruf, sondern zugleich eine schöne Bestätigung des bekannten Paracelsus-Wortes „Allein die Dosis macht, daß ein Ding kein Gift ist". Gleiches gilt übrigens besonders auffällig auch für den Blutbestandteil Eisen.

Da in Deutschland als Folge der Eiszeiten Iodmangel herrscht, ist **Iodsalz** anzuraten. Noch besser ist zusätzlich mit Fluor versetztes.

Sauerkraut ist gesund – mit zwei Ausnahmen

Was ist Sauerkraut und wie wird es hergestellt?

Sauerkraut ist geschnittener, vergorener und damit haltbar gemachter Weißkohl. Von den Tataren im Mittelalter entwickelt, gelangte das Herstellungsverfahren über die Slawen zu uns. Die Technik ist sehr einfach: Gehobeltes Weißkraut wird in Holzfässern oder Steingutbottichen etc. mit lagenweise eingestreutem Salz eingestampft und unter Luftabschluß einer Gärung unterzogen.

Was hierbei biochemisch geschieht, fand erst im 19. Jahrhundert der bekannte deutsche Apotheker und Chemiker Justus von Liebig heraus: Es handelt sich hauptsächlich um eine rundum gesunde und zugleich konservierende *Milchsäuregärung*.

Infolge seines mit rund 15 Milligramm pro 100 Gramm zwar nicht sonderlich hohen, aber dank langer Lagerfähigkeit über Monate verfügbaren Vitamin-C-Gehaltes hat Sauerkraut früher zahllose Matrosen vor dem auf See gefürchteten Skorbut (Blutungen, Zahnausfall) geschützt.

Bluthochdruck und Sauerkraut

Der herstellungsbedingt unvermeidlich hohe Kochsalz- (=Natriumchlorid) Gehalt führt zu einem durchschnittlichen Anteil von 650 Milligramm Natrium in 100 Gramm Sauerkraut. Das Salz trägt zwar zur Konservierung mit bei, auch macht es Durst, worüber sich der Gastwirt freut, aber natriumsensitive Hochdruckpatienten sollten besser auf Sauerkraut verzichten. Zumindest sollte der Arzt gefragt werden.

Erlaubt sind dagegen Krautsalat, Dämpf- und Schmorkraut (Krautwickel), weil hier *frischer* Weißkohl (= Weißkraut) verarbeitet wird.*

Herzinfarkt und Sauerkraut

Neben dem erwähnten Vitamin C enthält Sauerkraut pro 100 Gramm beachtliche 1,5 Milligramm Vitamin K1. Dieses ist unter anderem dafür verantwortlich, daß bei Verletzungen das Blut gerinnt.

Bei bestimmten Krankheiten muß jedoch die Blutgerinnungsfähigkeit vermindert werden, beispielsweise nach Herzinfarkt zur Vorbeugung der Blutpfropfbildung. Medikamentös geschieht dies mit Cumarinabkömmlingen wie dem Fertigarzneimittel Marcumar. Sauerkraut beeinträchtigt den angestrebten Effekt und ist daher strikt verboten. Auch andere Kohlarten (Rosenkohl!) und Spinat, desgleichen Innereien mit Ausnahme von Schweineleber werden besser gemieden, obwohl deren K-Gehalte vergleichsweise niedriger sind.

Wer allerdings – ebenfalls nach Herzinfarkt etc. – zur Verminderung der Blutplättchen-Verklumpung niedrig dosiertes Aspirin oder ein ASS-Generikum einnimmt, muß auf *keines* der genannten Lebensmittel verzichten. Hier liegt nämlich ein von Vitamin K1 nicht beeinflußbarer anderer Wirkmechanismus vor.

Zusammenfassende Wertung: Sauerkraut wird teilweise noch immer als Arme-Leute-Essen diffamiert. In Wirklichkeit ist es wegen seiner ernährungsphysiologischen Werte, zu denen auch der niedrige Kaloriengehalt (18kcal/100g) zählt, mit Ausnahme der dargelegten „Gegenanzeigen" erste Wahl.

---

*Frische Weißkrautblätter eignen sich auch für eine ganz andere Art Krautwickel: als **Umhüllung schmerzender Gelenke**.
Diese Behandlungsweise empfahl früher der bekannte Professor August Bier/Berliner Charité.
So wirds gemacht:

- ❑ vom Krautkopf mehrere große Außenblätter abtrennen,
- ❑ dickere Rippenteile herausschneiden,
- ❑ Blätter mit Gefühl etwas kneten, damit der Saft leichter austritt,
- ❑ mit Mullbinde mehrere Stunden rings um das schmerzende Gelenk dicht befestigen.

Für die Wirksamkeit solcher äußerlicher Krautwickel gibt es inzwischen auch aus pharmazeutischer Sicht gute Gründe.

Sparvorteil: Was vom Krautkopf an Innenblättern übrigbleibt, ist als Salat etc. ebenfalls sehr gesund.

Schlaf und Kaffee? Manchmal paßt das zusammen!

Ältere Menschen und Hochdruckpatienten (Hypertoniker) haben nicht selten Probleme mit dem Einschlafen. In solchen Fällen ist eine Tasse Kaffee als Schlaftrunk einen Versuch wert. In manchen Altenheimen wird das jedenfalls mit teilweise guten Erfolgen praktiziert. Diese durch Zufallsbeobachtungen gewonnene Erkenntnis ist nur scheinbar widersinnig. Sie wird folgendermaßen erklärt: Im Alter und bei Hypertonie ist die Hirndurchblutung und damit die Sauerstoff- und Nährstoffversorgung meist vermindert. So leidet auch der für die Schlafregulierung zuständige Hirnbereich Mangel. Kaffee beziehungsweise sein Hauptwirkstoff Coffein steigert die Herzleistung: Mehr sauerstoffbeladenes (arterielles) Blut wird ins Hirn gepumpt, Durchblutung und Organfunktionen werden verbessert.

Wer um 23 Uhr gerne einschlafen möchte, möge seine Tasse Kaffee um 22.30 Uhr genießen, denn schon nach 30 Minuten erreicht das Coffein seinen Wirkungsgipfel. Auch Schwarzer Tee ist geeignet, wenn man ihn nur zwei Minuten ziehen läßt. (Bei längerer Ziehzeit würde zuviel Teegerbstoff ausgelaugt, der das Coffein bindet und nur verlangsamt an das Blut abgibt.) Hochdruckgeplagten sei versichert, daß Coffein zwar die Herzleistung erhöht, kaum aber den Blutdruck. Obwohl die unter den genannten Voraussetzungen mögliche schlafeinleitende Coffeinwirkung bereits im Lehrbuch steht, kann zum Eigenversuch erst nach Besprechung mit dem Hausarzt geraten werden. Allein er entscheidet, ob Kaffee beziehungsweise Tee sich mit verordneten Medikamenten und individuellen anderen Beschwerden verträgt.

Zu bedenken ist auch, daß infolge verstärkter Nierendurchblutung die Harnmenge steigt, was zur Störung der Nachtruhe führen kann.

(Siehe auch Kapitel „Schlafprobleme ohne Tabletten bewältigen")

Schlankheit mit Köpfchen und fast ohne Opfer

Was wir in der Ernährung und Lebensführung alles falsch machen, sei nachstehend im Telegrammstil zusammengefaßt:

Wir

essen zuviel, zu fett, zu süß, zu ballaststoffarm und zu schnell,

trinken zuviel Alkohol, aber sonst zuwenig,

bewegen uns viel zuwenig.

Kurz und schlecht: Wir leben ungesund und setzen Speck an. Bei all dem meist selbstgemachten Kummer hat der Mensch immerhin eine Genugtuung: Er hat viele dicke Leidensgenossen und es gibt sogar korpulente Heilberufler, die offenbar auch nur „Wasser predigen und Wein trinken". In unserer genußorientierten Gesellschaft ist es leider schwer, beim gewohnten Essen auf Dauer Einschränkungen zu verlangen.* Gesucht sind daher halbwegs vergleichbare **Nahrungsmittel und Getränke mit großen Kalorienunterschieden.**

Siehe Tabelle samt Erläuterungen auf den beiden nächsten Seiten.

---

* Lesen Sie dazu auch ein paar erleichternde Tips auf Seite 152, des weiteren die Ausführungen über Ballaststoffe (Seite 160), Fett (164), Gewürze (166), Küchenkräuter (171) und Salz (190).

Die Durchsicht einer Lebensmittelliste erbrachte folgende Beispiele:

Wenn Ihnen bisher DIES mundete,		dann sollte auch DAS schmecken	
h o c h kalorisch	**Kilo–Kalorien** ungefähr in 100g/ml*(kcal)		**n i e d e r kalorisch**
Aal	▶ 285	101 ◀	Forelle
Hering	▶ 243	78 ◀	Kabeljau
Thunfisch	▶ 290	79 ◀	Schellfisch
Gans	▶ 330	138 ◀	Huhn
Schweinekamm und Kotelett	▶ 350	200 ◀	Rindfleisch
Schweinespeck, durchwachsen	▶ 625	345 ◀	Schweineschinken
Mettwurst	▶ 450	215 ◀	Blutwurst
Salami	▶ 524	241 ◀	Weißwurst
Bananen	▶ 85	37 ◀	Erdbeeren
Bohnen, weiße	▶ 338	32 ◀	Bohnen, grüne
Nudeln	▶ 375	76 ◀	Kartoffeln
Schwarzwurzel	▶ 77	20 ◀	Spargel
Rosenkohl	▶ 47	27 ◀	Blumenkohl
Blaukraut	▶ 27	18 ◀	Sauerkraut
Wein (1)	▶ ca.90	ca. 47 ◀	Bier (1)
Cola	▶ 40	bis 5 ◀	Kaffee, Schwarzer Tee, ungesüßt
Kondensmilch, gesüßt	▶ 321	64 ◀	Kuhmilch
Fettquark (2)	▶ 198	86 ◀	Magerquark (2)
Majonäse	▶ 720	500 ◀	Salatmajonäse
	5415	2309	

Werden beide Zahlenkolonnen zusammengezählt und die Summen voneinander abgezogen, so ergibt sich ein Unterschied von beachtlichen 3106 Kilokalorien. Die rechte Tabellenhälfte führt somit zu einer Einsparung von umgerechnet knapp 1,5 Kilogramm Roggenbrot. Auf die Spanne eines Menschenlebens bezogen, kommen da verblüffende Gewichte zusammen.

Nachdem Sie nun wissen, was im zumutbaren Rahmen getan werden kann, sollte ab *heute* gehandelt werden.

Abschließend noch ein Preistip: Krautsalat wirbt beim Abspecken für sich selbst, denn er ist von Natur aus kalorienarm, vor allem, wenn das Salatöl sparsamst dosiert wird. Er ist zudem ballaststoffreich und deshalb als *V o r* -Speise, das heißt „Vorab-Magenfüller" besonders zu empfehlen.

*Die Zahlen mit (aufgerundet) 4,2 malgenommen ergeben Kilojoule.

(1) Viele glauben irrtümlich, Bier habe einen höheren Kaloriengehalt als Wein. Bier hat aber nur einen Alkoholgehalt von ca. 4,5 %, Wein dagegen mindestens 10 %. Wieviel Energie im Alkohol verborgen ist, kann auch der Laie an der Heizkraft von Brennspiritus, der nichts anderes als praktisch reiner Alkohol ist, ermessen. Zum Vergleich: Kohlenhydrate (z. B. Zucker) und Eiweiß haben pro Gramm 4 bzw. 4,1 Kilokalorien, reiner Alkohol (=Weingeist, Spiritus) mit 7 kcal deutlich mehr. Nur Fett liegt höher: 9,3 kcal/g. Warum dann vor allem übergewichtige Biertrinker? Weil Bier meist in wesentlich größeren Mengen getrunken wird. Unvergorener Restmalzzucker kommt noch hinzu. Aber auch beim Wein sind zusätzliche Kalorien für Restzucker, Weinsäure und Glycerin einzubeziehen, so daß sich die genannten Begleitstoffe des Alkohols gegenseitig zumindest großenteils aufheben. Übrig bleibt letztendlich der höhere Alkoholgehalt des Weins als größerer Kalorienträger.

(2) Wenn Fettquark so bedeutend mehr Kalorien als Magerquark enthält, erhebt sich die Frage, warum Korpulente die fette Variante trotz der Gefahr für den Leibesumfang bevorzugen. Die Antwort ist ganz einfach: Fett ist ein vorzüglicher Geschmacksverbesserer. Um Magerquark einen annähernd attraktiven Geschmack zu verleihen, muß man reichlich frische, fein geschnittene Küchenkräuter in Verbindung mit Knorr Aromat oder Fondor verwenden. Probieren Sie es doch einmal! Zusatztip: Kalten Magerquark mit stark sprudelndem Mineralwasser anrühren. Er wird durch die Kohlensäure locker-cremig.

Schlankheitsmittel: Werbung und Wirkung

Untrügliches Zeichen für kühne Schlankheitsmittel-Werbung: wenn beim Lesen der aus fernen Kindertagen „verschütt gegangene" Wunderglaube wiederbelebt wird. Ein gesalzener Preis gehört oft dazu, denn gut sein kann doch nur, was teuer ist.

Dabei wirken die teuren Abspecker in den ersten Tagen meist prächtig – solange überflüssige **Wasseransammlungen** ausgeschieden werden und solange man sich auch sonst ein wenig zusammennimmt. Dann aber beginnt der Frust.

Mit wohl ausgewogenen und ihren Preis werten kalorienreduzierten Diätmitteln ist jedoch durchaus eine über den Wasserverlust hinausreichende Gewichtsreduktion zu erzielen und das ohne übermäßige Willenskraft. Solche im Preis korrekten Diätetika sind übrigens auch deshalb nicht teuer, weil ja die Kosten der eingesparten üblichen Speisen entfallen. Ein zusätzlicher Energieverbrauch durch Joggen, Radfahren oder Schwimmen würde das Erfolgserlebnis allerdings verstärken. Und als reichlich genossenes kalorienfreies Getränk sollten Sie Matetee wählen (siehe das folgende Kapitel).

„Schlankheitstee": Mate ist am billigsten

Eine vom ehemaligen Bundesgesundheitsamt (dem heutigen Bundesinstitut für Arzneimittel und Medizinprodukte) berufene Kommission renommierter Fachleute hat in jahrelanger Arbeit den Heilpflanzenschatz bewertet und für viele Arzneipflanzen Einzeldarstellungen (sogenannte Monographien) veröffentlicht.

Mate

Die Monographie für **Mateblätter** nennt folgende Wirkungen: zentral erregend, harntreibend, Freisetzung von Traubenzucker aus Depotstärke (Glykogen) und von Neutralfetten aus dem Fettgewebe. Am Herzen kommt es außerdem zu einer Steigerung der Pulszahl (=Frequenz) und des Schlagvolumens. Kurz: Der Körper verbrennt mehr Energie – vergleichbar einem infolge höherer Drehzahl mehr Benzin verbrauchenden Motor. Nebenwirkungen, Gegenanzeigen und Wechselwirkungen sind nicht bekannt. Schwarzer Tee hat dank ähnlicher und sogar gleicher Inhaltsstoffe (Coffein, Theobromin etc.) zwar entsprechende Wirkungen, er ist aber gerbstoffhaltiger und auch teuerer.

Mate grün oder geröstet?

Mateblätter werden als Sorte „grün" angeboten. Sie sind dann lediglich getrocknet und geschnitten worden. Bei zusätzlicher Hitzebehandlung und Fermentation entsteht die zweite, dunkle Sorte „geröstet". Erstere ist sowohl in der südamerikanischen Heimat des Matebaumes (bzw. -strauches) als auch bei uns beliebter. Sie harmoniert als bestmöglich naturbelassene Variante besser mit unseren Geschmacksvorstellungen, obwohl man sich auch hier an das leicht rauchige Aroma erst gewöhnen muß. Ein paar Tropfen Zitronensaft pro Tasse sind eine sinnvolle Geschmacksverbesserung.

Zubereitung mit siedendem Wasser

Da kochendes Wasser der Wirkung abträglich ist, läßt man es ein wenig abkühlen und übergießt erst dann einen gehäuften Teelöffel voll (ca. 2g) pro Tasse. Kurzes Ziehenlassen von drei Minuten liefert ein anregenderes Getränk als längeres von rund zehn Minuten. Der Grund: Das unter anderem enthaltene Coffein geht schneller in Lösung als die gleichfalls vorhandenen Gerbstoffe. Diese binden das Coffein und geben es erst nach und nach frei, weshalb der *lang* gezogene, intensiver schmeckende Matetee zum Abendessen, der *kurz* gezogene tagsüber geeigneter ist. Probieren Sie im Sommer auch einmal den Tee gekühlt. Genießer geben zum trinkbereiten Aufguß einen Schuß Gin oder Rum. Dann ist's allerdings vorbei mit der Kalorienfreiheit und der Brauchbarkeit als Schlankheitstee.

Teebeutel sind gleich gut geeignet, sie kosten aber etwas mehr. Ihr Einsatz sollte auf den Arbeitsplatz und für unterwegs beschränkt werden. Am preiswertesten sind Großpackungen geschnittener Blätter fürs Tee-Ei. Mate wird vereinzelt auch in Mischung mit anderen Kräutern angeboten. Das verbessert einerseits den Geschmack, mindert andererseits aber ein wenig die Wirkung.

Schlankheit durch bloßes Trinken von Matetee?

So einfach geht es leider nicht. Aber die Richtung stimmt! Wenn nämlich dieser „Null-Kalorien-Tee" an die Stelle der Alkoholkalorien von Wein und Bier oder zuckerreicher Cola und Limonade träte, dann wäre wenigstens die tägliche Gewichtszunahme von ein paar „läppischen" Gramm Fett gestoppt. Und um so wenig geht es fast immer. Mit 365 malgenommen kann man so übers Jahr ein paar Kilogramm Übergewicht und den Besuch der Änderungsschneiderin vermeiden.

Siehe auch Pu-Erh Schlankheitstee Seite 169

„Schlechte Esser" mit Traubenzucker überlisten

Traubenzucker ist dasselbe wie Dextrose, Glukose und Blutzucker. Unser haushaltsüblicher **Rüben**zucker besteht – in chemischer Bindung – nur zur Hälfte aus Traubenzucker, die andere ist Fruchtzucker. Rübenzucker ist somit komplizierter zusammengesetzt als der leichter resorbierbare Traubenzucker, der schon Minuten nach der Aufnahme im Blut nachweisbar ist. Da er nur etwa **halb so süß** schmeckt wie Rübenzucker, kann die Hausfrau die **doppelte** Menge Getränken und Süßspeisen zusetzen, ohne Proteste wegen eines „pappsüßen" Geschmacks befürchten zu müssen.

Und weil Traubenzucker den *gleichen* Nährwert wie Rübenzucker hat, eignet er sich somit vorzüglich zur Einschleusung einer viel höheren Kalorienmenge in den Körper.

Weiterer Vorteil: Die schnelle und hohe Anflutung im Blut regt die Insulin-Ausschüttung kräftig an und damit direkt den Appetit. (Fortsetzung siehe nächste Seite)

So ist Traubenzucker der ideale Energiespender für „schlechte Esser" im Schulalter, für Geschwächte, Leistungssportler, kurzzeitig schwer Arbeitende, Stillende, bei Untergewicht und Konzentrationsschwäche. Besonders wertvoll ist Traubenzucker in Kombination mit Multivitaminzusatz, wie er unter dem Markennamen „Dextropur plus" preiswert im Handel ist.

Schwanger? Dann keine Leber essen!

Vitamin A kann bei Überdosierung bereits (und gerade) in der Frühschwangerschaft fruchtschädigend wirken. Die Deutsche Gesellschaft für Ernährung empfiehlt Schwangeren, täglich nicht mehr als drei Milligramm Vitamin A aufzunehmen. Leber ist besonders reich an diesem Vitamin. Da in Schlachttierlebern – fütterungs- und medikamentenbedingt – erhöhte Vitamin-A-Konzentrationen gefunden wurden, wird vom Leberverzehr in der Schwangerschaft grundsätzlich abgeraten. Selbst bei leberhaltigen Produkten ist Vorsicht geboten.

Billige und unbedenkliche Alternative (außer bei Verzehr von sehr großen Mengen): FRISCHE,GERIEBENE MÖHREN ESSEN. Sie enthalten Beta-Carotin, die Vorstufe von Vitamin A, aus dem sich der Körper den nötigen Bedarf selbst aufbaut.

Die wertstoffschonende Zubereitung von Möhren ist im Kurzbeitrag „Möhren: Vitamin-A-Spender fürs ganze Jahr" auf Seite 176 dargelegt.

Schwarzkümmelöl: Nahrungsergänzung *und* Arznei

Sachkundiges „Stöbern" in alten Kräuterbüchern führt immer wieder einmal zur Neubewertung einer halbvergessenen Heil- und Würzpflanze. Der in Westasien beheimatete Schwarzkümmel zählt dazu.

Den Namen verdankt er der rabenschwarzen Farbe seiner kantigen Samen und deren eher muskat- und möhrenartig riechendem, leicht bitterem Geschmack.

Mit unserem bekannten Brotkümmel, der zur botanischen Familie der Doldenblütler gehört, besteht keine Verwandtschaft. Der Schwarzkümmel (Nigella sativa) ist ein Mitglied der Hahnenfußgewächse und rechnet Sumpfdotterblume sowie Christrose zu seinen Geschwistern.

Öl mit Dreifachnutzen

Durch schonende Kaltpressung der gemahlenen Samen wird ein außerordentliches Öl gewonnen: Im Gegensatz zum geruchfreien Sonnenblumenöl enthält es nämlich neben fettem Öl auch noch ein Prozent *ätherisches* Öl.

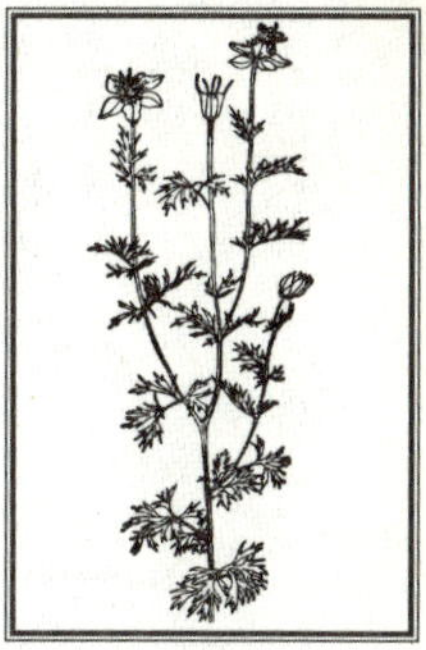

Schwarzkümmel

Die indische Küche schätzt dieses ebenso hochwertige (reichlich essentielle Fettsäuren) wie ungewöhnliche würzende Speiseöl – sparsam dosiert – seit Jahrhunderten. Und sogar unter den Grabbeigaben des Pharao Tutenchamun wurde das damals kosmetisch und arzneilich benutzte Öl gefunden.

Neuere Untersuchungen bewiesen dessen Stimulierung der Gallensäureproduktion. Schwarzkümmelöl wirkt somit auch gegen Verdauungsbeschwerden. Außerdem wird über positive Einflüsse bei *Neurodermitis* und *Schuppenflechte* berichtet. Hier soll das Öl nicht nur langfristig eingenommen, sondern zugleich in die betroffenen Hautpartien eingerieben werden. Es hilft auch bei *allergischer Bronchitis* und *Asthma*.

Tropfenweise Anwendung

Verzehrsempfehlung: Erwachsene sollen kurmäßig, das heißt hier einige Monate lang, täglich 25 Tropfen einnehmen. Bei Schulkindern reichen altersabhängig 15 bis 20 Tropfen.

Schwarzkümmelöl kann in den angegebenen Mengen auch zum Verfeinern von Salaten, Soßen und Fleischgerichten dienen. Bei erhitzten Speisen darf das empfindliche Öl allerdings erst beim Servieren zugemischt werden.

Speiseöle – das zweitbeste wird empfohlen

Möglichst viel (mehrfach) ungesättigte Fettsäuren* (v. a. Linol- und Linolensäure) sollen gute Speiseöle enthalten. Mit über 70 % Linolsäure-Anteil gebührt dem **Distel-(=Saflor)öl** die Goldmedaille. Diesem Edelmetall entsprechend ist bei guter Qualität allerdings auch sein Preis oft gehoben. Das zeigt ein Vergleich mit dem unbestrittenen Träger der Silbermedaille, dem **Sonnenblumenöl**, das immerhin auch gut 60% Linolsäure vorweisen kann.

Wo bekommen Sie für Ihr Geld am meisten von dieser Fettsäure? Klare Antwort: beim billigeren Sonnenblumenöl. Kleine Zusatzvorteile: Es ist geruchsneutral, wogegen Distelöl einen leicht nußartigen Eigengeschmack aufweist. Und außerdem werden Sonnenblumen von unseren deutschen Landwirten erzeugt. Distelöl hat dagegen bis auf unseren Küchentisch eine umweltbelastend weite Reise (z. B. aus den USA) hinter sich. Wichtig bei allen Ölen: **Kalt gepreßt** (aus den Früchten bzw. Samen) müssen sie sein und auch beim Kochen mögen sie es nicht zu heiß. Vorsicht also beim Braten, Schmoren, Grillen: Ölzusatz erst kurz vor dem Servieren. Und was ist mit **Olivenöl**? Bezüglich der doppelt ungesättigten Linolsäure tritt es zwar mit nur knapp 15% gewissermaßen „außer Konkurrenz" an. Dafür enthält es aber mehr als 60% der *einfach* ungesättigten Ölsäure und ist deshalb ernährungsphysiologisch ebenfalls wertvoll. Täglich ein Eßlöffel voll mindert offenbar das Brustkrebs- und Arterioskleroserisiko.

Die dreifach ungesättigte Linolensäure ist in **Leinöl** angereichert.

Tips für die Praxis:

1. Verwenden Sie weniger Fett und Öl, allein schon wegen der in Wurst, Fleisch und Gebäck etc. versteckten Fette.
2. Nehmen Sie jeweils ein Drittel tierisches Fett, Sonnenblumenöl und Olivenöl.
3. Öle und Fette sollen kühl aufbewahrt werden.

Vorschlag für ein preiswertes, selbst bereitetes **Super-Salatöl:** In eine saubere, grüne oder braune Flasche werden 250 g Sonnenblumenöl und je 125 g Oliven- sowie Leinöl eingewogen oder in Milliliter entsprechend abgemessen. Die nach Umschütteln gebrauchsfertige goldgelbe Ölmischung versorgt den Körper mit allen drei lebenswichtigen pflanzlichen Fettsäuren reichlich.

Spinat: wenig geliebt, doch Popeye hat recht!

Für viele Kinder der Nachkriegsgenerationen ist Popeye, der kleine Muskelprotz dank Spinatkonsum, ein glaubwürdiger TV-Kumpel. Und auch die Eltern hegen dankbare Erinnerungen an den kleinen Spinatfresser, weil er als gesunder „Schluckbeschleuniger" die Fütterzeiten des Nachwuchses kürzte.

Nur ein Fernsehmärchen in Fortsetzungen? Zweimal *Nein*! Erstes Nein: Es ist schlicht falsch, dem Spinat neuerdings seinen Eisengehalt streitig zu machen. Immerhin über drei Milligramm sind drin in 100 g, für ein Spurenelement nicht übel. Zweites Nein: Auch sonst hat das Blattgemüse einiges an Mineralien zu bieten: Nicht weniger als 660 mg Kalium, gut 100 mg Kalzium und 60 mg Magnesium pro 100 Gramm Blätter (eßbare Substanz) sind nachgewiesen und auch bezüglich Vitaminen schlägt er beispielsweise den Kopfsalat um Längen. Herausragend ist mit 145 Mikrogramm (Tagesbedarf = 200) sein Folsäuregehalt. Das sollten sich vor allem Schwangere merken.

Siehe auch Kapitel „Folsäure: nicht *nur* ein „Schwangerschafts-Vitamin". Da Folsäure hitzeempfindlich ist, wird nur kurzes Dünsten der Blätter empfohlen. Damit bleiben auch die anderen Spinatwertstoffe besser erhalten.

Lediglich mit seinen schlappen 26 Kilokalorien Nährwert pro 100 g macht Spinat keinen Eindruck. Was aber durchaus ein Vorteil für Gewichtsbewußte ist. Und bei Kindern kann ja leicht mit ein wenig Butter oder Sahne nachgeholfen werden.

Trinken – mehr und das Richtige

Nicht weniger als eineinhalb bis zwei Liter soll der Erwachsene am Tag trinken!

„Ein Klacks", denkt sich der Gewohnheitstrinker und bewältigt in dieser Frist vier Flaschen Bier ohne weiteres. Aber für die über 80 Prozent alkoholische Getränke meidenden oder nur mäßig konsumierenden Mitmenschen sind zwei Liter Flüssigkeit pro Tag eine ganze Menge.

Selbstverständlich können Schwarztee, Kaffee und Suppe ins empfohlene Tagesvolumen einbezogen werden. Erfahrungsgemäß fehlt dann aber trotzdem noch einiges. Sofern Fruchtsäfte wegen der enthaltenen Kalorien ganz oder teilweise gemieden werden müssen, führt an **Mineralwässern** und **Kräutertee** wohl kein Weg vorbei. Zum Glück gibt es Kräuterteemischungen in vielen Dutzend Geschmacksvarianten, auch mit Vitaminen versetzte.

Waldmeisterbowle – zwei Irrtümer

In Zusammenhang mit Waldmeisterbowle – eine Erfindung mittelalterlicher Benediktinermönche – sind gleich *zwei* öfters festzustellende Fehleinschätzungen auszumerzen:

Zum einen meinen viele Menschen, das auch Maibowle genannte, nur ein- bis zweimal jährlich genossene Getränk sei wegen des Waldmeisterauszugs ungesund. Zumindest Kopfschmerzen träten häufig auf. Diese entstehen jedoch wohl ausschließlich nach zu reichlichem Genuß durch den Alkohol. Zur Aromaentfaltung ist nämlich nur wenig Waldmeister nötig. Und den sammeln Sie kurz vor Blühbeginn im Mai am besten und billigsten selbst.

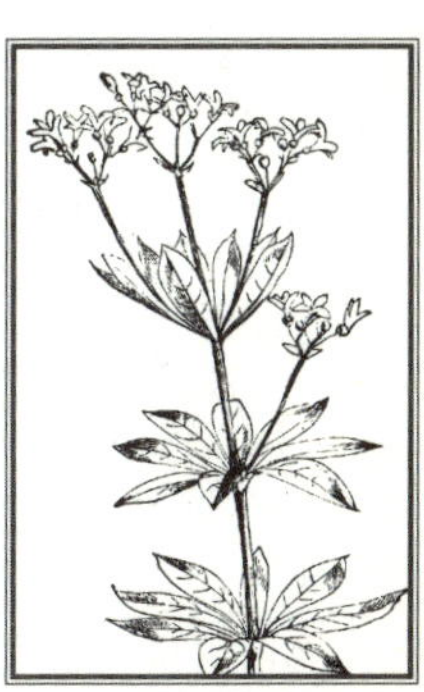
Waldmeister

Doch aufgepaßt: Die *frische* Pflanze verrät ihren Duftstoff Cumarin* nicht ohne weiteres. Und außerdem gibt es aus der verwandten Sippschaft der Labkräuter einige aromafreie

Doppelgänger.

Trotzdem gelingt die Unterscheidung durch einen einfachen Test ganz leicht: Sie müssen lediglich ein paar der gut handspannengroßen Pflänzchen abrupfen und „zerknüllt" für einige Minuten in die Tasche stecken. Beim echten Waldmeister wird hierdurch auf enzymatischem Weg der heuartig riechende Duftstoff Cumarin aus einer geruchlosen Zuckerverbindung frei, während die Labkräuter kein Aroma entfalten. Die Cumarinfreisetzung erfolgt beim Waldmeister auch durch bloßes Welken, was für den genannten Schnelltest aber zu lange dauert.

Doppelnutzen

Obwohl zur Bowlenbereitung nur ein paar welke Pflänzchen (und einige Stunden Ansatzzeit) nötig sind, sollten und dürfen Sie die in lichten Laubwäldern oft massenhaft wachsende Pflanze reichlicher sammeln. Getrockneter Waldmeister gilt nämlich nach Verpackung in ein Stoffsäckchen im Kleiderschrank als gutes Mottenmittel (jährlich erneuern!).

Auch **Steinklee** ist reich an Cumarin. Er ist gegen Motten noch besser geeignet (siehe hierzu Fußnote am Kapitel „Hygiene im Haus von A bis Z").

---

* **Cumarin** ist erst in viel höheren Dosen, als sie in Maibowle enthalten sind, gesundheitsschädlich. Es sei aber nicht verschwiegen, daß dieser Naturstoff – bei **häufigerem** Gebrauch – jetzt kritischer bewertet wird. Abkömmlinge der Substanz werden übrigens zur Verminderung der Blutgerinnung nach Herzinfarkt etc. arzneilich genutzt.

Abendliche

Zahnpflege* mit Apfel – besser als gar keine

Glaubt man der Statistik, dann sieht's bei uns schlecht aus mit dem regelmäßigen Zähneputzen. Gemäß Bibel mag der Geist zwar willig sein, aber das Fleisch ist leider schwach. Besonders spät abends, wenn der Mensch „hundemüde" nichts als ins Bett will. Und gerade da wäre Zähneputzen am wichtigsten.

Doch halt! Es gibt einen halbwegs gewissensberuhigenden Ausweg: den Apfel! Der ist wirklich rundum gesund. Und zwar für Mund und Zähne vor allem durch die mechanische Reinigung beim Zerkauen. Darüber hinaus für die Verdauung durch Kalium, reichlich Ballaststoffe und Fruchtsäuren.

Die Engländer haben den Nutzen dieser auch reichlich Vitamin C** enthaltenden Frucht schon lange erkannt, wie das Sprichwort „An apple a day keeps the doctor away" zeigt. Der sinngemäße deutsche Reim „Wer zum Doktor nicht mag, ißt 'nen Apfel pro Tag" möge allgemein zu dessen vermehrtem Verzehr anregen. Und vielleicht verführt die bekanntlich vom alttestamentlichen Baum der Erkenntnis abstammende Frucht ja doch noch manchen zum abendbeschließenden Zähneputzen. Das wäre dann wirklich „Spitze".

* siehe auch „Zahnhygiene mit dem Silberblatt"
** Achtung: Die Apfelsorten unterscheiden sich im Vitamingehalt beträchtlich. Der Berlepsch enthält am meisten Vitamin C. Auch Cox Orange und Boskop sind gute Vitaminlieferanten.

Zusatzstoffe in Lebensmitteln: fauler EU-Kompromiß

In Gesundheitsfragen ist die Gesetzgebung besonders rigoros. Hier gilt oft der Grundsatz „Was nicht erlaubt ist, das ist verboten". Die Lebensmittelzusatzstoffe zählen dazu. Das heißt: Jeder der in der EU auf fast 300 angewachsenen Stoffe muß durch eine „E-Nummer" zugelassen sein (Beispiel E 200 = Sorbinsäure).

Leider ließen diverse Sonderwünsche einzelner Länder keine kürzere Liste gelingen. So hätte man sich allein bei den synthetischen Farbstoffen auf die Streichung einiger Positionen verständigen können, weil es ausreichend unbedenkliche gibt.

Halbherziges Entgegenkommen der Industrie

Verbraucherfrust über die rätselhaften E-Nummern hat die Lebensmittelhersteller inzwischen vermehrt zur laienverständlichen Stoffdeklaration in der Zutatenaufzählung ihrer Erzeugnisse bewogen. Aber noch immer sind hier des öfteren E-Nummern eingestreut, wodurch erst recht der Eindruck der Verschleierungsabsicht entsteht. Würden Sie etwa weiterhin genauso gerne eine Konserve mit dem Zusatzstoff E 102 kaufen, wenn dessen vollständiger Klartext „künstlicher gelber Azofarbstoff Tartrazin" lauten müßte?

Mit diesem besonders krassen Exempel sollen die Zusatzstoffe jedoch nicht insgesamt diskreditiert werden, zählen zu ihnen doch viele Naturprodukte mit bestem Leumund wie Carotine, Chlorophyll, Fruchtsäuren, Glyzerin, Pektin, Stärke, die Vitamine B 2, C und E sowie Zellulose etc. Geschärft werden sollte am Beispiel von E 102 allerdings der Sinn für möglichst naturnahe, weniger „veredelte" Kost.

Sachkundige Bewertungen der E-Nummern werden von den Verbraucherverbänden als Heft mit dem Titel „Was bedeuten die E-Nummern?" angeboten.

Wichtig bei Allergie und Asthma

Den an solchen Beschwerden Leidenden wird die empfohlene Schrift besonders nützen. Gerade weil Allergien gehäuft auch bei „E-freien" Lebensmitteln wie Getreide, Küchenkräuter, Milch, Nüsse (s. S. 186), Sellerie und Sojabohnen etc. auftreten, sollten diese durch „E-haltige" Kost nicht noch zunehmen – zumal sich unser Körper nun zusätzlich mit genmanipulierter Nahrung auseinandersetzen muß.

Anhang: Giftpflanzen, Giftpilze

Die zwei folgenden Kapitel stehen nur indirekt mit den beiden Hauptthemen des Buches in Beziehung. So sind Teile oder Produkte mancher **Giftpflanzen** in richtiger Dosierung zugleich **Heilmittel**. Beispiele: Besenginster, Efeu, Faulbaum, Maiglöckchen, Roßkastanie, Schöllkraut und Rizinus. Die gesprenkelten, gut erbsengroßen Rizinussamen sind sehr giftig, das fachmännisch aus ihnen gewonnene Öl ist dagegen ein zuverlässiges Abführmittel (siehe Kapitel „Abführmittel, freiverkäufliche" Seite 25).

Die gefährlichsten **Giftpilze** wurden aufgenommen, weil sie mit eßbaren Arten verwechselt werden können und um generell vor Fehlern beim Pilzsammeln zu warnen (siehe auch „Pilzsammeln" im Kapitel „Ernährungswissen kurz gefaßt").

Die zum Verzehr geeigneten Pilze sind – abgesehen von eventueller Schwermetallbelastung (bei Zuchtpilzen vermeidbar!) – ernährungsphysiologisch wertvoll, weil sie Vitamine und Mineralstoffe in ähnlicher Menge wie Salate etc. enthalten. Im übrigen sind Speisepilze aber nährstoffarm. Dank hohem unverdaulichem Ballaststoffgehalt sind sie wohlschmeckende Nahrungsergänzungsmittel, beispielsweise bei Übergewicht (siehe auch Kapitel „Ballaststoffe in der Nahrung ...").

ÜBER DAS VERHALTEN BEI VERGIFTUNGEN INFORMIERT DIE VORLETZTE UMSCHLAGSEITE.

Giftpflanzen: Gefahr vor allem für Kinder!

Bitte beachten: Gefährdet sind vor allem Kleinkinder, weil sie nicht nur alles mögliche in den Mund stecken, sondern sogar Dinge essen, die größeren Kindern nicht schmecken. Auch Kaffeebohnen, Muskatnüsse (ganz oder gemahlen) und vor allem Zigaretten sind deshalb für unsere Jüngsten hochgiftig.

Als Produkte des sogenannten sekundären Stoffwechsels entstehen in vielen Pflanzen Giftstoffe, die Schädlinge abwehren können. Sie sind auch für den Menschen gefährlich, wenn davon genügend gegessen wurde. **Allein die Dosis macht ein Gift**, sagte sinngemäß bereits im frühen 16. Jahrhundert der Arzt und Naturforscher Paracelsus. Die nachstehende, unter Anlegung *strenger* Maßstäbe entstandene Übersicht nennt ohne Anspruch auf Vollständigkeit Gewächse, bei denen schon der Verzehr geringer Mengen ernste(re) Beschwerden verursacht. Giftpilze sind in der Auflistung nicht enthalten. Sie werden im anschließenden Kapitel beschrieben.

Rizinus

Stärkere und starke Giftpflanzen unserer Umwelt sind:

Adonisröschen, Aronstab (rote Beeren), Attich (rote Beeren), Bärenklauarten (beim Berühren Hautentzündung), Besenginster, Bilsenkraut, Bocksdorn (rote Beeren), **Bohnenarten** (**rohe** Hülsen und **unreife** Samen), Bucheckern, Calla (rote Beeren), Christrose, Efeu, **Eibe** (roter Samenmantel **ohne** Samen ist ungiftig*), Einbeere (schwarze Beere), **Eisenhut** (extrem giftig!), Faulbaum, Fingerhutarten, Germer, Giftsumach, Goldlack, **Goldregen** (Samen **und** ganze Pflanze), Haselwurz, Herbstzeitlose, Hundspetersilie, Kartoffel (grüne Beeren), Kermesbeere (schwarze Beeren), Kirschlorbeer (schwarze Früchte), Kornrade, Lebensbaumarten, Liguster (schwarze Beeren), Lupine, Maiglöckchen (scharlachrote Früchte), Milchstern, beide Nachtschattenarten (Bitterer = rote Beeren, Schwarzer = schwarze Beeren), Narzisse, Oleander, Osterglocke, Pfaffenhütchen (karminrote Früchte), Philodendron, Rhododendron, **Rizinus** (siehe Abbildung, bohnenähnliche Samen), Robinie, Roßkastanie (Samen), Sadebaum, Sansevierie, Schierling, Schlafmohn (Milchsaft), Schneeball,

Tollkirsche

Schöllkraut, Seidelbast (hellrote Beeren), Stechapfel, Stechginster, Stechpalme (rote Beeren), Tabakarten, **Tollkirsche** (schwarze süße Beeren, siehe Abbildung), Wasserschierling, Wolfsmilchgewächse (Milchsaft; auch Weihnachtsstern und Kroton), Zaunrübe (rote, schwarze Früchte), Zweiblättrige Schattenblume (rote Beeren).

Bunte Früchte, Beeren oder sonstige auffällige Merkmale sind für Kinder besonders gefährlich. Oft sind auch noch weitere Pflanzenteile oder sogar die ganze Pflanze giftig, aber wegen Unauffälligkeit oder Verborgenheit (Wurzel) nicht so verführerisch. Außer den genannten gibt es eine größere Zahl leicht giftiger Pflanzen, deren Verzehr meist keine größeren Folgen hat.

Ungiftige Ziergewächse

Bei folgenden ungiftigen Anpflanzungen kann sich die kindliche Neugier ohne Schaden entfalten: Blut-Johannisbeere, Eschenahorn, Fächerahorn, Felsenbirne, Flieder, Forsythie, Kornelkirsche, Pfeifenstrauch, Scheinquitte, Schmetterlingsstrauch, Spierstrauch, Tamariske, Zierkirsche. Der Gärtner kann Ihnen noch weitere nennen.

---

*Auch wenn der rote Samenmantel der Eibenfrüchte als einziger Teil des Nadelgewächses eßbar ist, sollte man dies Kindern nicht sagen. Der Samen im Inneren ist nämlich sehr giftig und könnte leicht mit verschluckt werden.

Knollenblätterpilz und andere Giftpilze

Vier Knollenblätterpilz-Arten sind bei uns anzutreffen: Der Gelbliche, der Kegelhütige, der Grüne und der seltene Weiße Knollenblätterpilz. Nur der nach Kartoffelkeller riechende gelbliche bringt Sie im abgekochten Zustand kaum um. Sein widerlicher Geschmack ist außerdem der beste Schutz gegen versehentlichen Verzehr.

Den drei anderen mit ihren hitzebeständigen Giftstoffen Amanitin und Phalloidin fallen allein in Deutschland jährlich einige Dutzend Menschen zum Opfer. Etwa 95 Prozent aller tödlichen Pilzvergiftungen bei uns gehen auf ihr Konto. Somit sind zahlenmäßig fast zu vernachlässigen die ebenfalls hochgiftigen beiden Schleierlingarten, der Nadelholz-Häubling und die rotbraune Frühjahrslorchel. Sie trägt den völlig irreführenden Volksnamen *Speise*lorchel. (Nur die **M**orcheln sind eßbar.)

Grüner Knollenblätterpilz
(Zeichnung Dr. Falkenhan)

Tückisch ist beim Grünen Knollenblätterpilz, daß er seltener auch eine beige Huttönung haben kann. Der meist weiße und deshalb leicht mit Champignons* verwechselbare kegelhütige Verwandte trägt im Alter mitunter ebenfalls einen bräunlichen Hut.

Sehr giftig, aber nur unter besonderen Umständen lebensgefährlich sind unter anderem: Satanspilz, Fliegenpilz (= der bekannte „Rotkäppchenpilz"), Pantherpilz, Speitäubling, Giftreizker, und Kartoffelbovist.

Achtung: Die Silberlöffelprobe zur Unterscheidung von eßbaren und giftigen Pilzen ist sinnlos, weil *jeder* (ältere) Pilz in Spuren das Gas Schwefelwasserstoff ausdünstet, das Silber schwarz färbt.

Selbst für die eßbaren Pilze gelten Beschränkungen. Sie

- ❑ sind roh schwer verdaulich,
- ❑ reichern Cadmium, Quecksilber und Blei an, weshalb zur Vermeidung von Nierenschäden wöchentlich nur 200 Gramm gegessen werden sollen,
- ❑ dürfen bei Wildsammlung nur gekocht oder gebraten verzehrt werden, um eine Fuchsbandwurm-Infektion auszuschließen,

❑ können angefault infolge Eiweißzersetzung Durchfall und Erbrechen verursachen.

Gemeinsamer Vorteil: Pilze haben nur geringen Nährwert und sind daher vorzügliche Ballaststofflieferanten.

Zur Vertiefung der Kenntnisse ist die Anschaffung eines bebilderten Pilzbestimmungsbuches unerläßlich. Am besten geeignet sind Farbbild-Gegenüberstellungen der eßbaren Pilze und ihrer giftigen Doppelgänger.

Wegen der sich altersbedingt oft ändernden Pilzfarbe ist die Pilzform zur sicheren Erkennung nicht weniger wichtig.

Mit absoluter Sicherheit meiden Unerfahrene die drei bereits in geringer Menge tödlichen Knollenblätterpilze und den ebenfalls tödlichen ziegelroten Rißpilz, wenn sie überhaupt keine Lamellenpilze sammeln, sondern nur RÖHRENPILZE wie Steinpilz, Maronenröhrling und Rotkappe. Allein Röhrenpilze mit rötlichem Stiel und rötlichen Röhren sind ungeeignet (z. B. der bereits genannte Satanspilz).

---

* Wie ein Ei dem anderen gleicht der wenig bekannte, erheblich giftige **Karbol-Egerling** dem Wiesen-Champignon. Da er leider dessen Standorte bevorzugt, wird er leicht verwechselt. Beste Unterscheidungsmöglichkeit: Am Stiel leicht reiben. Bei Geruch nach Tinte ist es der giftige Doppelgänger.

Stichwortverzeichnis

Fertigarzneimittel wie Aspirin etc. sind nur aufgeführt, wenn sie eingestreut in den Kapiteltexten genannt werden. Dagegen mußten die in kleingedruckten Fußnoten zusätzlich erwähnten Mittel wegen Platzmangel entfallen. Auch sie stehen stellvertretend für gleichwertige ungenannte.

Dr. rer. nat. Rainer Schunk, Jahrgang 1934, ist selbständiger Apotheker in Würzburg.

Beruflicher Werdegang und Tätigkeiten: Abitur am humanistischen Gymnasium. Pharmaziestudium an der Universität Würzburg, anschließend Weiterbildung in Lebensmittelchemie, medizinischer Mikrobiologie und Botanik an der gleichen Universität. Promotion in Pharmazeutischer Biologie über ein Arzneipflanzenthema. Zehnjährige leitende Mitarbeit in den Kneipp-Werken Würzburg/Bad Wörishofen. Anschließend 20 Jahre nebenberufliche Tätigkeiten als Herstellungs- bzw. Kontrolleiter hauptsächlich in einem naturheilkundlich orientierten pharmazeutischen Unternehmen. Durchführung von Kursen zur Erlangung der Sachkunde-Qualifikation gemäß § 50 Arzneimittelgesetz.

Mit seinen populärwissenschaftlichen Schriften über Heilpflanzen, Gewürze und Ernährung erreichte Schunk über eine Million Auflage.